绿色大学校园能效管理研究与实践

屈利娟　编著

ZHEJIANG UNIVERSITY PRESS
浙江大学出版社

图书在版编目(CIP)数据

绿色大学校园能效管理研究与实践 / 屈利娟编著
. —杭州:浙江大学出版社,2018.2(2019.7 重印)
ISBN 978-7-308-17306-3

Ⅰ.①绿… Ⅱ.①屈… Ⅲ.①高等学校—教育建筑—
节能—研究 Ⅳ.①TU244.3

中国版本图书馆 CIP 数据核字(2017)第 202201 号

绿色大学校园能效管理研究与实践

屈利娟 编著

责任编辑	冯社宁
责任校对	韦丽娟
封面设计	冯社宁　钱润婷
出版发行	浙江大学出版社
	(杭州市天目山路 148 号　邮政编码 310007)
	(网址:http://www.zjupress.com)
排　　版	浙江时代出版服务有限公司
印　　刷	虎彩印艺股份有限公司
开　　本	710mm×1000mm　1/16
印　　张	20
字　　数	350 千
版 印 次	2018 年 2 月第 1 版　2019 年 7 月第 3 次印刷
书　　号	ISBN 978-7-308-17306-3
定　　价	68.00 元

序

　　全面树立科学发展观,建设资源节约型、环境友好型社会,坚持"创新、协调、绿色、开放、共享"的发展理念,加强生态文明建设,是党中央根据我国社会、经济发展状况,在对国内外政治经济和社会发展历史进行深入分析研究后做出的战略决策,是针对我国未来发展模式提出的科学规划。能源作为经济社会发展的重要保障,成为各国关注的焦点,提高能源效率也是各行各业保持持续竞争力的主要目标。走绿色可持续发展道路,是关系我国和全球发展的重大问题,也是绿色建筑行业发展的方向。

　　我国建筑能耗约占全社会商品能耗的三分之一,也是节能潜力较大的用能领域。2016 年全国共有普通高等学校 2596 所,校舍总建筑面积 9.27 亿平方米,约占我国公共建筑面积的 9%。高校的建筑能耗是校园能源消耗的主要单元,也是高校节能工作的重点。建设绿色校园,提升高等学校校园能效不仅具有现实的经济和环境效益,还对全社会公共机构节能具有引领示范效应,具有较好的社会效益。

　　自 2007 年起,住房和城乡建设部联合教育部、财政部通过制定政策、建立标准和财政扶持等手段推动我国高等学校开展节约型校园建设示范,得到了浙江大学、同济大学等一大批高校的积极响应。这些高校通过探索建立校园能源监管体系,完善能源管理运行机制,采用适宜技术开展节能改造,把节能运行、宣传育人和制度建设相结合,有效提升了各自学校的能效管理水平。浙江大学是众多示范高校中的杰出代表,学校利用多学科交叉优势,集中机关部门力量,将部门管理和学科研究有机结合,通过研究学校用能规律、建设校园建筑节能监管体系、持续改进运行管理模式、采用节能技术和节能产品等手段,不仅有效提升了校园能源效率,也为我国高等学校开展绿色校园建设积累了宝贵经验,为推进中国绿色大学建设做出了有益的探索。总结十年来的探索与实践，中国绿色大学建设，走的是一条从节约型校园到绿色校园再到绿色大学的艰难之路，不仅需要绿色发展理念的引领，更需要政府部门、行业协会、企业、高校领导和建设管理部门、师生乃至社会大众等各方力量的支持和参与。

本书作者是浙江大学一批长期致力于绿色校园建设管理与科学研究的管理者、学者，他们多年工作于绿色校园建设管理与研究一线。本书既有绿色校园和建筑节能的理论研究成果，也有实际工作的经验教训，集中了多方面的研究与实践心得。

相信本书一定会为绿色校园和建筑节能相关学者提供全新的研究思路，为绿色校园建设管理实践提供有益的指导和帮助。本书的出版既是对中国高校开展节约型校园和绿色校园建设十年全面的总结，也为推动我国绿色大学建设可持续发展提供了方法学和路线图。

武涌　中国建筑节能协会

2017 年 2 月北京

前　言

1992 年于巴西里约热内卢召开的联合国环境与发展大会上 180 多位国家元首共同签署了《二十一世纪议程》,该议程认为:"教育对于促进可持续发展和公众有效参与决策至关重要,教育需要重新定向,实现教育的'绿色化'或'生态化'"。大学位于教育金字塔的塔尖,是面向可持续发展的教育变革的重要领域。进入 21 世纪以来,人类走进了以可持续发展思想为主导的全新时代,基于高等教育的社会责任,全球众多高校有意识地在具体层面上制定大学环境可持续发展政策,采取行动努力降低环境影响并应对气候变化,为社会的可持续发展树立标杆。

走生态文明之路,树立以人为本、全面协调可持续的科学发展观,建设资源节约型环境友好型社会是我国经济社会发展的战略目标。高等院校建设绿色大学、走可持续发展的道路,从少数学校的探索逐步转变成为政府、社会和高校的共识。在住房城乡建设部、教育部等部门的积极推动下,以浙江大学等高校为代表的一批高校对深化绿色大学内涵、开展绿色大学建设的方法和途径开展了有益的探索,在绿色校园建设、绿色人才培养、绿色科技研究等方面进行实质性工作,为推动绿色大学建设做出了有益的尝试。

多年来,浙江大学利用多学科优势,在学校节能减排工作领导小组统一协调下,联合机关部门、相关学院和节能企业,对校园建筑节能从规划、设计、建设到管理运行进行了绿色校园全生命周期研究,找出问题所在,提出解决办法,通过建设建筑节能监管体系、对高能耗设备和系统进行节能改造、完善管理运行机制、培育校园低碳文化等措施,有效提升了学校的能源效率,在支撑学校快速发展前提下有效节约了能源和经费,为绿色校园能效管理建设做出了有益探索和示范。

本书在总结浙江大学绿色校园能效管理探索与实践经验基础上,通过建立校园能耗模型,科学评估了中国高校能耗现状、特征与发展趋势,为教育主管部门、学校管理者制定用能目标与高校能源规划提供了可供参照的数据依据,是对我国高校绿色校园建设的独特见解与有效贡献;对中国高校建筑能效管理制度体系全面梳理并提出的策略建议,为管理者解读我国绿色校园建设政策制度体系提供了较为全面的参考;全面梳理了高校建筑节能监管体系、高校建筑节能典型适宜技术,为高校和研究机构提供了实践案例;针对高校建筑特性提出了高校建筑能耗定额指标框架体系与核定方法,为高校分类建筑能耗定额研究提供了可供借鉴的思路;对高校建筑节能开展国内国际比较研究,以及对国内国际部分绿色大学校园能效管理的经典案例进行剖析,为读者开阔了绿色大学建设的全球视野。

参与本书编写的作者均是长期致力于绿色校园和建筑节能研究与实践的学者和管理者。各章的执笔者分别为:第一章屈利娟、陈伟,第二章、第四章、第七章屈利娟,第三章、第五章、第六章陈淑琴,第八章屈利娟,第九章屈利娟、陈淑琴。张敏敏、吴佳艳、邵煜然、陆敏艳、胡轩昂、朱笔峰、王立民、钱锦远、雷李楠为本书的出版提供了帮助,葛坚、王靖华等提出了宝贵的修改意见。本书由屈利娟完成全书统稿。浙江大学出版社为本书的编辑和出版提供了大力支持。在此,谨向在出版此书过程中给予帮助的各位同仁和专家表示衷心的感谢。

本书出版得到了能源基金会(EF)"基于能源大数据平台的节约型校园建设机制与策略研究"(Q14005－20961)、"十二五"国家科技计划支撑课题"建筑用能系统评价优化与自保温体系研究及示范"(2011BAJ03B11)、教育部学校规划建设发展中心学校绿色发展研究基金课题"高等学校能源大数据平台开发与应用研究"的资助,特此鸣谢。

绿色大学建设是高等院校走可持续发展的必由之路,也是促进全社会生态文明建设、培养绿色人才的应有责任。绿色大学的内涵发展、建设方法和途径是多元的,绿色校园能效管理的机制和手段需要长期探索和实践,衷心希望本书能为大学校园的研究与管理者提供参考和借鉴。限于水平、时间,本书在绿色大学校园能效管理方面的研究挂一漏万,疏漏和谬误在所难免,敬请读者批评指正。

编者

2017 年 2 月求是园

目　　录

▶▶▶ **第 1 章**

绿色大学与能效管理

1.1　高等教育可持续发展战略框架下的绿色大学建设

　　"教育是实现可持续发展的关键"①,2002 年联合国在约翰内斯堡召开了可持续发展世界峰会(WSSD),会议在总结十年来可持续发展教育经验和教训的基础上,重申了教育是实现可持续发展的关键因素,并宣布 2005—2014年为世界可持续发展教育的十年。

　　1992 年里约峰会以后,全球众多高等院校和高等教育机构纷纷通过签署促进可持续发展、应对气候变化的教育宣传,如 Tallories 宣言、Copernicus 宪章、Kyoto 宣言、Halifax 宣言、卢森堡宣言等;采取了建设绿色校园、可持续大学的具体措施,如在 2008 年 5 月初,美国《福布斯》杂志发表的布莱恩·文费尔德(Brian Wingfield)的文章《美国最绿色的大学》,提出了美国十所最绿色的大学名单:哈佛大学、纽约大学、加州大学圣克鲁斯分校、佛蒙特大学、华盛顿大学、宾夕法尼亚大学、米德伯里学院、达特茅斯学院、大西洋学院、卡尔顿学院等榜上有名。这些学校可以说是美国"绿色大学"的代表,做法也是各具特色:如哈佛大学设立了"绿色校园行动计划"(green campus initiative),致力于自行推进减少温室气体排放的方针和环保计划;华盛顿大学提出的从

---

　　①　联合国可持续发展《二十一世纪议程》. http://www. un. org/chinese/events/wssd/agenda21. htm

1990—2012年减少7％的温室气体排放目标,100％的电力都来自可持续资源,还要求所有由州政府拨款新建的建筑,都要被环境认可;佛蒙特大学6年来所有校车均用生态柴油作燃料;美国有400所高校的校长还共同签署了一份协议,要保证所在校达到"碳平衡"①。而欧洲在20世纪80年代末90年代初,就开始了绿色大学的创建实践活动,如英国的高校积极地提高环境行为和意识,在课程、管理上下功夫;新西兰政府将环境教育纳入国家课程中,并指出环境教育是实现新西兰可持续发展不可缺少的重要环节;澳大利亚是世界上环境教育发展较早且实践较有特色的国家之一,在20世纪90年代就确立了走可持续发展环境教育的基本方向②。

在中国,随着资源节约与环境保护战略的不断明确,高等教育可持续发展研究与实践方兴未艾。具体表现为政府推动、高校行动、社会推动三个方面。

政府推动。1999年,中共中央宣传部、国家环境保护总局和教育部联合颁布的《2001年—2005年全国环境宣传教育工作纲要》③中明确指出要"在全国高校中逐渐开展创建绿色大学活动"。2005年,教育部《关于贯彻落实国务院通知精神做好建设节约型社会近期重点工作的通知》强调全国高校要全面开展校园节约工作,重点加强土地资源、能源资源的节约,要从校园规划、校园建设、日常管理、宣传教育、科学研究各方面开展节约型校园建设。2008年5月,住房和城乡建设部、教育部联合出台了《关于推进高等学校节约型校园建设进一步加强高等学校节能节水工作的意见》和《高等学校节约型校园建设管理与技术导则(试行)》(简称《条例》),《意见》中指出:"高等学校是培养人才和促进科技进步的主要阵地,深入开展高等学校节约型校园建设工作,不仅可以促进学校本身的能源资源节约,降低办学成本,在全社会起到示范和带动作用,还有利于促使广大学生树立节能环保意识,掌握节能环保技能,对我国经济和社会发展产生深远影响。"④《导则》的试行意味着节能减排工作在我国高等学校校园全面展开,节约型校园建设全面启动。除了在政策上给予引导和明确外,政府相关部门自2008年开始在部分地区选取节能工作基础较好,在

① 俞白桦.提升绿色大学创建水平的思考.中国农学通报,2009(12).

② 祝怀新,李玉静.可持续学校:澳大利亚环境教育的新发展.外国教育研究,2006(2).

③ 环保部网站:2001年—2005年全国环境宣传教育工作纲要[2001年04月20日]http://www.zhb.gov.cngkmlzj/wj/200910/t20091022_172494.htm[EB/OL]

④ 住建部网站:关于推进高等学校节约型校园建设进一步加强高等学校节能节水工作的意见[2008年05月13日]http://www.mohurd.gov.cnwjfb200805/t20080519_168887.html[EB/OL]

国内具有一定影响力的高校开展"节约型高等学校示范建设",通过制定标准、财政资金支持等措施促进高校开展校园节能管理实践探索和研究,试图通过项目示范带动全国节约型校园整体水平的提升。到 2015 年止,有 231 所高校实施"节约型校园监管体系示范项目",有 46 所高校开展"节能改造示范高校"建设。据已经通过节能改造示范高校的项目节能量核算,节能改造示范项目的节能率普遍在 15% 以上,能耗监管、节能改造与用能优化的同步推进,不仅为中国高校带来了实实在在的节能量,提升了中国高校的可持续发展形象,也为中国公共机构节能减排和公共建筑节能开辟了探索之路。

高校行动。作为大学实施可持续发展的实践尝试,清华大学 1998 年提出了以"绿色教育、绿色科研和绿色校园建设"为主要内容的绿色大学建设理念并付诸实践[①],随后以哈尔滨工业大学等为代表的一批大学,率先开展了各具特色的创建活动,成为全国节约型高校创建活动的示范。2003—2004 年,广西、陕西、云南、福建等省的高校中普遍开展了创建"绿色大学"的评选活动。自 2008 年教育部、住房和城乡建设部在全国开展节约型高校示范建设以来,各地高校节约型校园建设逐步从意识转向行动,浙江大学、同济大学、华南理工大学、北京交通大学、江南大学等都因地制宜、因校制宜开展了符合校园实际的节约型校园建设活动并取得了显著效果,为我国开展可持续发展校园建设探索了途径,提供了可供借鉴的案例。

社会推动。在推动节能减排的社会大背景下,自 2007 年开始,全国各地的高校节能专业协会等行业协会相继成立,高等学校节能专业协会为开展节能经验交流,传播节能法规、方针、政策,培训管理技术人才,为推广应用节能新工艺、新技术、新设备、新材料提供了媒介和平台。2010 年 6 月,全国高校节能联盟成立,"联盟"是在国家发展改革委、国家节能中心的支持下,由中国高等教育学会后勤管理分会及有关高校共同发起的高校节能平台,全国高校节能联盟致力于推动节约型校园、绿色大学的建设,提升广大青年学生的环保意识,在校园中推行低碳生活。北京大学、清华大学、浙江大学、中国人民大学、同济大学等近百所高校积极参与,作为高校节能联盟的首批发起院校,构成了全国高校节能联盟的坚实基础。2011 年,中国绿色大学联盟成立,联盟的宗旨是加强高校之间的交流,整合资源,共享经验成果,共同为政府提供政策决策支撑,为社会提供服务,深化绿色校园建设,引领和推进中国绿色大学

---

① 张凤昌,等.清华大学创建"绿色大学示范工程十周年实践文集".北京:清华大学出版社,2010.

的发展。2014年,中国高校后勤协会能源管理专业委员会成立,该组织是中国从事高校能源管理的单位及专业人士自愿组成的全国性、非营利组织,为高校能源管理提供行业咨询、技术推广、人员培训、文化传播和国际交流的平台。

综上所述,大学作为一个物质形态的社会机构,与社会上其他机构一样面临如何节约资源、减少有害环境影响的任务,绿色大学校园建设是高等教育面向可持续发展的一种实践尝试。能效管理是绿色大学校园管理的重要内容,绿色大学能效管理的实施过程本身,就是一种达到对大学生进行环境友好行为教育的良好途径,同时大学追求高效率的能效管理模式可以为社会和公众树立一个节约资源、环境友好的社会实体样本,为建设低碳社会起到示范作用。

1.2　高等院校能效管理及研究述评

1.2.1　节能及能效的概念

1. 节能的概念

按照世界能源委员会于1979年提出的定义,节能是采取技术上可行、经济上合理、环境和社会可接受的一切措施,来提高能源资源的利用效率。也就是说,节能是在国民经济各个部门、生产和生活各个领域,合理有效地利用能源,力求以最少的能源消耗和最低的支出成本,生产出更多适应社会需要的产品和提供更好的能源服务,不断改善人类赖以生存的环境质量,减少经济增长对能源的依赖程度。

在20世纪七八十年代,节能以弥补短缺为主,约束能源浪费,控制能源消耗,以降低能源服务水平为代价,作为缓解能源危机的应急手段,在这一阶段国际上将节能称为"Energy Saving";20世纪90年代初,随着世界和社会公众对能源利用的不断认识,人们逐渐开始摒弃以控制使用能源换取降低生活品质的理念,而是认为节能目标应以不牺牲更多的能源消耗换取人类经济社会的发展,在这一阶段节能被称为"Energy Conservation";自20世纪末以来,节能转向以污染减排为主,鼓励提倡优质高效的能源服务,作为保护环境、应对气候变化的一个主要支持手段,节能也被赋予新的理念,成为全球可持续发展的一部分,被称为"Energy Efficiency"。

2. 能效的概念

顾名思义,能效即能源效率。工程技术上的能效是能源效率,是考察能源利用水平的参数,它是指有效利用的能量占投入能量的比率①。国际上通常将节能称为能效,将节能管理称为能效管理,揭示了能源效率与效益并重的节能管理新理念,节能效益既包括经济效益,也包括社会效益和环境效益。从早期的单纯追求节约能源物理量演变到今天的节能多重效益并重,是节能理念的重大进步,为可持续发展的能效市场开拓了美好的前景。

1.2.2　高等院校能效管理及其内涵

根据《高等学校节约型校园建设管理与技术导则》,高等学校节约型校园是指在学校办学及校园设施建设、运营管理中遵循科学发展观,充分体现节能、节水、节地、节材、环境保护建设及运营的管理思路和节约教育理念、形成良好节约型校园文化的校园②。高等院校能效管理是节约型校园建设的重要内容,高等院校的能效管理建立在节约型校园管理的范畴中。高等院校能效管理是依据高等教育面向可持续发展的要求,依据校园特点,采取技术上可行、经济上合理、有利于环境、师生和社会可以接受的技术措施和管理策略,提高校园建筑及设施终端能耗的效率和能源利用的效益。

高等院校能效管理是一个相对狭义的概念,是建设节约型校园,实施高等教育可持续发展的应有之义和必经之路,对高等院校能效管理的属性认识,有助于更好地开发校园节能资源,提高校园能效。

1. 高等院校能效管理首先是一种公益性的社会行为

能源节约与能源开发不同,节能具有量大面广和极度分散的特点,涉及社会的各个层面、国民经济各行各业和千家万户,节能的个体效益有限而规模效益显著。高校是社会构成的单元,与社会节能一脉相承,与社会其他部门和行业不同,高校承载了育人与文化引导的社会功能,高校的能效管理更具有社会影响力和示范先导作用。因此,高等院校能效管理只有始于足下和点滴积累,采取部门、师生、社会等多方参与的行动,才能积少成多,汇流成川。

2. 高等院校能效管理是效率和效益的统一

高等院校能效管理既要讲求效率也要讲究效益,效率是基础,效益是目的,效益要通过效率来实现。从长远看,一种具有生命力的能效管理策略应

---

① 杨志荣.节能与能效管理[M].北京:中国电力出版社,2009.
② 住房和城乡建设部网站:高等学校节约型校园建设管理与技术导则(试行)[2008 年 05 月 13 日]http://www.mohurd.gov.cn/wjfb/200805/t20080519_168885.html[EB/OL]

该是既能为学校带来现实的经济效益、环境效益和社会效益，也能为决策者、使用者和社会普遍接受的节能措施，讲求效率可以促进技术和管理的进步，讲求节能效益可以使广大师生分享能源行动带来的节能与经济、环境同步增长和改善的收益。

3. 高等院校的"节能资源"是没有存储价值的"大众资源"

从某种意义上讲，政府与社会大众的节能行动也是一种资源，本书将其称为"节能资源"，高等院校的"节能资源"来自校园节能公共策略、技术措施和师生的自觉行动。与石油、天然气、煤炭、水等自然资源赋予的公共资源不同，高等院校的"节能资源"是能源需求方自身拥有的潜在资源，这种资源一旦等到开发，就会减少公共资源即能源资源的消耗，成为能源供应的一种替代资源。

与存储于地下的煤炭、石油、天然气等实体能源开发不受储存和开发时间的约束不同，社会或高校的能源资源在未开发前是寄寓于效率中的无形资源，它的开发是以设备、技术、政策、行为为载体，通过能源消耗来实现，能源节约与能源消耗是同步完成的，在用能的过程中才能最大限度地开发能源资源，这种"过程"特性使节能资源没有存储特性。因此，节能资源具有时间价值，早开发早受益，不开发不受益，高等院校能效管理要着眼当前，立足长远，树立可持续发展的意识。

4. 高等院校能效管理的多元化运作机制

应当正确认识到，节能不是高等院校办学的主要目的，能效管理只是高等院校提高后勤支撑管理服务水平，优化办学资源，提升办学效益的手段之一。由于高等院校能源资源的公共属性，能效管理与各部门、师生、管理者没有直接的利害关系，甚至，在某种程度上，还会给各用能主体带来使用上的管束与限制。因此，用能主体其实没有足够的热情，高校各用能主体首先关心的是能够获得可靠的能源服务来保证校园生活、教学、科研的正常进行，实现他们的能源服务，很少能领悟到节能既是一种收获，又是一种奉献。因此，高校能效管理的持续推进缺少的不是来自技术层面的不足，而是一种能在日常管理过程中持续推进的节能运作机制。

与大多数的公共机构能效管理相似，目前也没有一种通行有效的高等院校能效管理的运作模式，国际国内都在彼此借鉴和不断摸索的过程中完善和建立适合自身的能效管理运作模式。关键是政府应不断在法制化管理、政策上支持、指导性服务、培育多元化的能源服务模式等方面起主导作用，高校自身建立与其相适应的体制机制、采取适当的技术和管理措施。目前一些社会团体如高校节能协会、节能联盟,面向校园的节能研究机构、学会等都利用各自的优势,在高等院校开展实质性的能效管理多元化运作方面发挥着积极的作用。

1.2.3　高等院校能效管理研究述评

1.绿色大学建设与管理研究

关于“绿色大学”的涵义,清华大学原校长王大中认为[①]:所谓“绿色大学”建设就是围绕人的教育这一核心,将可持续发展和环境保护的原则、指导思想落实到大学的各项活动中,融入大学教育的全过程,以“绿色教育”思想培养人,用“绿色科技”开展科学研究和推进环保产业,以“绿色校园”示范工程熏陶人。其后众多学者和大学管理者对“绿色大学”的内涵、建设“绿色大学”的有效途径、“绿色大学”建设及其评价指标体系、实现“绿色大学”资源共享、合作共建等方面进行了有益探索和研究。鲁璐以中国矿业大学南湖校区为例,从可持续发展角度,剖析了绿色大学的内涵,并提出了绿色大学“绿色度”评价体系,依据评价指标提出了提升绿色大学建设能力与水平的建议[②]。

随着科学发展观、生态文明建设理论和可持续发展理论内涵的不断丰富,虽然绿色大学建设和研究的内涵不断充实,外延不断扩展,但加强大学节能环保、生态建设与管理,开展可持续发展的教育与研究,仍然是绿色大学建设的主要内容。

2.校园环境建设与管理研究

张凤昌等人认为校园环境可分为物质环境和非物质环境。非物质环境也称人文环境、精神环境或软环境等,包括舆论环境、制度环境、纪律环境、服务环境、心理环境等,而校园物质环境是精神环境各要素的载体。张凤昌等人提出了校园绿化是校园环境最重要的组成部分,绿色植物不但净化空气、降低噪音,还可以降低热岛效应,节能环保。校园环境建设同时应加强环境规划、环境设计、环境建设、环境维护中人的参与性,在校园环境建设中充分考虑节水、节电、节材等措施的应用,尽量使用可再生材料,提倡垃圾分类,避免污染和浪费,建设校园生态示范项目等。陈寿斌认为,保护环境是人类社会共同关心的

---

①　张凤昌,等.清华大学创建“绿色大学示范工程十周年实践文集”.北京:清华大学出版社,2010.

②　鲁璐.绿色大学建设及其评价指标体系实证研究.环境科学与管理,2007(12).

主题,高等学校应以科学发展观为指导,以"保护地球"为主题,大力开展绿色校园建设,以其模范行动引导社会发展,引领人们的社会生活。要按照生态要求营造良好环境,主要从完善污水处理系统、垃圾处理系统、治理烟气污染以及建筑工程的生态化四个方面为师生员工营造绿色的工作学习环境[①]。司明建通过系统论分析方法揭示高校园林景观与构建大学校园生态环境的关系,指出两者具有相关性、整体性、综合性,要以高校园林景观建设促进校园生态环境建设,在高校园林景观的建设上,以植物造景为营造生态环境的主要方法,要突出高校的个性化特征,体现以人为本的核心价值理念[②]。

3.校园能源资源节约对策研究

邓双渊分析了我国高校水电节能管理面临的难题,认为根本原因在于资金不足、管理体制和管理意识的滞后,提出了可供选择的三种高校水电节能管理模式,其中水电使用者水电用量定额管理模式是当前我国高校水电节能管理应当采用的比较合适的模式。谭洪卫在对日本高校校园节能对策研究的基础上,结合同济大学的实践,对我国高校校园建筑节能监管体系建设提出建议。他认为在校园能源资源节约实践中实施科技节能、管理节能、教育行为节能的综合措施会取得校园能源资源节约的显著效果[③]。李阳春以浙江大学紫金港校区建设为例,阐述了建筑节能对创建节约型校园的重要意义,他认为在现代大学校园建设实践中,应该重视建筑节能的作用,不断建立和完善节能管理体制和评估体系,积极探索建设节约型高校的技术措施,推动新建公共建筑节能,开展建筑节能关键技术和可再生能源建筑工程技术的应用[④]。法国学者 Bonnet 等人以法国波尔多的大学为案例,分析校园水电利用情况,对图书馆、教室、实验室、行政部门、学生宿舍、食堂、运动场等不同专项机构的水电消耗率进行了评价。研究指出,在规模较大的大学校园中,水电利用情况接近中等规模城市。校园中占地面积最大的依次是教室、学生宿舍和科研部门,而水电消耗量最大的依次为科研部门和学生宿舍[⑤]。西班牙学者 Parts 和 Chillon

① 陈寿斌.强化环境保护意识促进绿色大学建设.高等函授学报,2008(11).

② 司明建.浅议高校园林景观与绿色大学的构建.中国园艺文摘,2009(11).

③ 谭洪卫.高校校园建筑节能监管体系建设.建设科技,2010(6).

④ 李阳春.创建节约型高校与建筑节能问题思考.教育财会研究,2007(3).

⑤ Bonnet J F. Analysis of electricity and water end-uses in university campuses: Case-study of the University of Bordeaux in the framework of the EcoCampus European collaboration . Journal of Cleaner Production,2002,10(1).

从工程学的角度出发,对校园中水资源的利用问题进行了研究,并重点介绍了西班牙阿利坎特大学反渗透水工厂的运行情况①。

4. 已有研究述评

　　国内外的研究成果为本研究提供了丰富的理论基础和研究素材,具有重要的借鉴意义。国外的学者集中在校园环境建设、校园能源使用、校园资源利用和废弃物管理、校园生态教育等方面,理念、技术与管理方法较为先进。

　　国内学者的研究主要集中在节约型校园建设、水电管理与节能对策等方面,虽然取得了一定成果,但多局限于宏观层面的理论研究和具体节能技术探讨,缺乏从理论指导下的综合系统性研究,案例多为所在校的实践活动。文章作者多为高校后勤人员,研究缺乏专业性和系统性,专业研究领域的学者文章较少。

---

　　①　Prats R D. A reverse osmosis potable water plant at Alicante University：First years of operation. Desalination，2001,137(1-3).

▶▶▶ **第 2 章**

中国高校校园建筑能耗现状、特征和发展趋势

  截至 2013 年,中国普通高等学校数量达到 2491 所,2004—2013 年的十年间,高等学校本专科生在校人数从 1333.50 万人增加到 2468.07 万人,本专科生在校人数十年间增加了 85.09%,研究生(硕士、博士)在校人数从 81.99 万人增加到 179.40 万人,增幅 118.81%。高校校园建筑总面积从 4.92 亿平方米增长到 8.72 亿平方米,增幅 77.24%。根据《国家中长期教育改革和发展规划纲要》,到 2020 年,中国高等教育毛入学率将从 2009 年的 26% 提高到 40%,高校在校生规模将达到 3300 万人。中国高等教育规模在 21 世纪前 20 年快速扩张。

  一直以来,中国较多关注工业用能效率而较少关注民用建筑用能效率,随着近年来中国社会经济发展和城镇化水平不断提升,中国建筑能耗占全社会总能耗的比重不断上升。据清华大学通过 CBEM 模型测算,中国建筑商品能耗在 1996—2013 年,从 2.59 亿吨标准煤增长到 7.56 亿吨标准煤,约占 2013 年全社会商品总能耗的 20%。高校是公共建筑用能的主要单元,用能人数众多,用能密度大,从 2007 年开始,住房和城乡建设部、教育部、财政部通过制定政策、建立标准和财政扶持等手段大力推动高校能效提升,但由于受中国建筑能耗统计体系和口径所限,占中国建筑商品能耗较大比例的高校建筑能耗用能总量与能效水平一直没有较为全面、客观和权威的统计数据,影响了中国高校校园建筑的能源规划和运行管理,本章以调研样本数据分析为基础,剖析中国高校的用能现状、发展趋势与用能特点。

2.1　中国高校校园建筑现状

高等学校校园能耗包括校园建筑能耗、交通能耗和科研、试验实验的能源消耗,其中建筑能耗是高校校园能源消耗的主要单元,也是高校节能工作的重点。高校建筑能耗以校园建筑为载体,广义的建筑能耗表现为满足校园建筑功能正常运转的能源消耗和支撑校园业务的能耗两部分,其中满足校园建筑功能的能耗主要包括采暖、空调、照明、餐事、生活热水、信息中心等能源消耗,支撑校园业务需要的能耗主要为教学实验用能和科研设备用能;而狭义的建筑能耗将仅满足校园建筑功能的能耗定义为建筑用能,因校园规模、学校类型和办学层次不同,各校间支撑校园业务的能耗有很大差别,为了对校园建筑能耗作针对性分析应该考虑将其剔除,但由于校园建筑能耗计量时较难对业务能耗单独计量,因此在实际实施校园能耗计量与考核时作统一测算,本章研究所涉及的能耗为广义的建筑能耗。

高校校园建筑能耗与高校所在气候区、建筑功能密切相关,分析建筑能耗特征的前提是要厘清中国高校的校园建筑现状。根据相关公开数据,对中国高校的分类建筑现状、各地区的建筑现状及其发展趋势进行讨论。

2.1.1　校园建筑趋势分析

根据教育部的教育统计数据,截至 2013 年,中国高校的校舍总建筑面积为 8.69 亿平方米,2013 年我国公共建筑面积为 99 亿平方米[①],高校校舍总建筑面积占我国公共建筑面积的 8.78%。在 2013 年的高校校舍总建筑面积中,当年新竣工的建筑面积为 2907.78 万平方米,占校舍总建筑面积的 3.35%,当年尚有在建校舍的建筑面积为 5554.49 万平方米,占校舍总建筑面积的 6.39%[②],据此数据分析,在建工程均在两年内完工,到 2015 年,中国高校的校舍建筑面积达到 9.25 亿平方米。

中国高校 2004—2013 年校园建筑面积与生均建筑面积见图 2-1。从图 2-1 可知,这十年间,中国高校建筑面积总量呈快速增长趋势,2013 年比 2004 年增长 76.63%,同时,中国高校的在校生人数 2013 年比 2004 年增长 87.04%,

---

① 江亿,等.中国建筑节能年度发展研究报告 2015.北京:中国建筑工业出版社,2015.

② 教育部网站:2013 年全国教育事业发展统计公报[2015 年 05 月 18 日]/http://www.moe.gov.cn/publicfiles/business/htmlfiles/moe/moe_633/201407/171144.html[EB/OL]

相应生均建筑面积从 2005 年开始一直呈下降趋势,直至 2010 年开始才逐渐上升,2013 年的生均建筑面积为 32.82m²/生。

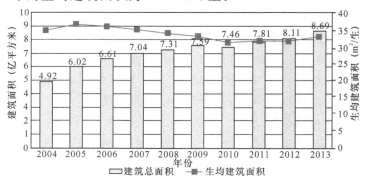

图 2-1 中国高校 2004—2013 年校园建筑面积与生均建筑面积

2.1.2 校园建筑类型

根据建筑功能分类,2013 年中国高校的各建筑类型的建筑体量见表 2-1,不同建筑功能分类比例见图 2-2。由图可知,中国高校建筑类型中以学生宿舍体量所占比例最大,占总建筑面积的 29%,其次为教学大楼和实验实训建筑,分别为 18% 和 16%,行政办公建筑占 6%,图书馆建筑占 5%,食堂建筑占 4%,场馆建筑占 4%,科研楼建筑占 2%,其他校园建筑占 16%,其他校园建筑主要包含了部分教工住宅、教工集体宿舍、生活福利和辅助用房,以及其他功能用房(如校医院、交流中心等)。

表 2-1 2013 年中国高校按建筑功能分类的建筑面积统计

建筑类型	总建筑面积(万平方米)	其中:当年新增校舍(万平方米)	正在施工校舍建筑面积(万平方米)	施工面积/总建筑面积(%)	当年竣工面积/总建筑面积(%)
教学大楼	15468.22	506.71	740.55	4.79	3.28
图书馆建筑	4603.08	174.76	496.70	10.79	3.80
行政办公建筑	5118.91	150.48	317.94	6.21	2.94
学生宿舍	24929.66	814.35	1044.67	4.19	3.27
实验实训建筑	13889.74	563.46	967.52	6.97	4.06
科研楼建筑	1460.10	75.99	235.80	16.15	5.20
场馆建筑	3294.07	150.52	284.90	8.65	4.57
食堂建筑	3739.88	125.30	176.34	4.72	3.35
其他校园建筑	14410.83	346.21	1290.07	8.95	2.40
合计	86914.49	2907.78	5554.49	6.39	3.35

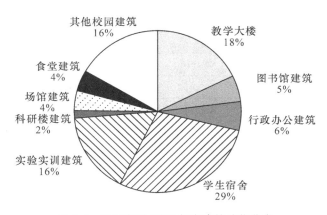

图 2-2 中国高校 2013 年度建筑功能分类

2.2 各地区高校校园建筑现状

2.2.1 分地区高校校园建筑现状

根据 2013 年度教育统计数据①,各地高校的校舍建筑面积总量相差很大,这与各地区的高等学校数量、规模等均有很大的关联性。其中:建筑面积在 1000 万平方米以下的有 4 个地区,1000 万~2000 万平方米的有 6 个地区,2000 万~3000 万平方米的有 7 个地区,3000 万~4000 万平方米的有 7 个地区,4000 万~6000 万平方米的有 6 个地区,6000 万平方米以上的有 1 个地区,系江苏省。具体各地区高校校舍建筑面积统计见表 2-2。

表 2-2 2013 年各地区高校校舍建筑面积统计

地 区	建筑面积(m²)	其中:当年新增校舍(m²)	正在施工面积(m²)	当年新建面积占比(%)	施工面积占比(%)
北 京	37313390	681725	3070896	8.23	1.83
天 津	16575937	338362	623100	3.76	2.04
河 北	36110583	638219	1715959	4.75	1.77
山 西	21181784	1889465	2452082	11.58	8.92

---

① 教育部网站:2013 年教育统计数据[2015 年 06 月 04 日]/http://www.moe.gov.cn/publicfiles/business/htmlfiles/moe/moe_633/201407/171144.html[EB/OL]

续表

地　区	建筑面积(m²)	其中:当年新增校舍(m²)	正在施工面积(m²)	当年新建面积占比(%)	施工面积占比(%)
山　东	59940489	930118	2074287	3.46	1.55
河　南	57916212	2567452	3492126	6.03	4.43
陕　西	40826559	1385799	4254531	10.42	3.39
广　东	51539593	773243	1775803	3.45	1.50
广　西	21372513	852231	2328245	10.89	3.99
海　南	5405476	104156	205208	3.80	1.93
云　南	18073037	890862	1776935	9.83	4.93
上　海	22852426	400854	1237826	5.42	1.75
江　苏	63066580	1114549	2901619	4.60	1.77
浙　江	34711553	1688335	2541240	7.32	4.86
安　徽	32580244	1624964	1524826	4.68	4.99
福　建	24403604	1554216	1446278	5.93	6.37
江　西	32654609	1083422	912069	2.79	3.32
湖　北	52182694	912596	2354136	4.51	1.75
湖　南	37533991	988978	1226515	3.27	2.63
重　庆	23088242	952459	1515152	6.56	4.13
四　川	41572271	2296228	2985213	7.18	5.52
贵　州	14481253	1710409	3409871	23.55	11.81
内蒙古	13511846	603005	684457	5.07	4.46
辽　宁	31837508	1126006	2708616	8.51	3.54
吉　林	20756709	442038	1123505	5.41	2.13
黑龙江	26773672	349267	1850699	6.91	1.30
西　藏	1102509	46127	57421	5.21	4.18
甘　肃	13614215	555280	1658193	12.18	4.08
青　海	1659503	58896	295589	17.81	3.55
宁　夏	3142812	125273	129650	4.13	3.99
新　疆	11363058	393308	1212819	10.67	3.46
总　计	869144872	29077842	55544866	6.39	3.35

2.2.2 分气候区的高校校园建筑现状

我国幅员辽阔,地形复杂,各高校所在地不同纬度、地势和地理条件,悬殊的气候差异,对校园建筑节能设计、建设与管理提出了不同的要求。为了满足炎热地区的通风、遮阳、隔热,寒冷地区的采暖、防冻和保温的需要,明确建筑和气候两者的科学联系,我国的"民用建筑热工设计规范"(GB 50176—93)从建筑热工设计的角度出发,将全国建筑热工设计分为五个分区,即严寒、寒冷、夏热冬冷、夏热冬暖和温和地区,并提出相应的设计要求,其目的就在于使民用建筑(包括住宅、学校、医院、旅馆)的热工设计与地区气候相适应,保证室内基本热环境要求。

我国的高校分布在不同的气候区,根据教育统计数据中统计的 2013 年各地区的校舍建筑面积,对中国高校的校园建筑面积按气候区进行分类统计,见图 2-3。其中:夏热冬冷地区高校校舍面积占高校总建筑面积的 42%,寒冷地区高校总建筑面积占 31%,严寒地区高校总建筑面积占 14%,夏热冬暖地区高校总建筑面积占 9%,温和地区高校总建筑面积占 4%。从分析可知,我国高校建筑大部分分布在严寒、寒冷和夏热冬冷地区,三个气候区校园总建筑面积占全国高校总建筑面积的 87%,是高校建筑能效研究的重点关注对象。

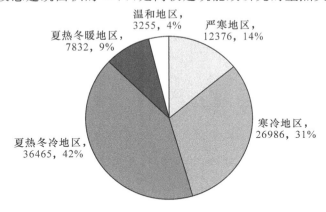

图 2-3　按建筑热工分区的高校校舍建筑面积(单位:万平方米)

2.3　中国高校建筑能耗的影响要素分析

高校校园建筑能耗水平除与高校所在气候区、校园建筑体量、建筑技术水平密切相关外,校园建筑能耗影响因素非常复杂,一般来说,高校建筑能耗还与学校的办学规模如学生人数和校均学生规模、科研实力如科研经费收入和仪器设备规模、学校类型等有较大的相关性,本书根据教育统计相关公开数据,对影响高校校园建筑能耗的主要因素进行分析。

2.3.1　在校生人数

1. 普通高等学校在校生人数

2004—2013 年的十年间,中国高等教育经历了快速发展期,高等教育毛入学率从 2004 年的 19% 上升到 2013 年的 34.50%,高等学校本、专科生在校人数从 2004 年的 1333.50 万人上升到 2013 年的 2468.07 万人,本专科生在校人数十年间增加了 85.09%,研究生(硕士、博士生)数量从 81.99 万人增加到 179.40 万人,增幅 118.81%。(见图 2-4)

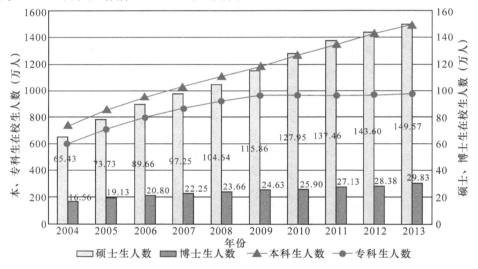

图 2-4　2004—2013 年高等学校在校生人数

2. 普通高等学校数量及校均人数规模

(1)普通本专科院校数量。2004—2013 年,我国普通高等学校数量增长迅速,普通本科院校从 2004 年的 684 所增长到 2013 年的 1170 所,普通专科院校从 2004 年的 1047 所增长至 2013 年的 1321 所。2013 年普通本、专科院校达到 2491 所,比 2004 年增长 43.91%,小于普通本、专生人数的增幅,这意味着在这期间,增长的学生人数大多是通过扩大原有的本专科学校办学规模来承载高等教育扩招压力的,在此期间,校舍面积持续增长也成为必然。(见图 2-5)

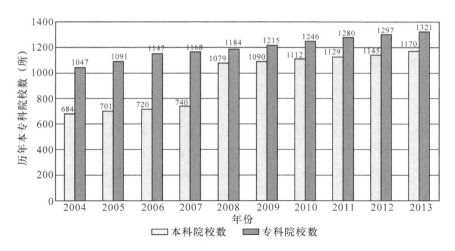

图 2-5　2004—2013 年高等学校数统计

（2）校均规模。2004—2013 年，普通高等学校以学生人数为统计指标和校均规模见图 2-6。由图可知，普通本、专科院校的校均规模在 2013 年达到 9814 人/校，中国高校已经普遍达到万人大学水平。其中：普通本科院校的校均规模十年间基本保持一致，甚至因在 2008 年普通本科院校陡增了 339 所，该年度的校均规模反而有所下降，而普通专科（职业）院校的校均规模在十年间从 3209 人/校增长到 2013 年的 5876 人/校，增幅 83.11%。因办学层次不同，校均规模不同，高校的用能方式、用能特征和能耗水平均有很大差异，需要在节能目标设置、用能管理方式等方面予以差别化对待。

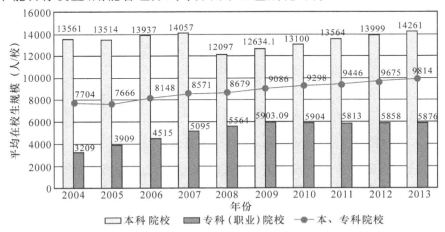

图 2-6　2004—2013 年高等学校校均规模统计

2.3.2 仪器设备总值与科研投入量

相对于以教学型为主的本科院校,部分综合性研究型院校的科研水平、科研工作承担量以及研究生的培养数量等也是影响高校能耗总量与用能水平的重要因素,部分研究型高校的科研能耗量约占学校总能耗的40%以上,是高校能耗管理研究的重要内容之一。其中,影响一个学校的科研能耗量的重要指标是:承担的科研项目经费量和相应的仪器设备数量。在本章中,通过一些公开的资料对高校影响科研能耗量和用能水平的相关数据作一分析,供相关部门、研究机构等作为研究高校能耗管理的参考。

1. 仪器设备总值现状

2013年高校教学科研仪器设备总值为3283亿元,其中当年新增教学仪器设备总值为394亿元,新增量为当年总量的12%。与各气候区的校舍建筑面积比例相似,以严寒、寒冷地区的高校的教学仪器设备总值最高,两者占全国高校教学仪器设备总值的47%,夏热冬冷地区高校占42%,夏热冬暖地区和温和地区高校共占11%。

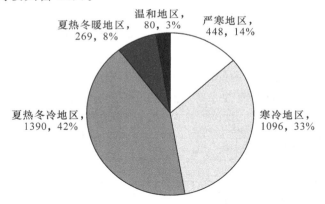

图2-7　2013年度分气候区的高校教学仪器设备总值比例(单位:亿元)

2. 高校 R&D(Researh & Development)投入量

高校的科研业务是高校能源消耗的主要因素之一,科研量的增长,不仅使科研用仪器设备能源消耗量增长,而且研究型高校由于科研业务量大,往往将大量的科研工作放在寒暑假进行,直接导致高校寒暑假时间缩短。而寒暑假正是我国绝大部分地区空调或采暖的高峰时节,也是导致高校能源消耗增长的原因之一。

根据相关统计资料,2005—2012 年的七年间,我国高等学校的 R&D 内部经费增长了 3.22 倍,其中 R&D 项目(课题)经费增长了 3.13 倍,2012 年 R&D 项目(课题)经费占高校总 R&D 内部经费的 77.78%,项目经费是高校 R&D 经费的主要来源。(见图 2-8)

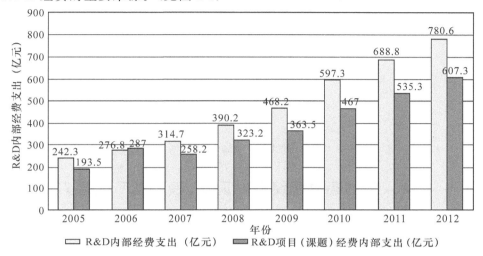

图 2-8　2005—2012 年全国高校 R&D 内部经费支出①

　　在 R&D 内部经费中,2012 年用于仪器设备支出的经费为 121.48 亿元,占高校 R&D 经费内部总支出的 15.56%。

　　分气候区的全国高校 R&D 经费内部支出情况见图 2-9,其中:夏热冬冷地区高校支出为 342.86 亿元,占全国高校总支出的 44%,严寒地区和寒冷地区高校支出分别为 104.72 亿元和 269.56 亿元,分别占全国高校总支出的 13% 和 35%,夏热冬暖地区和温和地区高校总支出较少,分别为 52.76 亿元和 10.66 亿元,分别占全国高校总支出的 7% 和 1%。

---

　　①　数据来源:中国国家统计局,科学技术部.中国科技统计年鉴 2013:表 4-1 高等学校科技活动情况.中国统计出版社.

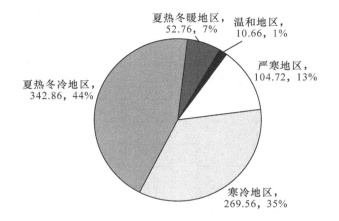

图 2-9　2012 年度全国高校 R&D 内部经费支出分气候区统计(单位:亿元)①

2.4　中国高校建筑能耗现状、趋势与节能潜力

2.4.1　基于能耗样本统计的全国高校建筑能耗现状评估

高等学校能耗统计尚处于起步阶段,高校能耗统计没有统一标准与规范。2013 年开始,国家机关事务管理局公共机构节能司组织对部分高校的能耗数据进行统计,此项工作开展以来,虽然部分样本高校和教育部直属高校的能耗统计工作有所规范与加强,但由于统计口径理解不一、统计人员的业务水平参差不齐等原因,高校的能耗量一直没有较为权威的数据。由于能耗统计数据缺乏,影响高校节能量目标制定、节约型校园建设规划等工作的开展与落实。本研究在教育部发展规划司及国家机关事务管理局公共机构节能司的支持下,开展了对不同气候区、不同类型高校的能耗数据调研、统计与分析,对全国高校的建筑能耗现状进行研判,通过对学生人数、建筑面积体量与建筑能耗的相关性分析,构建建筑能耗总量测算模型,为测算全国高校建筑能耗总量做出有益探索。

2.4.1.1　调研样本高校基本情况

本次调研样本高校共 70 所,其中部属院校(教育部或其他部委)占 63%,

---

①　数据来源:中国国家统计局,科学技术部.中国科技统计年鉴 2013:表 4-5 各地区高等学校 R&D 经费内部支出.中国统计出版社.

省属院校占 37%。按高校所在气候区分类:严寒地区高校 6 所,寒冷地区高校 30 所,夏热冬冷地区高校 28 所,夏热冬暖地区和温和地区共有高校 6 所。调研样本高校的在校生人数占当年全国高校在校生人数的 9.4%,教职工人数占当年全国高校教职工人数的 12.7%,被调查高校校舍建筑面积占当年全国高校校舍建筑面积的 10.2%,调研样本具有一定的代表性。

2.4.1.2　调研样本高校能源结构

高校建筑用能结构与能耗特征与高校所在气候区密切相关,通过对 70 个样本高校的能源结构分气候区进行分析,其结果见图 2-10 至图 2-14。

1. 全国高校用能结构分析

不分气候区,用能量统一以等价热值折算分析,全国高校能耗结构以电力为主,占总能耗的 57.48%,其次为煤、天然气和集中供热量,分别占总能耗的 15.28%、14.76%、11.01%,可再生能源替代量占总能耗的 0.58%。

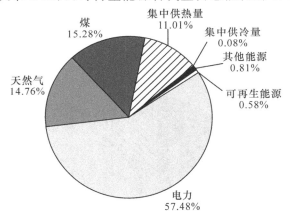

图 2-10　2013 年度调研样本高校能源结构

2. 分气候区的高校能耗结构分析

(1)严寒地区。该地区高校的采暖能耗占学校总能耗的比例最大,采暖用能主要以煤为主,占总能耗的 44.95%,另外还补充一部分市政集中供热,占总能耗的 23.45%,采暖能耗几乎占总能耗的 70% 左右,电力消耗在严寒地区高校占 27.86%,天然气使用量仅占很小比例,为 2.87%,可再生能源替代量仅占总能耗的 0.78%。

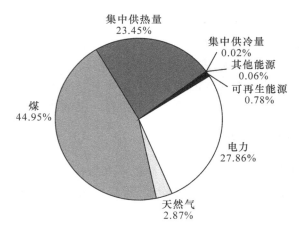

图 2-11　2013 年度严寒地区调研样本高校能源结构

（2）寒冷地区。寒冷地区高校采暖能耗约占总能耗的 55％,其中煤占总能耗的 17.18％,集中供热量占 14.99％,而且近年来煤改气在寒冷地区特别是北京高校实施项目较多,因此,天然气采暖用量在寒冷地区大幅上升,占总能耗的 23.02％,寒冷地区部分高校夏季空调用电需求上升,电力消耗占总能耗的 43.24％。

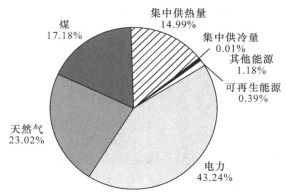

图 2-12　2013 年度寒冷地区调研样本高校能源结构

（3）夏热冬冷地区。从图 2-13 分析结果可以看出,夏热冬冷地区高校能耗主要以电力为主,占总能耗的 90.18％,天然气主要用于餐事,也有一部分用于大型中央空调的冬季采暖锅炉和生活热水,占总用能的 8.78％,可再生能源替代量仅占总能耗的 0.37％。

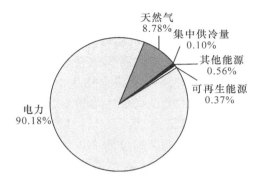

图 2-13　2013 年度夏热冬冷地区调研样本高校能源结构

（4）夏热冬暖地区和温和地区。与夏热冬冷地区相似，该地区的高校能耗也以电力消耗为主，占总能耗的 92.88%，天然气仅用于餐事用能，占总能耗的 2.39%，小部分高校如广州大学城所在高校等采用集中供冷方式解决夏季空调用能，因太阳能资源相对丰富，该地区高校应用太阳能光伏发电项目和太阳能光热用于制备生活热水项目推广较为普遍，相对于其他地区，可再生能源比例较高，占该地区样本高校总能耗的 2.99%。

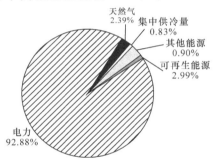

图2-14　2013 年度夏热冬暖和温和地区调研样本高校能源结构

2.4.1.3　调研样本高校能耗指标分析

校园建筑能耗与水耗量因学校所在气候区的不同在用能强度、生均用水量等方面呈现不同的特征，对 70 所被调研高校 2013 年度的所有用能（电力[①]、天然气、集中供热量、集中供冷量、煤、可再生能源等）和用水量分气候区进行统计分析（其中因夏热冬暖和温和地区高校数量较少，两者合并），结果见

---

①　电力折标煤系数采用发电煤耗法进行折算：308kgce/kW・h.

表 2-3。样本高校平均的生均能耗量为 768.91kgce/生,是 2012 年度全国人均能源消费量的 2.62 倍[1];单位建筑面积能耗为 21.80kgce/m²,与 2013 年度公共建筑(不含北方地区供暖)单位建筑面积能耗(21.30kgce/m²)基本持平[2];生均水耗为 82.60t/生,是 2013 年度全国人均生活用水量的 1.49 倍[3];生均能耗水耗费用为 1484 元/生,占全国高校生均教育经费支出的 15%[4]。

生均能耗以严寒地区高校最高,为 1331.87kgce/生,是夏热冬暖和温和地区高校的 3.8 倍,是夏热冬冷地区高校的 2.5 倍,单位面积能耗也与生均能耗一致;生均用水量以夏热冬冷地区高校最高,寒冷地区高校最低,分别为99.70t/生和 67.19t/生。

表 2-3　调研样本高校能耗与水耗指标分析(分气候区)

高校所在气候区	生均能耗(kgce/生)	单位建筑面积能耗(kgce/m²)	生均水耗(t/生)	生均建筑面积(m²/生)	生均能源费(元/生)
严寒地区	1331.87	35.06	81.59	37.99	1447
寒冷地区	1056.55	28.82	67.19	36.66	1912
夏热冬冷地区	526.28	15.27	99.70	34.46	1311
夏热冬暖和温和地区	347.68	10.89	68.18	31.92	789
合计	3262.38	90.04	316.66	141.03	5459

2.4.1.4　全国高校能耗与生活用水量现状评估

1. 分建筑热工分区的建筑商品能耗与生活用水量现状评估

根据分气候区调研样本高校的单位能耗指标,分别以 2013 年度各气候区的实际学生人数、校舍建筑面积对应全国高校 2013 年度的商品能源消耗总

---

① 人均生活能源消费来源:中国国家统计局.中国统计年鉴 2014:表 9-13 人均生活能源消费量.中国统计出版社.

② 数据来源:江亿,等.中国建筑节能年度发展报告 2015.中国建筑工业出版社,2013 年度公共建筑(不含北方地区供暖)单位建筑面积能耗电力折算系数采用供电煤耗法对终端电耗进行换算,为 325kgce/kW·h,此处存在一定的折算误差.

③ 人均用水量来源:中国国家统计局.中国统计年鉴 2014:表 8-12 供水用水情况.中国统计出版社.

④ 生均教育经费来源:教育部财务司,国家统计局社会科技和文化产业统计司.2012 中国教育经费统计年鉴:表 1-32 各级学生生均教育经费支出(全国教育和其他部门).中国统计出版社.

量、生活用水总量进行测算,测算结果见表 2-4。

表 2-4 基于调研样本指标的 2013 年度全国高校商品能耗与生活用水量

高校所在气候区	学生人数(人)	建筑面积(万平方米)	按单位建筑面积能耗测算总能耗(万吨标准煤)	按生均能耗测算总能耗(万吨标准煤)	按生均用水量测算的总用水量(亿吨)	按生均能耗费及水费测算总能源费及水费(亿元)
严寒地区	3878629	12376	433.85	516.58	3.16	56.12
寒冷地区	7921824	26986	777.86	836.98	5.32	151.50
夏热冬冷地区	11009762	36465	556.83	579.42	10.98	144.37
夏热冬暖和温和地区	3664464	11087	120.75	127.41	2.50	28.90
合计	26474679	86914	1889.29	2060.39	21.96	380.89

　　如果按单位建筑面积能耗指标数据,对不同气候区的能耗数据进行测算,则 2013 年全国高校的校园建筑能耗为 1889.29 万吨标准煤;如果按生均能耗指标数据测算,则全国高校 2013 年的校园建筑商品能耗为 2060.39 万吨标准煤,全国高校建筑商品能耗约占 2013 年度全国能源消费总量的 0.54%[①],约占全国建筑商品能耗的 2.69%,占公共建筑能耗(不含北方地区供暖)总量的 9.65%,占公共建筑能耗(含北方地区供暖)总量的 5.21%[②]。按照样本数据中的单位建筑面积能耗指标与生均能耗指标测算的 2013 年度高校商品能耗量数据中,按生均能耗测算数比按建筑面积指标测算数高 7.4%。分析原因,主要是因为不同气候区的各高校学生人数不平均造成的相对误差。

　　按生均用水量测算,全国高校生活用水总量为 21.96 亿吨,约占 2013 年度全国城市生活用水量的 8.17%[③]。

　　2013 年度全国高校的能耗费及生活用水费支出约为 380.89 亿元,约占当年普通高等学校公共财政预算教育事业费总支出的 12.26%[④]。

---

　　①　数据来源:中国国家统计局.中国统计年鉴 2014:表 9-2 能源消费总量及构成.北京:中国统计出版社.

　　②　数据来源:江亿,等.中国建筑节能年度发展报告 2015.北京:中国建筑工业出版社.

　　③　数据来源:中国国家统计局.中国统计年鉴 2014:表 25-2 分地区城市供水情况(2013).中国统计出版社.

　　④　数据来源:教育部财务司,国家统计局社会科技和文化产业统计司.2012 中国教育经费统计年鉴:表 1-22 各级各类教育机构公共财政预算教育事业费和基本建设支出明细(全国).中国统计出版社.

分气候区的建筑商品能耗比例、生活用水量比例及能源费（含水费）比例，见图 2-15 至图 2-17。

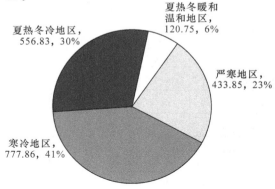

图 2-15　全国高校建筑商品能耗比例（以单位建筑面积测算，单位：万吨标准煤）

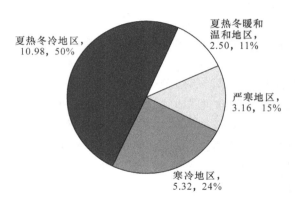

图 2-16　全国高校生活用水比例（以生均生活用水量测算，单位：亿吨）

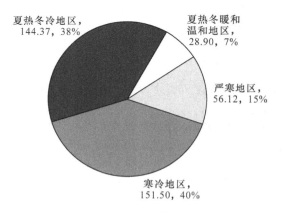

图 2-17　全国高校商品能耗费与水费比例（以生均费用测算，单位：亿元）

2. 分地区的建筑商品能耗与生活用水量现状评估

　　基于调研样本分气候区的能耗指标,同样可以对不同地区的高校建筑商品总能耗和生活总水量进行评估。需要说明一点,部分省区跨两个建筑热工分区,为简化测算过程,以该省或地区主要区域所在的气候区的能耗指标与水耗指标进行测算。各地区的建筑商品总能耗与生活用水量见表 2-5。

表 2-5　全国高校建筑商品能耗和生活用水量(分地区统计)

地区	学生人数(人)	建筑面积(万平方米)	按单位建筑面积能耗测算总能耗(万吨标准煤)	按生均能耗测算总能耗(万吨标准煤)	按生均用水量测算的总用水量(亿吨)	按生均能耗费测算的总能耗费(亿元)
北　京	867011	3731.34	107.55	91.60	0.58	16.58
天　津	540541	1657.59	47.78	57.11	0.36	10.34
河　北	1212197	3611.06	104.09	128.07	0.81	23.18
山　西	704290	2118.18	61.05	74.41	0.47	13.47
内蒙古	416098	1351.18	47.37	55.42	0.34	6.02
辽　宁	1061223	3183.75	111.61	141.34	0.87	15.36
吉　林	656518	2075.67	72.76	87.44	0.54	9.50
黑龙江	780105	2677.37	93.86	103.90	0.64	11.29
上　海	639570	2285.24	34.90	33.66	0.64	8.39
江　苏	1830402	6306.66	96.31	96.33	1.82	24.00
浙　江	1017430	3471.16	53.01	53.55	1.01	13.34
安　徽	1098629	3258.02	49.75	57.82	1.10	14.41
福　建	768700	2440.36	37.27	40.45	0.77	10.08
江　西	888179	3265.46	49.87	46.74	0.89	11.65
山　东	1771507	5994.05	172.77	187.17	1.19	33.88
河　南	1651637	5791.62	166.94	174.50	1.11	31.59
湖　北	1534141	5218.27	79.69	80.74	1.53	20.12
湖　南	1166046	3753.40	57.32	61.37	1.16	15.29
广　东	1795061	5153.96	56.13	62.41	1.22	14.16
广　西	681032	2137.25	23.28	23.68	0.46	5.37

续表

地区	学生人数（人）	建筑面积（万平方米）	按单位建筑面积能耗测算总能耗（万吨标准煤）	按生均能耗测算总能耗（万吨标准煤）	按生均用水量测算的总用水量（亿吨）	按生均能耗费测算的总能耗费（亿元）
海　南	176102	540.55	5.89	6.12	0.12	1.39
重　庆	707610	2308.82	35.26	37.24	0.71	9.28
四　川	1359055	4157.23	63.48	71.52	1.35	17.82
贵　州	433097	1448.13	15.77	15.06	0.30	3.42
云　南	579172	1807.30	19.68	20.14	0.39	4.57
西　藏	34806	110.25	3.86	4.64	0.03	0.50
陕　西	1174641	4082.66	117.68	124.11	0.79	22.46
甘　肃	472375	1361.42	47.72	62.91	0.39	6.83
青　海	53749	165.95	5.82	7.16	0.04	0.78
宁　夏	108463	314.28	11.02	14.45	0.09	1.57
新　疆	295292	1136.31	39.83	39.33	0.24	4.27

各省（市、自治区）高校能耗按单位建筑面积能耗指标测算的建筑商品总能耗、年度用水量、年度能耗费和水费测算见图2-18至图2-20。

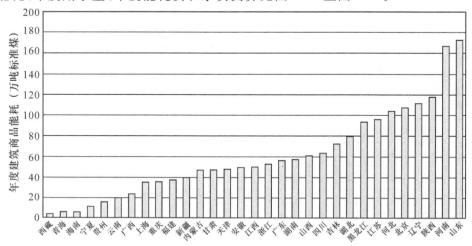

图2-18　2013年度各省（市、自治区）高校建筑商品总能耗测算

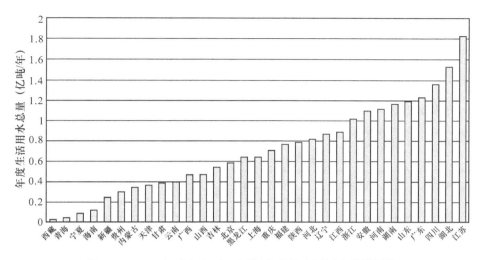

图 2-19 2013 年度各省(市、自治区)高校生活用水总量测算

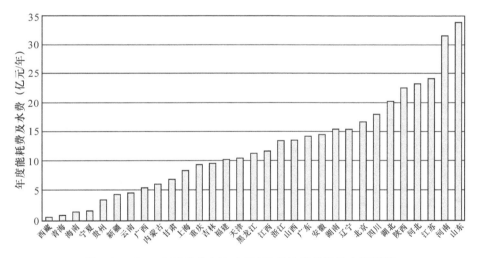

图 2-20 2013 年度各省(市、自治区)高校能耗费及水费测算

从图 2-18 分析可知,位于寒冷地区的山东、河南和陕西分别占据高校能耗总量的前三位,年度能耗测算量为:172.77 万吨标准煤、166.94 万吨标准煤和 117.68 万吨标准煤。从图 2-19 可知,生活用水总量占据前三位的是夏热冬冷地区的江苏省、湖北省和四川省,这三所高校生活用水量分别为 1.82 亿吨/年、1.53 亿吨/年和 1.35 亿吨/年。

2.4.2　基于调研样本的部属与省属高校能耗现状评估

2.4.2.1　能耗指标比较分析

根据调研样本中部属高校和省属高校的能耗数据指标,按气候区对单位能耗与单位水耗指标进行测算,结果如表 2-6、表 2-7 所示。

表 2-6　部属高校能耗与水耗指标分析(分气候区)

高校所在气候区	生均能耗(kgce/生)	单位建筑面积能耗(kgce/m²)	生均水耗(t/生)	生均建筑面积(m²/生)	生均能耗费(元/生)
严寒地区	1562.69	38.92	99.64	40.16	1721
寒冷地区	1189.01	30.63	69.03	38.82	2166
夏热冬冷地区	609.14	16.35	107.94	37.26	1513
夏热冬暖和温和地区	468.44	13.11	82.31	35.72	1058
合计	872.88	23.04	91.52	37.89	1714

表 2-7　省属高校能耗与水耗指标分析(分气候区)

高校所在气候区	生均能耗(kgce/生)	单位建筑面积能耗(kgce/m²)	生均水耗(t/生)	生均建筑面积(m²/生)	生均能耗费(元/生)
严寒地区	933.49	27.25	50.45	34.26	975
寒冷地区	831.74	25.22	64.08	32.97	1481
夏热冬冷地区	279.32	10.69	75.15	26.13	710
夏热冬暖和温和地区	211.31	7.65	52.21	27.63	484
合计	557.87	18.62	64.50	29.97	1016

从统计结果分析,部属高校的生均能耗、生均水耗和单位建筑面积能耗三个指标占全部样本高校的 113.52%,110.80% 和 105.69%,占省属高校的 156.47%、141.89% 和 123.75%。从生均能耗费来分析,部属高校生均能耗费为 1714 元/生,省属高校为 1016 元/生,样本高校生均能耗费为 1484 元/生,部属高校的生均能耗费是省属高校能耗费的 168.61%。应该说,部属高校相比省属高校,其拥有的资源更为充裕,能耗指标高意味着教学科研

条件和能源保障条件相对较好，部属高校较省属高校具有更大的节能空间，是高校节能的重点部门。分气候区的部属高校与省属高校在 2013 年度的生均能耗量、生均水耗量、单位建筑面积能耗量、生均能源费和生均校舍建筑面积见图 2-21 至图 2-25。

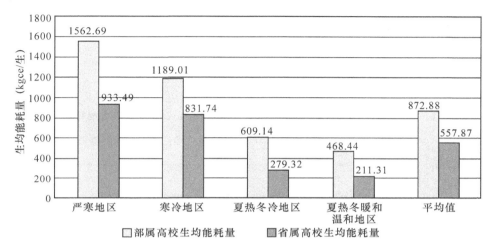

图 2-21　2013 年度样本部属高校与省属高校生均能耗量

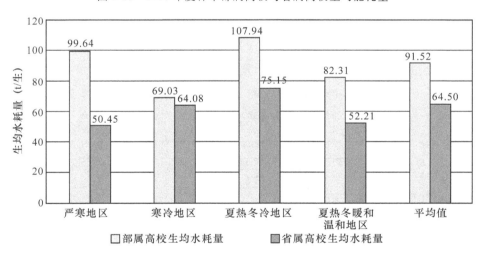

图 2-22　2013 年度样本部属高校与省属高校生均水耗量

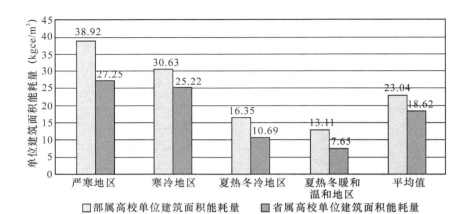

图 2-23　2013 年度样本部属高校与省属高校单位建筑面积能耗量

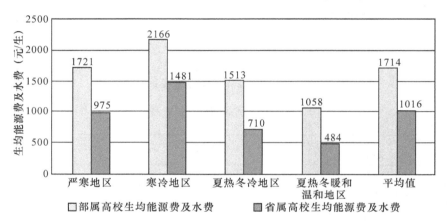

图 2-24　2013 年度样本部属高校与省属高校生均能源费及水费

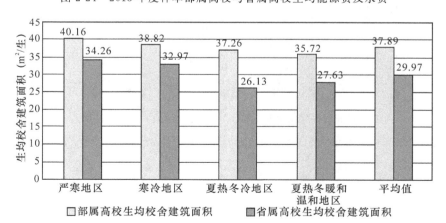

图 2-25　2013 年度样本部属高校与省属高校生均校舍建筑面积

2.4.2.2　部属高校能耗现状评估

1.教育部及其他部委所属高校能耗总量测算

2012年度,75所教育部直属高校的全日制学生总人数(研究生、全日制本专科和攻读学位留学生)为214.76万人,其他9所部属高校中科院、工业和信息化部等所属高校的学生人数为23.41万人,部属高校共94所,学生人数约238.17万人[①],占全国当年在校生人数的9.91%。

根据分气候区的部属院校样本的2013年度生均能耗量、生均水耗量和生均能耗费指标测算,因未从公开渠道得到各部属院校2013年度在校生实际人数,本研究以2012年度部属院校在校生人数为测算基数,部属院校的能耗总量约为274万吨标准煤,水耗总量约为2.8亿吨,能耗费约为52.87亿元。分气候区的测算见表2-8。

表2-8　94所部属高校能耗、水耗数据估算(以2012年度学生数估算)

高校所在气候区	学生人数(人)	总能耗(万吨标准煤)	总水耗(万吨)	总能耗及总水费(万元)
严寒地区	292529	46	2915	50344
寒冷地区	1083715	129	7481	234733
夏热冬冷地区	1505031	92	16245	227561
夏热冬暖和温和地区	151728	7	1389	16053
合计	3033003	274	28030	528691

2.教育部直属高校能耗总量测算

根据分气候区的样本部属高校2013年度生均能耗、生均水耗和生均能耗费指标测算,75所教育部直属高校的用能、用水和能耗水耗费测算见表2-9。以2012年度教育部直属院校在校生人数为测算基数,教育部直属院校的能耗总量约为246万吨标准煤,水耗总量约为2.59亿吨,总能耗费及总水费约为48.55亿元。

---

① 教育部网站:2012年各类学生基本情况一览表[2015年06月24日]/http://www.moe.gov.cn/s78/A08/gjs_left/s7187/s7191/201403/t20140313_165445.html[EB/OL]

表 2-9　教育部直属高校能耗、水耗数据估算(以 2012 年度学生数估算)

高校所在气候区	学生人数(人)	总能耗(万吨标准煤)	总水耗(万吨)	总能耗及总水费(万元)
严寒地区	224980	35	2242	38719
寒冷地区	985817	117	6805	213528
夏热冬冷地区	1436334	87	15504	217174
夏热冬暖和温和地区	151728	7	1389	16053
合计	2798859	246	25940	485474

2.4.3　高校建筑用能与生活用水趋势

2.4.3.1　能耗指标趋势分析

"十二五"以来,教育部、住房和城乡建设部、国家机关事务管理局等大力推进节约型校园建设,以节能监管平台建设、公共机构节能示范单位建设、节能改造示范资金支持等,在全国高校有效推进了节约型校园建设,也切实取得了节能成效。在高校教学、科研和生活条件均不断改善前提下,高校的能耗指标基本维持在稳定水平,特别是处于严寒地区的高校,通过加大供暖节能技改力度,节能成效更加明显,单位能耗指标有所下降。

基于 41 所不同气候区的高校能耗量与生活用水量数据分析,2011—2013 年的能耗与生活用水量指标数据见表 2-10。

从 41 所高校 2011—2013 年连续三年单位能耗指标分析可知,全国高校不分建筑热工分区的单位建筑面积能耗和生均能耗均保持较为稳定水平,单位建筑面积能耗年均环比下降 0.64%,生均能耗年均环比下降 0.38%;2011—2013 年的生均用水量分别为 102.43t/生、98.12t/生和 98.53t/生,生均用水量年均环比下降 1.9%。

分建筑热工分区分析,单位建筑面积能耗三年间保持稳定,严寒地区高校年均环比下降 9.84%,寒冷地区、夏热冬冷地区、夏热冬暖地区高校的年均环比分别增长 1.15%、2.72% 和 2.4%;严寒地区的生均能耗年均环比下降 10.38%,夏热冬暖地区增长 5.89%,其余两个气候区的生均能耗增长平稳,寒冷地区、夏热冬冷地区的年均环比增长分别为 2.53% 和 2.46%。

表 2-10　基于教育能源数据平台的 2011－2013 年高校分气候区单位能耗统计

生均能耗单位:kgce/生,单位建筑面积能耗单位:kgce/m²,生均水温单位:t/生

年度	严寒地区		寒冷地区		夏热冬冷地区		夏热冬暖地区		不分气候区		
	单位建筑面积能耗	生均能耗	单位建筑面积能耗	生均能耗	单位建筑面积能耗	生均能耗	单位建筑面积能耗	生均能耗	单位建筑面积能耗	生均能耗	生均水量
2011	39.63	1517.30	26.84	926.74	16.12	606.30	12.26	574.67	20.46	769.60	102.43
2012	35.16	1340.30	28.49	953.87	16.86	629.85	12.68	593.34	20.87	774.88	98.12
2013	31.83	1202.29	27.45	973.70	17.00	636.07	12.85	642.39	20.20	763.70	98.53
三年平均值	35.54	1353.29	27.59	951.44	16.66	624.07	12.60	603.47	20.51	769.39	99.69

2.4.3.2　高校能耗、用水量趋势分析与节能潜力评估

1.高校建筑用能趋势预测

以调研样本高校 2013 年度生均能耗指标为基数,以单位生均能耗环比数据为我国高校能耗指标的环比趋势数据,即年均下降 0.38%,则到 2020 年生均能耗约为 751.37kgce/生。根据《国家中长期教育改革和发展规划纲要》,到 2020 年,中国高等教育毛入学率将从 2009 年的 26% 提高到 40%,高校在校生规模预计将达到 3300 万人,按此数据测算,到 2020 年,我国高校用能总量将达到 2480 万吨标准煤,是 2013 年全国高校用能总量的 121.8%。

2.用水趋势预测

以调研样本 2013 年度高校生均用水量指标为基数,即 82.6t/生,以单位生均能耗环比数据为我国高校能耗指标的环比趋势数据,即年均下降 1.9%,则到 2020 年生均能耗约为 76.32t/生,根据《国家中长期教育改革和发展规划纲要》,按我国高校 2020 年高校在校生规模 3300 万人计,到 2020 年,我国高校用水总量将达到 25.18 亿吨,是 2013 年全国高校用水评估总量的 115.16%。

"十三五"期末我国高校用能总量和生活用水量预测见表 2-11。

表 2-11　"十三五"期末我国高校用能总量和生活用水量预测

项目	2013 年基数	年均环比系数	2020 年单位指标	总量
能耗预测	768.91kgce/生	0.38%	751.37kgce/生	2480 万吨标准煤
水耗预测	82.6t/生	－1.9%	76.32t/生	25.18 亿吨

2.4.4 高校建筑节能潜力

从能耗现状评估和用能趋势预测分析,中国高校用能总量大,耗能水平较高,存在较大的节能潜力。通过实施有效的能效提升措施,将取得较好的节能效益。

现将中国高校的节能潜力以 2013 年度评估能耗总量、生活用水总量为基数,分先进、较优和维持三种方式对中国高校到 2020 年止的节能量进行测算,其中:先进方式以 2013 年人均能耗为基数到 2020 年下降 15％,较优方式是以 2013 年人均能耗为基数到 2020 年下降 7.5％,维持方式为保持 2013 年度生均能耗不变,每年的学生人数按到 2020 年在校生人数达到 3300 万人计,分别在 2014—2020 年中按平均递增数即每年增加在校生人数 93.22 万人逐年累加计算。分别测算先进、较优与维持方式相比获得的中国高校的节能潜力,见表 2-12。

从表中数据分析,到 2020 年,如果按先进、较优方式开展能效管理,与维持方式相比,先进方式、较优方式在七年间的节能潜力估算约为 1436 万吨标准煤和 752 万吨标准煤,年均节能量约为 205 万吨标准煤/年和 107 万吨标准煤/年。

表 2-12　按三种方式测算的中国高校节能量

能耗类型	先进方式	较优方式	维持方式
2020 年生均能耗(吨标准煤/生)	654	709	769
2014—2020 年总能耗(万吨标准煤)	16856	17541	18292
2014—2020 年节约总量(万吨标准煤)	1436	752	0
年均节约总量(万吨标准煤/年)	205	107	0

2.5 基于 SPSS 相关性分析的高校电耗模型与水耗模型构建

如前文所述,高校的建筑能耗与生活用水消耗量的影响因素受使用人数、建筑面积、仪器设备数量及使用频率、科研体量、为社会提供的服务量、高校的管理水平、设备的能效等均存在一定的相关性,而这些影响因素与能耗、水耗总量的相关性如何,目前尚停留于探讨阶段,部分学者对单个高校的单个建筑作过回归分析,但着眼于地区、全国高校的总量模型的分析,目前尚未有研究案例。

本报告在全国 70 所样本高校 2011—2013 年能耗、水耗数据的基础上,基于 SPSS 相关性分析,构建不同气候区的高校建筑电力消耗模型和生活用水量消耗模型。

2.5.1　模型构建思路

根据公共机构能源统计的相关统计指标,以及经验认定的高校能耗、水耗影响因素,将学生规模作为影响高校能耗总量和水耗总量的主要参数进行相关性分析。具体步骤如下:选取学生人数作为影响高校能耗与水耗的主要影响参数,通过 SPSS 软件进行相关性分析确定影响因子系数,根据样本数据确定能耗或水耗无相关数,进而构建能耗或水耗总量模型,见图 2-26。

图 2-26　基于学生人数的能耗与水耗模型构建步骤

2.5.1.1　参数选取

为了更加准确地反映实际用能的等价人数,本模型提出了标准化人数 P 的概念,即以高校全日制本科生人数作为计量因子,其他不同类型的全日制在校生、在编教职工人数与本科生人数进行等价折算。根据高校的学生类型,主要选取的参数有:全日制本科人数 P_1、全日制专科人数 P_2、硕士生人数 P_3、博士生人数 P_4、在编教职工人数 P_5、非在编教职工人数 P_6。

$$P = a_1 \times P_1 + a_2 \times P_2 + a_3 \times P_3 + a_4 \times P_4 + a_5 \times P_5 + a_6 \times P_6 \tag{1}$$

此处因为以本科生人数作为基础统计单位,因此,取值 $a_1 = 1$。结合经验,初步确定各个 a 值的取值范围,然后进行插值取值,分析不同取值下的相关性,直到达到符合显著性要求为止。

2.5.1.2　能耗或水耗无相关数

为了更加实际地反映标准化人数情况下的能耗总量,本模型提出能耗或水耗无相关数 $[E]$ 的概念。能耗或水耗无相关数即为单位标准化人员数 $[P]$ 的单位能耗或单位水耗。通过建立能耗或水耗无相关数,可以对一个学校、地区以及全国高校的能耗或水耗总量按照公式(2)进行计算得到：

$$E = [E] \times P \qquad (2)$$

2.5.2 高校电力消耗模型构建

2.5.2.1 电力消耗的相关性分析

将不同的系数取值得到的 P 值取其以 e 为底的对数即 LnP，在 SPSS 软件中逐个得出其与全年电耗的对数值之间的相关系数，如表 2-13 所示。

表 2-13 电耗相关性分析结果

a_1	a_2	a_3	a_4	a_5	a_6	相关系数
1	0.5	2	3	6	2	0.212
1	0.5	2	3	6	3	0.035
1	0.5	2	3	6	4	0.09
1	0.5	2	3	6	5	0.011
1	0.5	2	3	6	6	0.006
1	0.5	2	3	6	5.5	0.008
1	0.5	2	3	6	5.8	0.007
1	0.5	2	3	6	5.9	0.007
1	0.5	2	3	6	6.1	0.006
1	0.5	2	3	6	6.2	0.006
1	0.5	2	3	6	6.3	0.005
1	0.5	2	3	6	6.4	0.005
1	0.5	2	3	6	6.5	0.005
1	0.5	2	3	6.5	6.5	0.005
1	0.5	2	3	7	6.5	0.006
1	0.5	2	3	7	7	0.005
1	0.5	2	3	7.5	7.5	0.004
1	0.5	2	3	8	8	0.004
1	0.5	2	3	9	9	0.003
1	0.5	2	3	10	10	0.002

续表

a_1	a_2	a_3	a_4	a_5	a_6	相关系数
1	0.5	2	6	10	10	0
2	0.5	2	6	10	10	0.024
1	0.5	3	6	10	10	0
2	0.5	3	6	10	10	0.015
2	1	3	6	10	10	0.014
2	1	4	6	10	10	0.009
2	1	4	8	10	10	0.003
2	1	4	8	12	12	0.002
2	1	4	6	12	12	0.006

其中,当 $a_1 \sim a_6$ 分别取 1、0.5、2、6、10、10 和 1、0.5、3、6、10、10 时,相关性的 P 值均为 0,相关性极强。对应的系数即斜率分别为 0.553 和 0.569。在本报告中,电力消耗模型的相关性系数分别取 1、0.5、3、6、10、10。

2.5.2.2 电力消耗无相关数

2011—2013 年统计范围内的高校总电耗数为 6506493055kW·h,总标准化人数为 13799287 人。根据模型计算方法,分建筑热工分区得到不同气候区及不分气候区的电力消耗无相关数,见表 2-14。

表 2-14 电力消耗无相关数

气候区	无相关数(kW·h)	气候区	无相关数(kW·h)
夏热冬冷地区$[E_{电1}]$	475.4463	严寒地区$[E_{电3}]$	347.2166
夏热冬暖地区$[E_{电2}]$	446.6927	寒冷地区$[E_{电4}]$	451.3275
全部区域$[E_{电}]$	451.5588		

2.5.3 高校水量消耗模型构建

2.5.3.1 水耗相关性分析

将不同的系数取值得到的 P 值取其以 e 为底的对数即 LnP,在 SPSS 软件中逐个得出其与全年水耗的对数值之间的相关系数,如表 2-15 所示。

表 2-15　水耗相关性分析结果

a_1	a_2	a_3	a_4	a_5	a_6	相关系数
1	1	1	1	1	1	0.003
1	0.5	2	3	6	6	0

根据统计经验,高校的用水量消耗直接与用水人数相关,即 $a_1 \sim a_6$ 均取 1 时,相关性 P 值为 0.003,对应的系数为 0.307。在计算过程中发现,当系数取 1、0.5、2、3、6、6 时,用水人数与水耗总量相关性极强,则取这组系数作为水耗模型构建的最优系数,此时,相关性 P 值均为 0。

2.5.3.2　水耗无相关数

2011—2013 年统计范围内的高校总水耗为:407384005t;总标准化人数为 9841299 人。根据模型计算方法,分建筑热工分区得到不同气候区及不分气候区的水量消耗无相关数,见表 2-16。

表 2-16　水量消耗无相关数

气候区	无相关数(t)	气候区	无相关数(t)
夏热冬冷地区[$E_{水1}$]	46.6183	严寒地区[$E_{水3}$]	36.4863
夏热冬暖地区[$E_{水2}$]	41.6164	寒冷地区[$E_{水4}$]	28.4557
全部区域[$E_水$]	41.3953		

2.5.4　基于模型的高校电量与水量评价

基于电力总量和用水总量消耗模型,根据 2013 年度全国高校全日制在校生人数和教职工人数对当年的全国高校电量和水量进行测算与验证。

2013 年,全日制在校生本科人数为 $P_1 = 14944353$ 人、专科人数为 $P_2 = 9736373$ 人、硕士人数为 $P_3 = 1495670$ 人、博士人数为 $P_4 = 298283$ 人、在编教工人数为 $P_5 = 2296262$ 人、非在编人数教育部没有统计数据,根据样本调研约为在编教职工人数的 80%,故取该数据为 $P_6 = 2296262 \times 0.8 = 1837000$ 人。据此,可根据模型测算 2013 年度全国高校的总电耗和总水耗为:

1. 全国高校 2013 年度总标准化人数

$$P = P_1 + 0.5P_2 + 3P_3 + 6P_4 + 10P_5 + 10P_6 = 67421867$$

2. 全国高校园 2013 年总能耗与总水量模型测算

$$E_电 = [E_电] \times P = 451.5588 \times 67421867.5 = 30444937582(kW \cdot h)$$

$$E_水 = [E_水] \times P = 41.3953 \times 67421867.5(t) = 2790948432(t)$$

即全国高校 2013 年度用电量约为 304.45 亿千瓦时;全国高校的生活用水量约为 27.91 亿吨。

以上数据是根据模型测算后得出的 2013 年度全国高校的用电量与用水总量,与本章中根据统计样本的算术平均值测算相比,用电量约为统计样本算术平均值测算值(360.39 亿千瓦时)的 84.47%,水量约为统计样本算术平均值测算值(21.87 亿吨)的 127.62%。

2.6　高校分类建筑能耗现状与特征

高校建筑一般分为教学大楼、行政办公建筑、图书馆、科研楼建筑、基础实验楼、场馆类建筑、食堂餐厅、学生宿舍等,高校建筑除具备教育建筑的共有特征外,因建筑类型不同,其用能特征、能耗指标均差别较大,需要根据建筑类型不同进行有针对性的分析,本节以浙江大学能耗监管平台的监测数据为依据,对高校典型建筑物的能耗特征进行分析探讨。

2.6.1　分类建筑能耗现状

2.6.1.1　统计样本建筑基本情况

共选取 64 幢建筑,总建筑面积为 110.61 万平方米,建筑类型包括场馆建筑、行政办公楼建筑、基础实验楼建筑、教学大楼建筑、科研楼建筑、食堂餐厅、图书馆、学生宿舍和综合楼建筑 9 个功能类型。不同功能类型建筑物统计数据见表 2-17。

表 2-17　样本建筑物统计清单

建筑类型	建筑数量(幢)	总建筑面积(m²)	占样本比例(%)
场馆建筑	10	91012	8.23
行政办公楼建筑	3	30483	2.76
基础实验楼建筑	5	121164	10.95
教学大楼建筑	7	156855	14.18
科研楼建筑	16	249362	22.54
食堂餐厅	2	29509	2.67
图书馆	5	62273	5.63
学生宿舍	12	334447	30.24
综合楼建筑	4	31022	2.80
合计	64	1106126	100

2.6.1.2 2012—2014 年分类建筑能耗现状总体分析

浙江大学地处夏热冬冷地区,冬季建筑能耗基本以电耗为主,根据校园建筑能耗平台的实时监测数据,经统计并筛选异常数据后,各分类建筑 2012—2014 年单位建筑面积电耗统计数据见表2-18。从表中数据分析,所有建筑三年平均单位建筑面积电耗为 64.30kW·h/(m^2·a),其中场馆建筑的平均电耗最低为 30.87kW·h/(m^2·a),科研楼建筑与食堂餐厅全年单位建筑面积电耗强度较大,分别达到 122.78kW·h/(m^2·a)与 133.57kW·h/(m^2·a),这与这两类建筑的用能密度大有关,科研楼的用能设备多且用能时间长,而食堂的服务人数多,开放时间长,加强科研楼的用能设备管理和食堂的用能管理有较大的节能空间。

表 2-18 2012—2014 年分类建筑逐年单位建筑面积电耗统计

单位:kW·h/(m^2·a)

序号	建筑类型	2014 年	2013 年	2012 年	三年平均值
1	场馆建筑	29.72	35.31	27.59	30.87
2	基础实验楼建筑	33.82	37.22	31.00	34.01
3	教学大楼建筑	35.67	35.23	31.56	34.16
4	行政办公楼建筑	37.98	41.23	38.93	39.38
5	综合楼建筑	44.18	49.69	50.08	47.98
6	学生宿舍	50.89	55.70	47.94	51.51
7	图书馆	68.22	73.52	68.44	70.06
8	科研楼建筑	116.35	129.72	122.26	122.78
9	食堂餐厅	112.83	152.63	135.26	133.57
10	合计	61.96	68.81	62.14	64.30

从三年所有建筑平均单位建筑面积电耗分析,2013 年的单位建筑面积能耗分别是 2014 年和 2012 年 1.11 倍,主要是因为浙江大学所在地在 2013 年的 7~9 月的室外气温明显高于 2014 年和 2012 年的同期气温。见图 2-27、图 2-28。

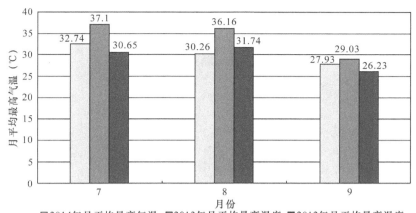

图 2-27　2012—2014 年 7～9 月杭州市区月平均最高温度

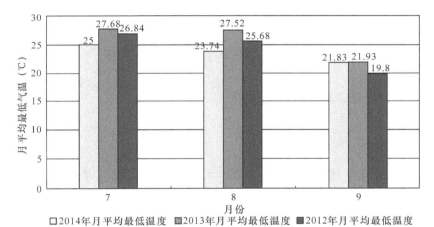

图 2-28　2012—2014 年 7～9 月杭州市区月平均最低温度

2.6.1.3　同类型建筑能耗现状分析

在同一高校内,尽管建筑功能属于同一类型,但是由于建筑围护结构、设施配置、建筑开放时间,特别是科研楼所进驻的学科类型不同等因素,同种功能类型的建筑物的建筑能耗水平相差很大,图 2-29 是 2012—2014 年浙江大学分功能类型的建筑物单位建筑面积电耗最大值、最小值和平均值。

从分析结果可以看出,同类型的建筑能耗差异也较大,特别是科研楼建筑,能耗最大的楼宇单位建筑面积能耗为 178.02kW·h/(m² · a),是最低值的 4.7 倍,这是因为浙江大学学科门类齐全,入驻各大楼的学科性质不同导致相应的科研楼宇之间的用能差异很大,直接导致能耗有很大差异,因此需要对不同楼宇的建筑进行分别管理。

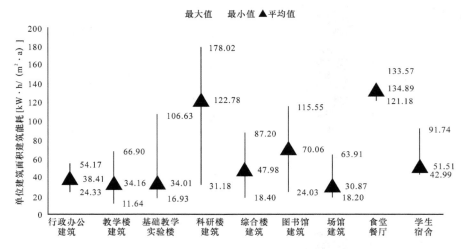

图 2-29　2012—2014 年浙江大学分类建筑能耗最大、最小和平均值

2.6.2　高校典型建筑能耗特征分析

2.6.2.1　教学大楼

教学大楼样本建筑共 7 幢,2012—2014 年的单位建筑面积电耗平均值见图2-30,在 11.64kW・h/(m² ・ a)至 66.9kW・h/(m² ・ a)之间,所有教学建筑平均值为 34.16kW・h/(m² ・ a)。

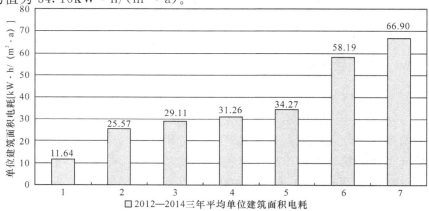

图 2-30　教学大楼建筑单位建筑面积电耗强度分布

以一幢典型的教学大楼为例进行分析如下。

1. 建筑与设备基本信息

该教学大楼建成于 2002 年,建筑面积为 34414 平方米,地下 1 层,地上 5 层,共有各类大、中、小型教室 154 间,座位数约 7000 个,年平均教室使用率约 70%。空调分配形式为阶梯教室采用中央空调风机盘管系统,小教室与中教室采用分体式空调;教室灯具为 T8 荧光灯,公共走廊与卫生间灯具为自镇流荧光灯,有西子奥的斯品牌电梯 2 台,18kW 电热水器 7 台。

2. 年度用电规律与用电结构

教学大楼的能源以电为主,主要用电设备为空调、照明(公共照明、景观照明)与插座、电梯、开水炉和网络设备。样本大楼全年的用电量为 106.88 万千瓦时,单位建筑面积能耗为 31kW·h/(m²·a)。

从全年的用能规律分析,全年的用能规律与教学日历相符,寒暑假的用电量小于正常开课日,用能与人员密度密切相关,其中:用电量较高的月份均为空调开启月份即 1 月、6 月和 12 月。(见图 2-31)

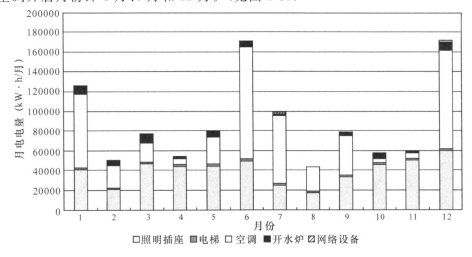

图 2-31　2014 年教学大楼逐月电量

从用电结构分析,空调、照明插座、开水炉、电梯、网络设备占总用电量的 46%、45%、5%、2% 和 2%。空调与照明插座用电是教学大楼的主要能耗,电开水器的用电量也不容小觑,占大楼总用电量的 5%。(见图 2-32)

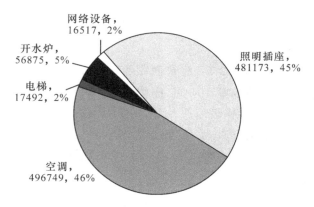

图 2-32　教学大楼全年分项用电比例

3. 典型日逐时用电量

以 2014 年 12 月 18 日为典型日,选取各用电分项(网络设备用电量较小,此处不分析)24 小时用电量见图 2-33 至图 2-36。从图分析可知,教学大楼的各分项用能量与人流密度相关性很大。从节能潜力来分析,空调在中午 12 时到 13 时午休期间用电量并未下降,说明大多数空调均在教室未启用时段开启;电开水器早间 5 点已经开启,时间上不甚合理,用电量与取水量成正比,节约热水可以节约电开水器电量;电梯除与人流量正相关外,在不用的夜间有一定的待机能耗,可以考虑在不用的时间关闭一台电梯;照明用电中的公共照明在白天大于夜间,说明白天开灯的可能性很大,可以采取措施节约不必要的公共照明用电。

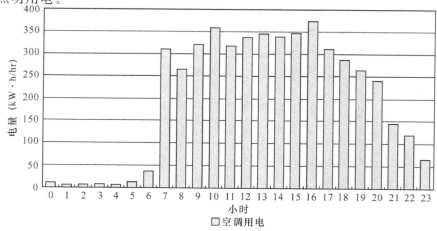

图 2-33　空调用电逐时图

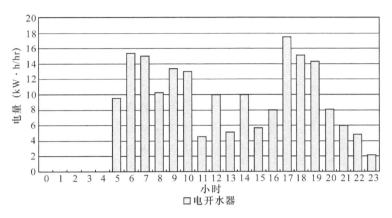

图 2-34　电开水器用电逐时图

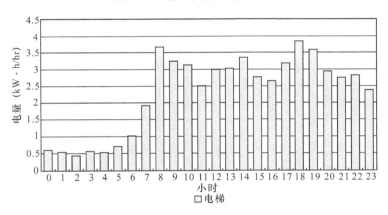

图 2-35　电梯用电逐时图

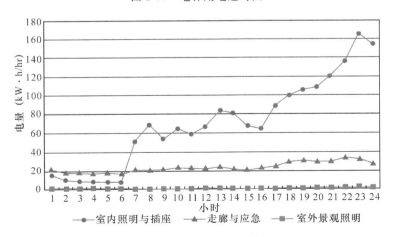

图 2-36　照明用电逐时图

2.6.2.2 图书馆

图书馆建筑样本共 5 幢,2012—2014 年的单位建筑面积电耗平均值见图2-37,在 24.03kW·h/(m² · a)至 115.55kW·h/(m² · a)之间,所有建筑平均值为 70.06kW·h/(m² · a)。由于图书馆的建筑年代、围护结构、空调型式和人员密度不同,即使是同一所学校的不同图书馆,其能耗强度也相差较大。

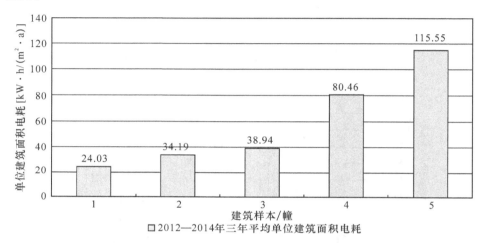

图 2-37　图书馆建筑单位建筑面积电耗强度分布

以下以浙江大学综合性图书馆为例,进行能耗数据分析。

1. 建筑与设备基本信息

综合性图书馆建成于 2003 年 9 月,建筑面积为 22440 平方米,空调面积为 18500 平方米,为地下 1 层,地上 4 层建筑。阅览座位数 1600 个,正常日借阅量约为 6000 人次,开放时间为正常日全天开放从早上 7 点到晚上 10 点,寒暑假开放时间为上午 8:30 到上午 11:30。

空调形式为全空气中央空调系统;阅览室为 T8 双管荧光灯,每支 28W,公共走廊和楼梯等为自镇流荧光灯,每个 13W;每层配 15kW 开水器各 1 台,共 4 台。

2. 用能规律与用电结构分析

图书馆全年总电量为 161.56 万千瓦时,单位建筑面积电耗为 72kW·h/(m² · a)。从全年用电规律分析,用电量与图书馆的读者数量和气候两个因素相关,在正常开放日,用电量明显大于寒暑假用电量,在空调季节用电量明显比非空调季节要大得多,从图 2-38 分析可知,正常开放的空调季节用电量是非空调季节的 5 倍,同时发现在图书馆闭馆时,日均用电量也达到 500kW·h/d,图书馆照明与设备的待机能耗相当可观。

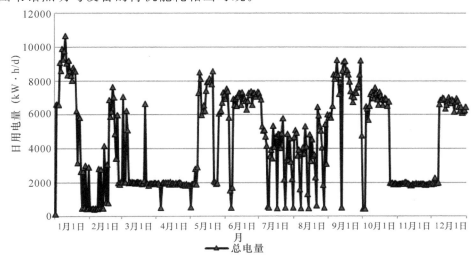

图 2-38　图书馆年度总用电曲线图

从全年用电结构分析,图书馆用电主要为照明插座用电与空调用电,其中:照明插座用电量为 31%,空调用电量为 65%(空调冷热源电量为 46%,空调箱与新风机组用电量为 19%),图书馆电梯用电量和其他特殊用电量(主要是网络设备与消防控制设备用电量)均为 2%。全年用电分项比例见图 2-39。各分项用电全年用电趋势见图 2-40 至图 2-43。

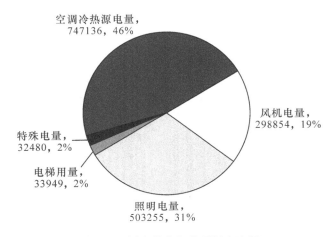

图 2-39　图书馆全年分项用电比例

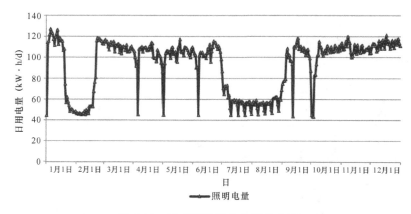

图 2-40　图书馆照明用电逐日趋势

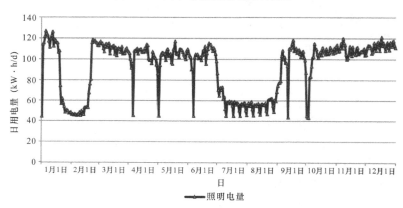

图 2-41　图书馆电梯用电逐日趋势

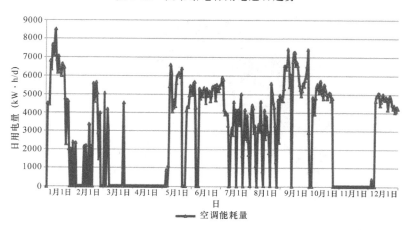

图 2-42　图书馆空调用电逐日趋势

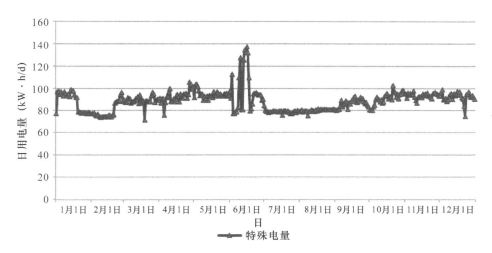

图 2-43 图书馆特殊用电逐日趋势

2.6.2.3 学生宿舍

学生宿舍建筑样本共 12 幢，2012—2014 年的单位建筑面积电耗平均值见图 2-44，在 42.99kW·h/(m²·a) 至 91.74kW·h/(m²·a) 之间，所有建筑的平均能耗为 51.51kW·h/(m²·a)。由于学生宿舍的使用功能单一，除留学生宿舍因设施配置较全面能耗较高外，其他宿舍的用能强度较为接近。

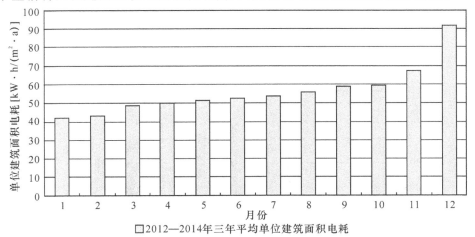

图 2-44 学生宿舍逐月单位建筑面积电耗强度

选取一幢典型学生宿舍对能耗情况进行深度剖析如下：

1.建筑与设备基本信息

该学生宿舍建成于 2002 年,建筑面积 33686 平方米,共七层,其中:架空层一层,宿舍数量为 888 间,床位共有 3552 个,实际入住人数为 3200 人。宿舍空调形式为分体机,从室内插座取电;宿舍室内和一楼架空层灯具为 T8 荧光灯,单支 28W,公共走廊和楼梯等为自镇流荧光灯,单支 5W;生活热水由设于地下室的热水机房集中供应,热水热源采用空气源热泵热水系统,早 6 时至晚间 12 时供应 50℃热水。

2.学生宿舍用电规律与用电结构

学生宿舍的能源以电为主。全年总电量为 178.82 万千瓦时,单位建筑面积电耗为 53kW·h/(m²·a),生均电耗为 558.81kW·h/(p·a)。从全年逐月用电量分析,用电规律与教学日历相符,全年月均电量为 14.9 万千瓦时,用电量最高月为 12 月,因为高校所在地在 12 月的月平均气温最低,空调与生活热水用电量大。12 月电量为 24.96 万千瓦时,是当年月平均电量的 1.67 倍,是电量最低月——8 月电量的 2.78 倍。(见图 2-44)

从全年用电分项分析,室内照明插座(含分体式空调电耗)和生活热水电耗占全年用电量的大部分,分别为 54.18% 和 33.69%,室内公共照明与室外景观照明占 11.81% 和 0.32%。从用电分项分析,学生生活热水节约与室内照明插座用电的节约是节能潜力所在,而关注楼内公共照明也有相当大的节能空间。

全年逐月分项用电量和全年用电分项比例见图 2-45 至图 2-46。

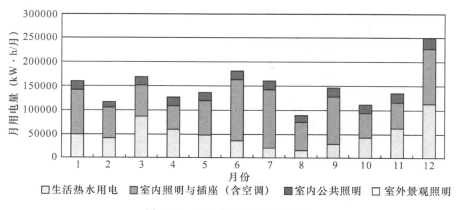

图 2-45 学生宿舍年度逐月电量

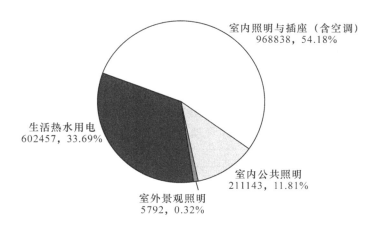

图 2-46　学生宿舍全年分项用电比例

3.典型日逐时用能规律

选取 2015 年 4 月 20 日为典型日,就该学生宿舍的用电规律进行分析,由图 2-47 照明逐时用电分析可以看出,学生宿舍室内用电量在晚间 22 时达到峰值,为 165kW·h,晚间 17 时到 24 时用电量逐渐增大。

楼内公共照明主要为地下层及架空层自行车库、公共走道和楼梯等的公共照明用电,从图 2-47 分析可知,全天用电量基本稳定在 22kW·h,白天开灯现象比较普遍,可以通过学生的自觉督查和向宿舍管理部门建议进行节能灯具与控制方式改造等措施以节约电量。

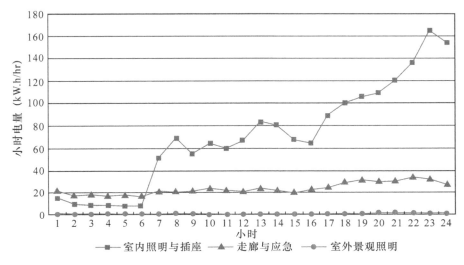

图 2-47　学生宿舍典型日逐时电耗

从图 2-48 生活热水机房日用电量分析,由于通过集中加热供应生活热水,全天的逐时用电量有间歇性,在晚间用水量高峰时段 23 时达到峰值,为 336kW·h/hr。由于生活热水占总用电量的比例较大,是学生宿舍的节能重点,从学生自身而言,可以节约宝贵的洗澡热水来节约能源与水资源,从管理部门来讲,可以通过热水制备设施节能改造如采用可再生能源、热回收或采取优化供水时段、在假期集中住宿等管理方式节约热水制备能源与水资源。

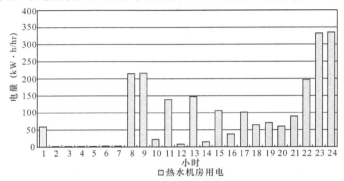

图 2-48　学生宿舍典型日生活热水逐时电耗

2.6.2.4　科研楼

科研楼建筑样本共 16 幢,2012—2014 年的单位建筑面积电耗平均值见图 2-49,在 31.18kW·h/(m²·a) 至 178.02kW·h/(m²·a) 之间,所有建筑的单位建筑面积电耗平均值为 122.78kW·h/(m²·a)。科研楼的建筑能耗强度除了与建设年代、围护结构、空调型号样式和人员密度相关外,科研楼所进驻的学科性质对能耗强度影响不容忽视,在某种程度上,学科性质是影响科研楼能耗的主要因素。

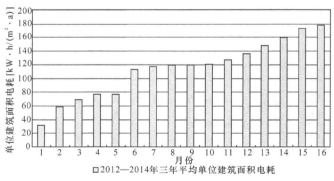

图 2-49　科研楼单位建筑面积电耗强度分布

浙江大学的学科门类齐全,基本每个不同学科的学院都有一幢独立的楼宇,这为分析不同学科对能耗的影响提供了条件。根据综合性大学的学科类型,以及学科耗能的强度高低的经验估算,将科研楼能耗按工学部、理学部、信息学部、农业生命环境学部、医学部、人文学部和社科学部七大类进行分析如表 2-19 所示。从表分析可知,生均能耗以人文学部最低为 332kW·h/(生·a),仅为农业生命环境学部生均能耗的 4.3%,从单位建筑面积能耗分析,也以人文类的能耗最低,为 40kW·h/(m²·a),仅为农业生命环境学部单位建筑面积能耗的 17.24%。

　　据上述分析结果,决定科研楼建筑能耗强度的是科研楼内所进驻的科研单位的学科性质,设备用电节能应成为科研楼节能的关键。

表 2-19　按学科类型的高校建筑能耗强度分析

学部	年生均电耗 kW·h/(生·a)	单位建筑面积电耗 kW·h/(m²·a)
人文学部	332	40
社科学部	464	40
工学部	2905	128
信息学部	1959	87
理学部	3099	95
医学部	3054	102
农业生命环境学部	7550	232
平均值	2766	103

2.6.2.5　行政办公建筑

　　行政办公建筑样本共 3 幢,2011—2014 年的单位建筑面积电耗见图 2-50,从单幢建筑的年度能耗分布趋势分析,行政办公建筑的能耗强度各年度基本保持稳定,由于建筑人员密度和开放时间、建筑空调形式和围护结构的不同,三幢行政办公建筑的能耗强度也存在较大差别,2014 年能耗强度最大的为 B 建筑:52.59kW·h/(m²·a),最小的为 A 建筑:24.51kW·h/(m²·a)。从四年平均能耗强度分析,学校行政办公建筑的能耗强度为 38.41kW·h/(m²·a)。

　　选取学校机关部门所在的行政办公大楼 B 建筑进行如下分析。

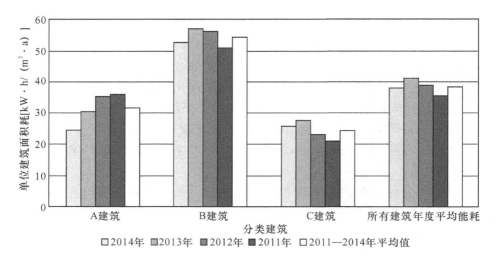

图 2-50　行政办公建筑单位建筑面积电耗强度

1. 建筑与设备基本信息

行政办公大楼 B 建成于 2004 年 4 月,建筑面积为 14000 平方米,其中空调面积为 8250 平方米,地下一层,地上 18 层,其中建筑 3-11 楼为管理学院用房,12-17 楼为学校校部机关办公用房,因管理学院的用电特性除开放时间上比行政机关稍长外,其他用电设备特性基本与行政机关相似。大楼开放时间为早上 6:30 到晚上 11:00,全楼常驻人员约 500 人。

建筑体形系数 0.16,建筑外墙为全幕墙,空调形式为多联机 VRF 系统,照明灯办公室为 T8 双管或单管荧光灯,每支 28W,公共走廊和楼梯等为自镇流荧光灯,每个 13W;若干楼层配 15kW 开水器 4 台,电梯 2 台,为日立 YEFO-A 系列,单台额定功率 13kW。

2. 行政办公楼用电规律与用电结构

建筑全年总电量为 71.21 万千瓦时,单位建筑面积电耗为 50.86kW·h/(m²·a),人均电耗为 1424kW·h/(p·a)。从全年逐月用电量分析,用电规律与教学日历相符,全年月均电量为 5.93 万千瓦时,用电量最高月为 7 月,该月用电量为 8.52 万千瓦时,是用电量最小月 4 月份的 2.6 倍,其中 7 月是学校夏季用电量高峰月,而 4 月基本不需用空调,因此,空调用电是影响行政办公建筑电耗强度的主要因素之一,见图 2-51。

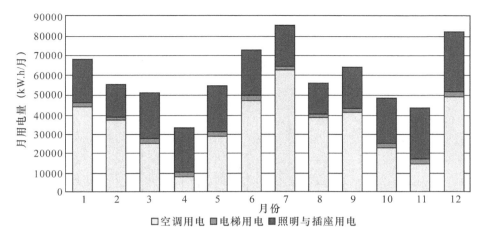

图 2-51　行政办公建筑逐月用电量

从全年分项用电比例分析,空调用电占全年用电量的 59%,其次为照明插座用电(含室外照明)占 38%,电梯用电占 3%。全年分项用电比例见图 2-52。

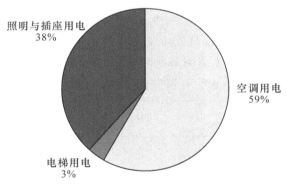

图 2-52　行政办公建筑全年用电比例结构

3. 行政办公楼典型日用电规律分析

行政办公楼的主要分项用电为空调和照明插座用电。图 2-53 是 2015 年 7 月 10 日行政办公楼的逐时用电规律,在办公楼开放期间,上午 9 点至夜间 11 点为工作时间,其中以 9 点至夜间 8 点的用电量较为集中,工作期间的用电量占全天用电量的 86.2%,凌晨的用电量以照明为主,小时平均用电量约 8.9kW·h/hr,非工作时段用电量约占全天用电量的 13.8%。(见图 2-53)

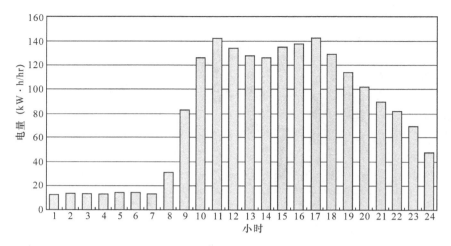

图 2-53　行政办公建筑照明插座用电逐时电耗

空调用电季节性特征明显,图 2-54 是 2014 年全年逐月空调用电量,从图分析可知,夏热冬冷地区在 3 月下旬至 5 月上旬、10 月中旬至 11 月有约 100 天的过渡季,无须开启空调,采取通风等措施即可调节室内空气。但从图中可以看出,在 4 月无须开启空调的季节仍有 3.27 万千瓦时的空调消耗电量(此项电量为 VRF 主机电量),图 2-55 是对该楼 4 月空调主机用电量的逐日监测数据,分析可知,在 4 月 3 日—5 日为清明节放假期间,日平均用电量为 231kW·h,同时也发现,部分房间在过度季也会开启空调。

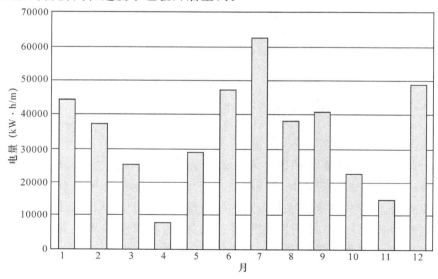

图 2-54　空调用电逐月用电量(2014 年)

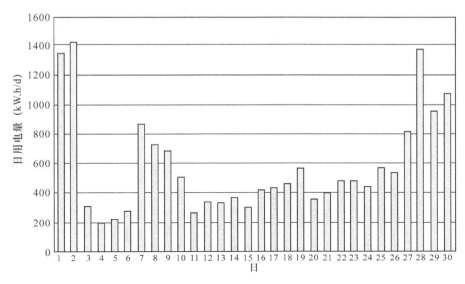

图 2-55 过渡季空调逐日用电量(2014 年 4 月)

从图 2-56 可知,过渡季 VRF 主机在未开启室内机时,其本身所需的维持电量也较大,每小时耗电量约为 9.7kW·h/hr,因此,在过渡季建议管理部门可以通过关闭空调 VRF 主机的方法节省空调电量。图 2-57 为 2014 年 12 月 13 日空调开放季空逐时用电量。

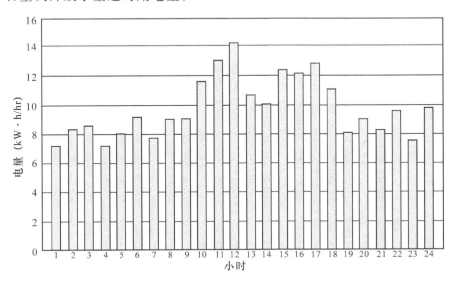

图 2-56 过渡季空调逐时用电(2014 年 5 月 4 日)

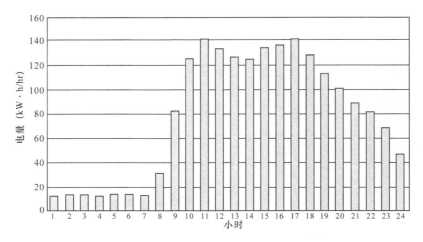

图 2-57　空调开放季逐时用电量(2014 年 12 月 13 日)

2.6.3　高校校园建筑能耗趋势及其特征分析[①]

选取夏热冬冷地区某综合性高校,对其建筑能耗特征进行分析。截至 2014 年,该校占地面积 450 万平方米,校舍建筑面积 226 万平方米,在校全日制本科生 2.36 万人,硕士生 1.39 万人,博士生 0.91 万人,全年科研经费 31.21 亿元,固定资产总值 95.54 亿元。全年总能耗 63224 吨标准煤,总用水量 366 万吨。学校用能以电耗为主,占总能耗的 93%,食堂天然气和冬季采暖用天然气占总能耗的 7%。校园单位建筑面积能耗为 28kgce/(m² · a),生均能耗为 1206kgce/(生 · a),单位万元科研经费能耗为 203kgce/(万元 · a),单位万元固定资产能耗为 66.18kgce/(万元 · a)。

1. 用能要素变化趋势分析

表 2-20 选取了学生人数、校舍建筑面积、仪器设备资产额、科研经费收入情况 4 项用能要素进行分析。从表 2-20 分析可知,十年间,该校生源结构发生明显变化,从 2005 年以招收本科生为主转向招收研究生与本科生并重,2005—2014 年这十年间本科生招生年均减少 1.08%,硕士研究生招生年均增加 2.94%,博士研究生年均增加 8.19%;十年间的新建建筑面积逐年增加,房产面积年均增加 2.99%;十年间学校承担的科研任务大幅增加,2014 年的科研经费是 2005 年的 3.22 倍,年均增加 36.85%;相应的固定资产投入也大幅

---

①　陈伟,等.基于能耗趋势分析的高校建筑能效管理策略研究.高校后勤研究,2013(3):72-77.

增加,年均增长 25.58%。

表 2-20　某高校 2005—2014 年用能要素变化情况①

年份	本科生（人）	硕士生（人）	博士生（人）	留学生（人）	校舍建筑面积（万平方米）	固定资产额（万元）	科研经费（万元）
2005	25334	11262	5594	1235	168	503970	96900
2006	23715	9363	6281	1468	206	540412	123000
2007	22922	9591	6623	1774	194	618486	140200
2008	22232	9801	6799	1966	194	632286	170700
2009	22260	12819	7038	2191	195	656144	204900
2010	22557	13413	7398	2457	195	675155	275200
2011	22664	13868	7737	2706	219	724493	281700
2012	22929	13704	8241	3156	219	846663	307800
2013	22607	13949	8658	4221	226	912361	309000
2014	23633	13949	9084	5746	226	955381	312100
年均增长率%	−1.08%	2.94%	8.19%	45.14%	2.99%	25.58%	36.85%

2.总能耗水耗及趋势分析

表 2-21 是该校 2005—2014 年用能总量分析,由于学生人数、房产面积、固定资产、科研经费总量的大幅度增长,用能总量呈现刚性增长。按照等价热值计算,2014 年该高校的总能耗为 63224 吨标准煤,是 2002 年的 1.6 倍,年均增长 8.61%。在用能总量中,能源消耗以电力为主,占总能耗的 93%;用水总量有较大幅度下降,为 2005 年的 50%,年均用水量降低 5.59%,这主要得益于在统计期间对老校区供水管网和节水器具的改造,有效降低了供水管网漏损,提高了末端用水设备的用水效率。(见图 2-58 和图 2-59)

表 2-21　某高校 2005—2014 年用能用水总量②

年份	电量（万千瓦时）	蒸汽量（万吉焦）	天然气量（万立方米）	总能耗折标煤（吨标准煤）	水量（万吨）
2005	9159.48	13.10	198.71	40031	740
2006	10019.76	18.32	201.99	44965	571
2007	10622.15	18.04	197.09	46990	496

---

① 数据来源:某高校 2005—2014 年数据统计报告.

② 数据来源:某高校 2005—2014 年用能数据通报.

续表

年份	电量 （万千瓦时）	蒸汽量 （万吉焦）	天然气量 （万立方米）	总能耗折标煤 （吨标准煤）	水量 （万吨）
2008	10958.22	19.30	203.77	48716	450
2009	11283.83	7.38	467.66	49033	446
2010	12644.33	0.00	757.07	54953	431
2011	13773.31	0.00	682.54	58134	422
2012	15104.78	0.00	555.54	61410	383
2013	16972.72	0.00	367.52	65887	389
2014	16319.51	0.00	342.93	63224	366
年均增长率％	11.08％	—	—	8.61％	−5.59％

注：自 2009 年 10 月开始，该校停止市政集中蒸汽供热，改由学校自建天然气锅炉房供热。

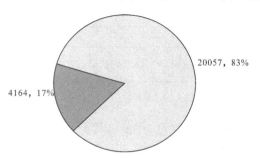

图 2-58　2014 年分类能耗比例（单位：tce）

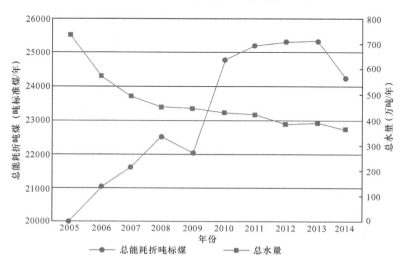

图 2-59　2005—2014 年能耗、水耗年度消耗量

3. 单位能耗及其趋势分析

　　单位能耗可以衡量能源和水资源的利用效率，单位能耗越低表明高校可以用尽可能低的能源成本来支撑更广泛的教学和科研活动。校园的能源消耗与高校业务如人才培养、科学研究等密切相关，也与承载教学和科研活动的房产和固定资产特别是与仪器设备投入相关。

　　表 2-22 反映了该校 2005—2014 年逐年生均能耗、单位建筑面积能耗、单位万元固定资产能耗、单位万元科研经费能耗的变化趋势。从分析可知，该校生均用能量和单位房产面积用能量均呈平稳上升趋势，年均增长率分别为 3.43％和 1.93％，生均用能量和单位房产面积用能量年均增幅远小于总能耗的年均增幅，年度生均用能量与年度房产面积用能量增长趋势基本一致。由于该校为研究型大学，科研业务量在此期间大幅增长，单位万元仪器设备资产能耗和单位万元科研经费能耗均呈逐年下降趋势，年均降幅分别为 1.85％和 5.66％。（见图 2-60 和图 2-61）。

表 2-22　某高校 2005—2014 年单位能耗、水耗 ①

年份	生均能耗 [kgce/(生·a)]	单位建筑面积能耗 (kgce/m²)	单位万元固定资产能耗 (kgce/万元)	单位万元科研经费能耗 (kgce/万元)	生均用水量 [t/(生·a)]
2005	921.84	23.83	79.43	413.11	170.36
2006	1101.35	21.83	83.20	365.57	139.94
2007	1148.62	24.22	75.98	335.17	121.25
2008	1194.08	25.11	77.05	285.39	110.38
2009	1106.63	25.14	74.73	239.30	100.57
2010	1199.19	28.18	81.39	199.68	93.95
2011	1237.55	26.55	80.24	206.37	89.90
2012	1278.58	28.04	72.53	199.51	79.76
2013	1332.80	29.04	72.22	213.23	78.74
2014	1206.30	27.98	66.18	202.58	78.50
年均增长率(％)	3.43	1.93	−1.85	−5.66	−5.99

　　① 数据来源：某高校 2005—2014 年用能数据通报经计算后所得.

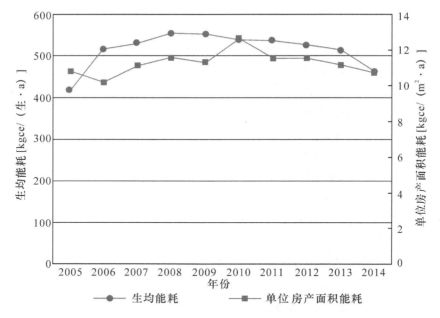

图 2-60　2005—2014 生均能耗和单位房产面积能耗

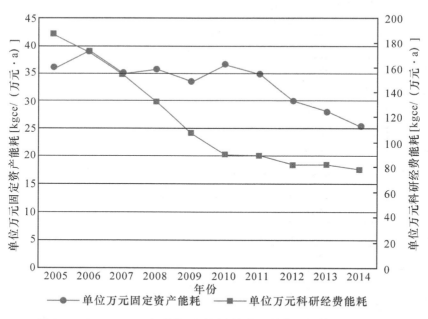

图 2-61　2005—2014 年单位万元固定资产和单位万元科研经费能耗

2.6.4　高校建筑用能特征总结

1. 校园规模增长且大多为多校区办学,高校能耗总量呈刚性增长

(1)校园规模不断增长。与公共建筑一般为单幢建筑相比,中国高校校园规模普遍较大。从高校办学平均规模来看,2014 年与 2004 年相比,普通高等学校全日制在校生平均规模从 7704 人增长到 9814 人,十年间普通高等学校在校生规模增长了 27.30%;从在校生规模层次来看,全国有 773 所普通高等院校在校生人数超过 1 万人,超过 3 万人的高校有 31 所。在校生平均规模的不断增长意味着学校校园范围和建筑面积的不断扩张。

(2)大多数高校为多校区办学。为进一步优化资源,推进我国高等教育大众化进程,自 1999 年开始,中国高校出现了高校合并,多校区校园用能管理也成为高校节能管理的新课题。与公共建筑相比,校园供水系统、采暖系统、供电系统复杂且相对独立于市政水、电、汽、暖系统封闭运行,校园内管网体量大,易出现能源利用不合理、系统损耗大等问题。在部分新建的高校校区甚至建设了冷热电联供系统、区域供暖供冷系统,因此需要将校园能源规划、设计、建设、使用和管理放在系统层面统筹考虑。

(3)高校能耗总量呈刚性增长。从长期来看,由于教育事业的不断扩展,在校生人数和科研业务、社会服务量的增加,高校能耗总量在今后很长一段时期内将呈刚性增长,在我国高等教育事业不断扩展的前提下,从总量上控制高校能耗下降是不符合近期我国高校事业发展规律,也是不符合现实需求的。

2. 单体建筑功能单一,用能规律性明显

(1)高校单体建筑功能单一,有利于用能设计与管理。高校教学楼、图书馆、办公楼、科研楼等单体建筑的功能较为单一,基本为实现单一的教学、图书借阅、办公等功能设置,用能设施也比较明确。因此,可以在规划设计时利用高校建筑的这种特点,在建筑围护结构、采光、通风、空调、电梯、水泵设计过程中开展有针对性的规划设计。

(2)高校建筑用能季节性明显。高校有寒暑假,一般寒假放假时间为每年的 1 月下旬到 2 月中旬,暑假放假时间在 7 月上旬至 8 月下旬。一般情况下,寒暑假为学校用能用水的低谷期。当然,由于科学研究的需要,部分学校在暑期开设短学期和举办成人教育学校的用能季节性开始变得不太明显。不同气候区的高校用能类型有较大差异。

3. 不同气候区的高校建筑用能结构性差异明显

由于气候区的不同,我国高校的主要用能类型也有所区别,根据是否在冬季集中供暖将高校分为两类,一类是在冬季集中供暖的北方高校,其主要用能类型为煤炭、天然气和电力;第二类为不提供集中供暖的南方高校,其主要用能类型为电力。

4. 不同功能的校园建筑能耗强度差异性大

由于建筑功能的不同,其能源需求、能耗指标、能耗强度差别很大。根据2012—2014年浙江大学对不同功能建筑的校园建筑物能耗的统计分析,校园建筑中单位面积电耗量最小的为场馆建筑 $30.87kW \cdot h/(m^2 \cdot a)$,科研楼建筑与食堂餐厅全年单位建筑面积电耗强度较大,分别达到 $122.78kW \cdot h/(m^2 \cdot a)$ 与 $133.57kW \cdot h/(m^2 \cdot a)$,科研楼建筑由于实验环境要求高、实验设备功耗大、用能时间长等特点成为校园能耗的主要消耗区域,也是校园能效管理的重点区域。

5. 生活用水占校园建筑用水的主要部分,用水总量与单位水量呈下降趋势

(1)生活用水占校园建筑用水的主要部分。对浙江大学2013年校园用水量进行统计发现,校园用水中学生宿舍和生活后勤(主要是食堂炊事用水)的用水量占学校总用水量的68%,其中学生宿舍用水占38%,生活后勤占30%。由于高校人员密度大,人员住宿就餐集中,因此生活用水是高校用水的主要部分。加强节水宣传,开展学生宿舍生活用水系统的中水①回用改造,在学生宿舍、食堂等区域普及节水设备设施,实施节水改造均是降低水耗、节约水资源的有效途径。

(2)用水总量与单位水量呈下降趋势。我国高校的水电设施普遍陈旧,特别是地下供水管网、供水设施漏损严重,高耗水设备在很多高校还在使用。近年来,各高校均投入了大量资金开展管网改造和设备设施更新,新建建筑用水设施也全部采用节水系统、管材和设施,综合节水效果明显,应该说本书列举的高校以及其他高校的水量下降均得益于此。因此,高校用水总量与单位水量下降尚有较大空间。

---

① 中水,是指介于"上水"(自来水)和"下水"(由排水普通排出可污水)之间一切可利用的水,目前主要是指城市污水或生活污水经过处理达到一定水质标准可在一定范围使用的非饮用水。

第 3 章

节约型校园建设制度体系

3.1 节约型校园建设政策制度现状

为推进我国绿色校园、节约型校园建设,国家、各部委乃至各地方政府均发布了与绿色校园、节约型校园建设相关的政策制度与标准规范,本章旨在解读与梳理国家、各部委及地方政府颁布的政策制度的主要内容,并对我国绿色校园、节约型校园的政策制度建设提出建设性意见。

3.1.1 全国层面的制度建设

自 2005 年大力推动节约型社会发展以来,节约型校园的建设内容及其内涵逐渐清晰,教育部、住房和城乡建设部等部委陆续制定了相关的制度推动节约型校园建设。通过整理归纳,节约型校园制度政策的形成可分为三个阶段,分别为 2005—2007 年节约型校园建设总体要求的相关政策、2008—2011 年节约型校园专项建设的相关政策以及 2012 年至今的绿色宣传活动和绿色教育的相关政策。表 3-1 解读了三个阶段各部委颁布的节约型校园建设领域的主要政策制度。

表 3-1　全国层面的节约型校园建设相关政策制度

阶段/年份	主题	政策制度
第一阶段/ 2005—2007 年	纲领性引导 与总体要求	《教育部关于贯彻落实国务院通知精神做好建设节约型社会近期重点工作的通知》(教发〔2005〕19 号) 《教育部关于建设节约型学校的通知》(教发〔2006〕3 号) 《教育部关于开展节能减排学校行动的通知》(教发〔2007〕19 号)
第二阶段/ 2008—2011 年	专项建设指 导意见或技 术体系	《关于推进高等学校节约型校园建设进一步加强高等学校节能节水工作的意见》(建科〔2008〕90 号) 《关于印发〈高等学校校园建筑节能监管系统建设技术导则〉及有关管理办法的通知》建科〔2009〕163 号 《关于成立全国高校节能联盟的通知》(中高学后〔2010〕20 号) 《关于进一步推进公共建筑节能工作的通知》财建(〔2011〕207 号)
	财政支持	《关于印发〈国家机关办公建筑和大型公共建筑节能专项资金管理暂行办法〉的通知》(财建〔2007〕558 号) 《关于进一步推进公共建筑节能工作的通知》(财建〔2011〕207 号)
第三阶段/2012 年至今	绿色教育	《教育部关于勤俭节约办教育建设节约型校园的通知》(教发〔2013〕4 号) 《教育部关于深入开展节粮节水节电活动的通知》(教发〔2013〕12 号) 《教育部办公厅关于切实做好"我的中国梦"主题教育活动和建设节约型校园宣传工作的通知》(教办厅函〔2013〕15 号)

1. 节约型校园建设纲领性制度(2005—2007 年)

2005 年,为贯彻落实《国务院关于做好建设节约型社会近期重点工作的通知》(国发〔2005〕21 号),教育部颁布了《教育部关于贯彻落实国务院通知精神做好建设节约型社会近期重点工作的通知》(教发〔2005〕19 号),从校园规划、校园建设及学校日常工作等方面首次对我国开展节约型校园建设提出了纲领性、指导性意见,在我国节约型校园建设的进程中具有里程碑意义。

2006 年,教育部颁发《教育部关于建设节约型学校的通知》(教发〔2006〕3 号),明确指出高等学校必须加强节能节水工作,建设节约型学校。要求高校推进技术革新,提高资源利用率;加强制度建设,深入推进管理体制和运行机制改革;加强能源及资源节约新技术的运用和研究开发;通过宣传教育强化师生员工的节约意识。节约型校园建设的目标更加明确,工作内容更加具体,节约型校园建设工作的系统性和全面性进一步增强。

　　同年,第十届全国人民代表大会第四次会议通过了《中华人民共和国国民经济和社会发展第十一个五年规划纲要》,《纲要》指出"十一五"期间单位国内生产总值能耗降低 20%,主要污染物排放总量减少 10% 的约束性目标[①]。发展和改革委员会会同有关部门制定了《节能减排综合性工作方案》,进一步明确了实现节能减排的目标和总体要求。教育部积极响应国家节能减排的要求,于 2007 年制定了《教育部关于开展节能减排学校行动的通知》(教发〔2007〕19 号),要求各地教育行政部门和各级各类学校把"节能减排学校行动"与"节约型学校建设"工作结合起来,积极开展节能减排主题教育活动,营造节能减排校园文化氛围。

2.节约型校园专项建设制度(2008—2011 年)

　　随着高等学校节约型校园建设工作的逐步深入,节约型校园建设不仅需要有理念引导,更需要从方法措施上加以指导。2008 年,住房和城乡建设部、教育部两部委联合出台了《关于推进高等学校节约型校园建设进一步加强高等学校节能节水工作的意见》(建科〔2008〕90 号)。《意见》明确了节约型校园建设中节能节水的重点工作,主要包括:加强高等学校节能节水运行监管,新建建筑严格执行节能节水强制性标准,开展低成本节能节水改造,积极推进新技术和可再生能源的应用等;《通知》同时要求各省级行政主管部门及各高校建立领导小组,做好建设节约型校园建设工作的同时,应同步推进节能节水工作的评估考核,完善相关政策激励机制。

　　围绕《意见》中的重点工作,住房和城乡建设部会同教育部,还联合颁布了《关于印发〈高等学校校园建筑节能监管系统建设技术导则〉及有关管理办法的通知》(建科〔2009〕163 号),同时颁布了节约型校园专项建设的五个技术导则和管理办法,为我国高等院校节约型校园的建设工作提出了明确的目标要求和清晰的技术路线。其中,《高等学校校园建筑节能监管系统建设技术导则》《高等学校校园建筑节能监管系统运行管理技术导则》《高等学校校园建筑

　　① 中华人民共和国中央政府网站:中华人民共和国国民经济和社会发展第十一个五年规划纲要[2006 年 03 月 14 日],http://www.gov.cn/gongbao/content/2006/content_268766.htm.

能耗统计审计公示办法》《高等学校校园设施节能运行管理办法》为我国节约型高校在节能监管系统建设和运行管理、建筑能耗统计、校园节能运行方面提供了详细的技术规范与指导;而《高等学校节约型校园指标体系及考核评价办法》建立了学校建设节约型校园的综合考核评价体系,促进了节约型校园建设工作长效机制的形成。一个"意见"、五个"导则"的颁布与实施有效地指导了中国高校节约型校园建设的深入开展。

3. 绿色教育相关制度(2012 年至今)

2012 年至今,教育部提出的《教育部关于深入开展节粮节水节电活动的通知》(教发〔2013〕12 号)、《教育部关于勤俭节约办教育建设节约型校园的通知》(教发〔2013〕4 号)、《教育部办公厅关于切实做好"我的中国梦"主题教育活动和建设节约型校园宣传工作的通知》(教办厅函〔2013〕15 号)等政策制度,较多聚焦于全国各级各类学校的绿色理念引导、教育宣传等方面在技术层面从侧重校园节能监管系统与节能管理、绿色校园规划与建设、建筑节能改造,逐步向绿色校园建设、绿色教育引导与绿色人才培养转变,这预示着我国绿色校园建设从单纯性的追求校园能源节约向全方位的绿色大学建设提升。

3.1.2 地方层面的制度建设

根据国家层面制定的节约型校园建设宏观制度与政策,部分省市因地制宜,根据本省本地区的实际情况制定具有针对性的制度,以更好地推动本省市的节约型校园建设工作。

通过对各省市节约型校园建设制度政策梳理,共整理出 12 个省市的节约型校园相关政策文件 25 份。各省市的节约型校园建设的起点和侧重点不同,各省市制定的政策也有其针对性和侧重点。根据各省市政策的涉及内容,将其归纳为两大类:总体建设要求相关政策和专项建设相关政策。前者主要涉及本省市节约型校园建设的总体要求,涉及节能目标与规划、公共设施和设备节能、绿色采购、节能技术开发、人员培训、组织机制、宣传教育等各个方面。而专项建设政策主要可分为高校节约型校园建设评估考核机制、节能节水工作、高校节能监管体系建设以及针对后勤部门的节约型校园建设指导意见等四类。各省市制定的主要政策的具体分类统计情况如表 3-2 所示。

表 3-2 地方政策分类汇总表

省市	总体要求	考核评估	节能节水	节能监管	后勤管理
浙江省①	√	—	—	—	—
陕西省②③	√	—	—	—	—
江苏省④⑤	√	—	√	—	—
河北省⑥	√	—	—	—	—
四川省⑦⑧⑨⑩⑪⑫	√	√	—	—	√
河南省⑬	√	—	—	—	—
安徽省⑭⑮	√	—	—	—	—

① 浙江省教育厅.《浙江省教育厅关于在全省高校开展节能工作的通知》(浙教计〔2007〕80 号).

② 陕西省教育厅.《陕西省教育厅关于高等学校节能减排工作检查情况的通报》(陕教保〔2008〕5 号).

③ 陕西省教育厅.《陕西省教育厅关于深入开展节能减排行动的通知》(陕教保〔2008〕6 号).

④ 江苏省住房和城乡建设厅.《关于推进高等学校节约型校园建设进一步加强高等学校节能节水工作的意见》(苏建科〔2008〕178 号).

⑤ 江苏省住房和城乡建设厅.《江苏省高等学校节约型校园建设行动方案(2011—2015 年)》(苏建科〔2011〕308 号).

⑥ 河北省住建厅、省教育厅.《关于进一步加强高等院校节约型校园建设工作的实施意见》(冀建科〔2012〕448 号).

⑦ 四川省教育厅.《关于建设节约型高校的通知》(川教函〔2006〕482 号).

⑧ 四川省教育厅.《关于印发(四川省高校节约型后勤指导意见)的通知》(川教〔2008〕15 号).

⑨ 四川省教育厅.《关于进一步推进节约型学校建设工作的意见》(川教〔2010〕69 号).

⑩ 四川省教育厅.《关于印发(高校节约型校园评估标准(试行))的通知》(川教函〔2011〕643 号).

⑪ 四川省教育厅《关于开展高校节约型校园创建评估工作的通知》(川教函〔2013〕380 号).

⑫ 四川省教育厅《关于印发(四川省教育系统"十二五"节能规划)的通知》(川教函〔2011〕643 号).

⑬ 河南省教育厅.《关于印发(2014 年河南省教育系统节能减排工作要点)的通知》(教法规〔2014〕300 号).

⑭ 安徽省教育厅.《关于印发(安徽省节能减排学校行动实施方案)的通知》(教秘计〔2007〕322 号).

⑮ 安徽省教育厅.《安徽省关于深入推进高校节约型校园建设的实施意见的通知》(皖教工委〔2009〕36 号).

续表

省市	总体要求	考核评估	节能节水	节能监管	后勤管理
重庆市①②	√	—	√	—	—
北京市③④	√	√	—	—	—
上海市⑤⑥⑦	√	—	√	√	—
深圳市⑧	√	—	—	—	—
宁波市⑨	√	—	—	—	—

从表 3-2 的统计分析来看,节约型校园建设地方制度体系的制定与完善,各省市的重视程度还亟待加强,这主要体现在以下几个方面:(1)我国制定地方政策的省市较少,从调研数据来看,仅 10 余个省市制定了推动节约型校园建设的地方政策;(2)各省市制定的地方政策缺乏系统性、全面性和深度。在本研究整理的 25 份政策文件中,大部分省市仅制定了一份节约型校园总体建设要求的政策,仅有极少数省市制定了一项或两项专项建设的相关政策,而目前尚没有任何省市制定较为全面的节约型校园政策体系。

根据收集梳理的各省市节约型校园建设制度政策,下面从节约型校园建设纲领性制度和专项建设相关政策两个方面分析其特点。

---

① 重庆市教育厅.《关于进一步加强我市教育系统建筑节能工作的通知》(渝教建〔2007〕92 号).

② 重庆市教育厅.《关于推进高等学校节约型校园建设进一步加强节能节水工作的通知》(渝建发〔2008〕105 号).

③ 北京市教育委员会.《北京市教育委员会关于建设节约型学校的实施意见》(京教勤〔2006〕8 号).

④ 北京市教育委员会.《北京市教委关于印发北京市节约型高等学校建设指导意见(试行)的通知》(京教勤〔2010〕3 号).

⑤ 上海市教育委员会.《关于印发〈上海高校和直属中等学校"十二五"能源消费总量控制及节能降耗目标分解方案〉的通知》(沪教委〔2012〕5 号).

⑥ 上海市教育委员会.《关于推进高校节能监管体系建设的通知》(沪教委后〔2012〕16 号).

⑦ 上海市教育委员会.《关于做好 2014 年高校和委属中等学校节能环保重点工作的通知》(沪教委〔2014〕2 号).

⑧ 深圳市教育局.《关于印发〈深圳市教育局直属系统节能工作实施方案〉的通知》.

⑨ 宁波市教育局.《宁波市教育局关于开展节能减排学校行动的意见》(甬教计〔2008〕136 号).

1. 节约型校园建设纲领性制度

　　各省市或教育主管部门制定的关于节约型校园建设总体要求的制度政策较多,主要为深入开展高等学校节能减排工作、高等学校节约型校园建设行动方案、教育系统"十二五"节能计划、教育系统节能减排工作重点等。该类政策涉及面较广,本研究通过对这些政策的深入解读,将其涉及的内容主要分为8个方面,包括节能成效总结,节能问题总结,制定总体目标,节能活动、宣传及教育,节能规划,节能技术及措施,制度建设以及财政投入。表 3-3 总结了各省市总体要求涉及的主要内容及其出现的频率。从内容上看,在各省市制定的总体建设要求中,大部分省市制定了总体节能目标、节能活动宣传及教育、绿色建筑及建筑节能改造、节能管理、组织领导机制构建、监督考核及管理机制建设等相关内容。部分省市对节能规划、提高能源利用率、节能监管体系建设、能耗审计公示及定额管理、制度体系建设等方面进行规定并提出有关要求。

表 3-3　节约型校园建设总体要求相关政策的主要内容

政策内容			占比
节能成效总结			11%
节能问题总结			17%
制定总体目标			50%
节能活动、宣传及教育			67%
节能规划			22%
节能技术及措施	绿色建筑及建筑节能改造		50%
	技术创新,提高能源利用率		39%
	节能管理	能源管理制度	22%
		节能管理行为/措施	56%
		校园节能监管体系建设	28%
		能耗审计、公示、定额管理	33%
制度建设	组织领导机制		67%
	制度体系建设(项目审查、运行监管、考核评估等制度)		33%
	监督考核及管理机制		61%
财政投入			17%

2.节约型校园专项建设相关政策

(1)节约型校园评估考核政策

四川省及北京市制定了节约型校园创建的评估标准,要求各校对照高校节约型校园评估标准,对节约型校园建设工作的组织保障、宣传教育、节电、节水、节粮、节气、节油、建筑节能等内容进行自查自评,制定符合自身实际情况的创建节约型校园工作实施方案,持续有效地开展创建工作。

上海市就教育系统的节能减排目标进行分解,制定了"十二五"期间上海市高校单位建筑面积能耗上升率及直属中等学校的生均能耗、单位建筑面积能耗上升率等控制目标,同时要求各学校加强组织领导,完善计量监测,细化责任目标,加强内部考核,确保完成节能考核目标。

(2)推进节能节水工作的政策

江苏省与重庆市制定了推动高等院校节约型校园建设进一步加强节水工作的相关文件。参照国家相关政策,重庆市制定了地方政策,要求高校建立节能节水运行监管体系,加强对能源和资源消耗的监管;建立和完善建筑能耗统计、能源审计、能效公示等各项制度,促进高等学校节能节水运行管理,开展低成本节能节水改造及推动新能源应用,实现高等学校用能定额管理。通知同时还对能耗监测、能耗统计、能源审计、能效公示和节能诊断制定了工作要求。

江苏省则要求对高校校园建筑能耗进行统计,采取分项计量,掌握建筑能耗状况和水平;开展校园建筑能源审计,发现不合理用能状况,为建筑节能改造提供依据;进行校园建筑能耗公示,接受社会监督;研究制定高校校园建筑的能耗定额和超定额加价制度;逐步建立节能监管体系,督促各院校建立用能系统运行管理制度,完善校园用能运行管理方案,采取无成本或低成本运行措施;加强建筑用能管理,提高能源使用效率。

(3)高校节能监管体系建设政策

上海市制定了关于推进高校节能监管体系建设的有关文件,通过推进用能建筑和设施分项计量,建立用能数据监管平台,加快高校能效管理智能化、信息化建设,提高学校能源管理水平,全面推动高校技术节能、管理节能和行为节能工作的开展。通知制定了建设节能监管体系的总体目标及阶段性目标,规定了具体实施内容分别为分项计量装置安装建设工程、能耗数据监测中心建设工程、监管平台的运行管理建设工程和配套能力建设工程,并为高校建设节能监管体系提供专项资金扶持。

（4）高校节约型后勤指导意见

四川省于 2008 年颁发了《四川省高校节约型后勤指导意见》,要求进一步加强组织领导,把建设节约型后勤工作纳入学校的整体工作,深化高校后勤的观念节约、管理节约、制度节约和技术节约,优化资源配置,提高资源利用效率。落实专门机构和人员,专人负责节能工作,明确目标责任,保障经费,建立切实可行的工作计划和实施方案,并从综合管理、动力管理、食堂管理、园林绿化、养护管理等方面制定较为详细的校园节能减排措施。

3.1.3　节约型校园制度政策效果

在国家及地方政策的引导下,全国各高校结合学校自身现状及特点,采取了一系列有针对性的节约型校园建设举措,并取得了良好的效果,归纳起来,主要有以下几个方面。

1. 建设节能监管平台,推广节能技术,降低校园能耗

在教育部、住房和城乡建设部关于“节约型校园节能监管体系”建设和建筑节能改造综合示范等相关政策引导下,自 2008 年第一批 12 所试点示范高校开展节约型校园建筑节能监管体系以来,截至 2013 年,共有 210 所高校获得了节约型校园建筑节能监管体系示范项目经费支持(如图 3-1 所示),该项目经费由中央财政支持,主要用于高等高校节约型校园建设过程中的能耗统计、能耗监测、能源审计与能耗公示。截至 2013 年,有 50 余所高校的能耗监管体系通过了项目验收。根据高校实施节能监管平台后的能源资源节约效果统计发现,高校平均能耗节约达到 10.48%,节水效率达到 11.53%。此外,从 2011 年开始,在国家财政的激励下,已有 20 余所建立了校园建筑节能监管平台的高校,进一步开展了校园建筑节能改造工作,国家财政拨款支持近 1 亿元人民币,校园节能改造面积近 500 万平方米(如图 3-2 所示)。

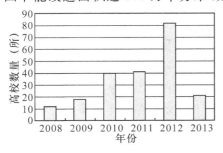

图 3-1　建立能耗监测平台的高校数量

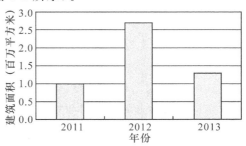

图 3-2　校园节能改造的建筑面积

2. 优化资源配置,提高资源使用效益

通过节约型校园建设引导与实践,各高校进一步审视现有的校园建设与管理的体制机制,重新分析和考量高校在校园建设、学科设置和后勤管理中资源分散、资源限制和资源浪费等问题,根据国家、地方政策方向与目标,根据高校本身的特点,通过整合校内外资源,优化资源配置。如:对人才培养与学科设置进行重新考量,从历年报考人数、社会供求程度等多方面、多维度来优化学科设置与招生规模,避免学科设置不合理而造成资源和人才的浪费;适度引入市场竞争机制,将学校的一部分后勤管理业务向社会开放,通过专业化、社会化的良性竞争机制实现高校后勤的可持续发展。有代表性的如校园能源管理中合同能源管理机制的引入,利用社会资金与专业力量有效提升校园能效管理水平;各高校之间也更加注重合作,如跨高校跨地区的专业实验平台资源共享,不仅减少了大型仪器设备的重复投入,也避免了教学科研资源的浪费。

3. 节约型校园文化得到推广,节约办校的风尚逐步形成

通过建立节约型校园制度政策体系,在全国高校倡导绿色、可持续的校园建设与管理理念,视绿色校园为现代一流大学的重要内涵之一。各高校在积极回应国家、地方政策要求的同时,借助各种宣传媒介,大力倡导与宣传建设节约型校园的必要性和迫切性。部分先进高校将节能、环保、应对气候变化等可持续发展主题纳入高等学校课程建设、社会实践和社团志愿者活动中,开展形式多样和内容丰富的绿色校园专题宣传教育活动,节约型校园的理念在全校师生中形成共识,节约办校的风尚逐步形成。通过大学本身的文化影响力与绿色校园建设的示范辐射作用,也较好地把节约意识与节能技术向校园周边居民和社区传播,成为居民、社区和城市可持续发展之路的可借鉴案例。

3.2 节约型校园建设技术文件现状

为推动节约型校园建设,除制定相关的制度政策外,国家及地方政府还制定了相应的技术标准、导则和规范等技术性文件,为各高校建设节约型校园提供技术指南。

3.2.1　国家层面的技术文件

3.2.1.1　校园建筑设计技术文件

高校校园规划、建筑节能设计及节能改造是节约型校园建设的重要内容之一。梳理当前的国内标准、规范等技术文件,除高校校园规划相关标准外,高校校园建筑设计、建筑节能改造相关标准基本参照公共建筑的节能设计和改造相关标准和规范执行。在这些技术文件中,少数技术文件的发布年代较为久远,如《普通高等学校建筑规划面积指标》于 1992 年发布,已与当前我国高校建设规划和要求不相匹配,亟须根据当前高等教育发展规划,制定更符合当前实际情况的指导性技术文件。表 3-4 汇总了校园建筑节能设计、建筑节能改造的相关技术文件。

表 3-4　校园建筑设计标准与规范

发布时间	技术文件名称
1992.5	《普通高等学校建筑规划面积指标》建标〔1992〕245 号
2001.2	《剧场建筑设计规范》JGJ 57—2000
2003.5	《体育建筑设计规范》JGJ 31—2003
2005.5	《民用建筑设计通则》GB 50352—2005
2005.7	《高层民用建筑设计防火规范》GB 50045－95(2005 年版)
2005.11	《宿舍建筑设计规范》JGJ 36—2005
2006.7	《建筑设计防火规范》GB 50016—2006
2006.11	《办公建筑设计规范》JGJ 67—2006
2010.8	《档案馆建筑设计规范》JGJ 25—2010
2014.5	《绿色建筑评价标准》GB/T 50378—2014
2014.9	《文化馆建筑设计规范》JGJ/T 41—2014
2015.2	《公共建筑节能设计标准》GB 50189—2015
2015.3	《图书馆建筑设计规范》JGJ 38—2015

3.2.1.2　节约型校园建设技术文件

自 2007 年以来,由住房和城乡建设部、教育部牵头,先后制定了节约型校园建设管理与技术导则、校园节能监管系统建设、能耗统计审计及能耗定额、节约型校园和绿色校园评价标准等涉及节约型校园建设的技术导则,对我国高等学校节约型校园的节能监管体系建设、节能运行管理和绿色校园评价提供了技术指南。

1.高等学校节约型校园建设管理与技术导则

2008 年,住房和城乡建设部、教育部联合颁布了《高等学校节约型校园建设管理与技术导则(试行)》(建科〔2008〕89 号),该《导则》是我国首个全面指导节约型校园建设与管理的技术文件,《导则》的总体思路是管理节能、科技节能和行为节能三位一体,覆盖节约型校园建设各个方面各个环节。管理节能的核心是组织机构及责任制度两方面。《导则》明确强调,应建立由学校主管负责人牵头的节约型校园建设管理机构,统筹行政职能部门和学科共同参与;管理制度建设包括基本建设项目审查制度、设施运行监管制度、能源消费统计及审计制度、能耗数据公示制度、需求侧管理制度、绿色采购制度和环境管理制度等。《导则》还提出了节约型校园建设过程的关键技术,主要包括校园基本建设过程中的规划、设计及施工技术,针对校园建筑及用能特点的专项节能减排技术。该《导则》还针对既有校园建筑节能中较受关注的教室照明、待机能耗、科研实验室节能、学生生活设施(宿舍、浴室)节能、校园节水及水资源循环利用等提出了专项技术性措施[①]。

2.高等学校校园建筑节能监管系统系列技术导则

2009 年,在总结和借鉴国内外建筑能耗监测相关成果和经验基础上,以我国公共建筑节能监管体系建设相关技术标准为依据,结合我国高等学校能耗计量和管理实际需求,住房和城乡建设部、教育部联合颁布了《高等学校校园建筑节能监管系统建设技术导则》《高等学校校园建筑节能监管系统运行管理技术导则》。2014 年,为规范高等学校节约型校园节能监管体系示范项目验收程序与方法,住房和城乡建设部颁布了《节约型校园节能监管体系建设示范项目验收办理办法(试行)》。上述三个技术文件的颁布,形成了较为完善的高等学校节能监管系统建设专项技术文件体系,有利于建立健全高校节能监管系统建设、运行与维护的长效机制[②]。

---

① 谭洪卫.管理节能、科技节能、行为节能——《高等学校节约型校园建设管理与技术导则(试行)》解读.建设科技,2008(15).

② 中华人民共和国住房和城乡建设部.《教育部关于印发〈节约型校园节能监管体系建设示范项目验收管理办法(试行)〉的通知》(建科〔2014〕85 号).

3.能耗统计、审计及能耗公示办法

2009 年,住房和城乡建设部、教育部联合出台的《高等学校校园建筑能耗统计审计公示办法》就高等学校能耗、水耗的统计方法、能耗水耗的审计规则、能耗水耗公示及奖惩办法提出了详细的指导性意见。然而,从近几年的实施情况来看,作为指导全国高校开展能耗统计、能源审计及能效公示的权威性指导意见,并没有在全国高校的实际能效管理过程中得以有效参照与执行。各高校开展能耗统计的边界条件、统计方法并没有得到很好的统一,能源审计作为开展校园节能改造与节能管理优化的基础,并没有在各高校得到有效开展,此外,高校能耗公示并不是强制性措施,也未引起高校足够的重视并发挥应有的作用。

4.节约型校园、绿色校园评价技术文件

校园具有园区特性,有异于建筑单体,由于高校类型、培养对象、办学规模不同,节约型校园、绿色校园评价既要考虑我国高等教育和校园的现行情况,也要考虑未来的运行空间。我国先后出台了《高等学校节约型校园指标体系及考核评价办法》《绿色校园评价标准》,为我国节约型校园、绿色校园的评估提供指导。

2009 年,住房和城乡建设部、教育部联合颁布了《高等学校节约型校园指标体系及考核评价办法》,该办法重点从组织机构、制度建设、规划设计、节能环保技术应用、节能节水运行管理、校园文化建设等六个方面对高等学校的节约型校园建设成效进行评估。校园建筑设施的能源消耗、资源消耗、碳排放指标是本办法的重点量化考核项目,主要指标形式有:单位建筑面积能耗指标、生均能耗指标、生均水耗指标以及碳排放指标。

2014 年 3 月,中国城市科学研究会绿色建筑与节能专业委员会编制并颁发了《绿色校园评价标准》,该标准自 2013 年 4 月 1 日起实施。《标准》涵盖了中小学、职业学校、高等校园的绿色校园评价内容,《标准》基于中小学校和职业学校及高等学校的实际特点,提出了规划与生态、能源与资源、环境与健康、运行与管理、教育与推广五个方面的评价指标通过评价将校园的"绿色程度"划分为一星级、二星级和三星级。评价分为规划设计和运行管理两个阶段,规划设计阶段在施工图完成后评价,运行管理阶段的评价在运行一年并达到设计规模后进行[1]。该《标准》正在修订,将以国标的形式作为我国开展绿色校园评价工作的参照依据。

---

[1]　吴志强,汪滋淞.《绿色校园评价标准》编制情况及主要内容.建设科技,2013(12).

3.2.2 省市层面的技术文件

经统计,共有 7 个省市在高校建筑合理用能、节约型校园考核评估、校园能源审计和校园节能监管体系建设等方面制定了相应的技术导则或标准文件,有针对性地指导本省本地区高校开展节约型校园建设。相关技术文件分类汇总见表 3-5。其中,5 个省市制定了合理用能指南,个别省市在考核评估、能源审计及校园建筑节能监管体系等领域制定了相应的技术导则。

表 3-5 各省市技术文件汇总

省市(地区)	合理用能指南	考核评估	能源审计	节能监管体系
上海市	—	—	√	√
北京市	√	√	—	—
四川省	√	√	—	—
安徽省	—	√	—	—
广西壮族自治区	√	—	—	—
湖南省	√	—	—	—
浙江省	√	—	—	—

1.高校合理用能指南

各省市、地区制定的合理用能指南主要包括两部分内容。一是从适应高校校园建筑及能源管理特点出发,提出校园合理用能的基本制度和方法措施;二是从本地区实际出发,提出了高校分类能耗定额,即为高校开展新建校园规划、建设,校园运行管理和节能改造提供能源消耗的合理依据。

归纳各省市、地区的技术指南,高校合理用能所涉及的制度、方法的主要内容主要包括几个方面:(1)师生员工节能意识和行为习惯养成教育;(2)建立并完善节约型校园制度,主要包括节能目标责任制与岗位职责,适合本校的能耗监测、统计、审计和公示制度,促进校园节能降耗工作逐步实现科学化、规范化和制度化;(3)强化管理节能,按照"全面计量,分类核算,超额收费,节约奖励"的原则,落实能源节约措施,加强空调、电梯、办公设施、公务用车等日常管理,推行合同能源管理和能耗定额管理,切实提高能源资源利用效率;(4)推进技术节能,大力推广运用节能新产品、新技术、新材料,搭建校园建筑节能监管系统,加快节能技术改造,促进节能降耗工作取得实效。

各省市、地区制定的校园能耗定额的指标形式与其限值因地区经济社会发展水平及所在气候区不同,均有所差别。表 3-6 至表 3-9 分别汇总了北京市、四川省、广西壮族自治区和湖南省的高等学校水电能耗定额指标。其中,北京市针对不同类型的高校制定了用电、用水和采暖指标,并确定了指标的定额范围,广西壮族自治区和湖南省分别针对不同类型的高校建筑制定了用能定额指标,而四川省制定的指标比较详细,分别针对不同类型高校的各类建筑制定了用能指标及其定额值。

表 3-6　北京市水电能耗定额指标

指标名称	用能指标值
综合及理工类高等学校用电指标	$40-70\text{kW} \cdot \text{h}/(\text{m}^2 \cdot \text{a})$
文史类高等学校用电指标	$40-50\text{kW} \cdot \text{h}/(\text{m}^2 \cdot \text{a})$
单科及其他类高等学校用电指标	$40-70\text{kW} \cdot \text{h}/(\text{m}^2 \cdot \text{a})$
高等学校采暖耗气指标	$6.5-9.0\text{Nm}^3/(\text{m}^2 \cdot \text{a})$
高等学校用水指标	$40-70\text{m}^3/(\text{p} \cdot \text{a})$

表 3-7　四川省水电能耗定额指标

分类	指标名称	用水指标	用电指标
学生宿舍人均水电定额	本专科生	$2\text{t}/(\text{p} \cdot \text{m})$	$5\text{kW} \cdot \text{h}/(\text{p} \cdot \text{m})$
	硕博士生	$2\text{t}/(\text{p} \cdot \text{m})$	$10\text{kW} \cdot \text{h}/(\text{p} \cdot \text{m})$
教学、办公建筑单位建筑面积水电用量定额	文科类学校教学实验大楼	$4\text{t}/(\text{m}^2 \cdot \text{a})$	$70\text{kW} \cdot \text{h}/(\text{m}^2 \cdot \text{a})$
	理科类学校教学实验大楼	$7\text{t}/(\text{m}^2 \cdot \text{a})$	$100\text{kW} \cdot \text{h}/(\text{m}^2 \cdot \text{a})$
	综合类学校教学实验大楼	$5\text{t}/(\text{m}^2 \cdot \text{a})$	$80\text{kW} \cdot \text{h}/(\text{m}^2 \cdot \text{a})$
	文科类学校行政办公楼	$2\text{t}/(\text{m}^2 \cdot \text{a})$	$30\text{kW} \cdot \text{h}/(\text{m}^2 \cdot \text{a})$
	理科类学校行政办公楼	$3\text{t}/(\text{m}^2 \cdot \text{a})$	$40\text{kW} \cdot \text{h}/(\text{m}^2 \cdot \text{a})$
	综合类学校行政办公楼	$3\text{t}/(\text{m}^2 \cdot \text{a})$	$35\text{kW} \cdot \text{h}/(\text{m}^2 \cdot \text{a})$
教学、办公建筑人均水电用量定额	文科类学校教学实验大楼	$22\text{t}/(\text{p} \cdot \text{a})$	$350\text{kW} \cdot \text{h}/(\text{p} \cdot \text{a})$
	理科类学校教学实验大楼	$30\text{t}/(\text{p} \cdot \text{a})$	$480\text{kW} \cdot \text{h}/(\text{p} \cdot \text{a})$
	综合类学校教学实验大楼	$25\text{t}/(\text{p} \cdot \text{a})$	$400\text{kW} \cdot \text{h}/(\text{p} \cdot \text{a})$
	文科类学校行政办公楼	$7\text{t}/(\text{p} \cdot \text{a})$	$130\text{kW} \cdot \text{h}/(\text{p} \cdot \text{a})$
	理科类学校行政办公楼	$10\text{t}/(\text{p} \cdot \text{a})$	$180\text{kW} \cdot \text{h}/(\text{p} \cdot \text{a})$
	综合类学校行政办公楼	$9\text{t}/(\text{p} \cdot \text{a})$	$150\text{kW} \cdot \text{h}/(\text{p} \cdot \text{a})$
万元科研经费水电费年使用定额	科研经费万元耗用水电费	0.74%	3.26%

表 3-8　广西壮族自治区水电能耗定额指标

建筑类型	单位建筑面积年综合能耗 kgce/(m² · a)	单位建筑面积年综合电耗 kW · h/(m² · a)
办公楼	≤10	≤80
图书馆	≤10	≤75
宿舍楼	≤7	≤45

表 3-9　湖南省普通高等院校建筑能耗定额指标

建筑类型	用电指标
办公楼	29.43kW · h/(m² · a)
教学楼	24.41kW · h/(m² · a)
实验室	31.43kW · h/(m² · a)
图书馆	20.68kW · h/(m² · a)
食堂	26.11kW · h/(m² · a)
宿舍楼	22.78kW · h/(m² · a)
体育场(馆)	7.55kW · h/(m² · a)
其他	23.20kW · h/(m² · a)

　　通过对各省市、地区的高校能耗定额指标汇总与分析发现：(1)各省市、地区的高校用能定额需进一步完善，大部分省市的指标体系缺乏科学性和系统性，如部分省市仅针对不同类型高校制定了用能定额指标，忽略了同一类型高校不同类型建筑之间的差别；而部分省市仅针对几类主要的高校建筑制定了用能定额值；在能耗定额指标分类上比较粗放，所有省市的能耗定额主要针对总用能量或总用电量制定了定额指标，而对建筑采暖、空调、照明等分项能耗指标缺少专项定额；各省市、地区间制定的用能定额指标形式各不相同，无法进行地区间、高校间的横向比较。(2)高校用能数据库及数据共享机制需进一步完善。尽管在国家专项财政资金支持下，全国至少有 200 余所高校建设了较为完善的节能监管平台，但平台维护不到位、数据挖掘不深入，特别是全国高校的能耗数据共享平台与共享机制未建立，导致全国高校海量的能耗监测数据未得到有效利用，因此，从全国范围或各省市、地区用于能耗定额研究分析的基础数据不够丰富，数据质量有待提高。

2.节约型校园评价

　　北京市、安徽省、四川省制定了节约型校园评估方法，主要从组织机构、制度建设、规划设计、节能环保技术应用、节能节水管理、可持续人才培养等方面进行综合评价;评价方法采用定性与定量相结合的原则,多以评分制的形式体现评价结果,对高校建设节约型校园过程及成效进行综合评定。几个标准的制定在指标设置上略有差异,如住房建设部颁发的《高等高校节约型校园指标体系及考核评价办法》较多关注节约型校园建设规划及效果评价:即中长期能源资源利用规划、环境评估、可再生能源利用、低碳化空间布局及交通规划以及节能建筑等;四川省的评价标准较多关注宣传教育、节电、节水、节粮、节油等校园日常节能管理;安徽省的标准中关于能耗管理及可再生能源技术措施的评价项目的分值比例较高。

3.校园能源审计

2014 年 4 月,上海市制定颁布了《上海市学校能源审计技术导则(试行)》,确定了学校能源审计工作的重点事项,并针对不同深度要求的能源审计工作提出具有可操作性的方法,以切实推进本市学校节能工作,确保学校节能目标的完成。

该导则对学校能源审计的基本规定、审计程序、审计内容、审计方法和审计报告的撰写要求等提出了具体实施要求。其中审计内容主要包括一般能源审计内容和深度能源审计内容。前者包括审阅并核实各种资料文件的真实性,现场调研建筑耗能设备及其运行状况,并逐项核实建筑基本信息表;对学校和建筑的用能状况进行综合评估,计算学校总能耗及主要用能系统分项能耗;对被审计建筑物不同功能的房间或区域开展室内环境测试,包括室内温度、相对湿度、CO_2 浓度、照度等指标,并评判所测试的区域室内基本环境是否符合国家现行标准的规定;审计单位根据能源审计要求和建筑实际情况,向被审计单位提出关于管理节能、技术节能、行为节能等方面的节能改进建议。进行深度能源审计时,除完成一般能源审计的所有审计内容外,审计单位还对建筑物的围护结构热工性能和建筑主要用能系统性能进行有针对性的测试。

4.节能监管系统建设导则

参照住房和城乡建设部颁发的《高等学校校园建筑节能监管系统建设技术导则》,根据上海市对节约型校园节能监管与节能管理目标要求,上海市制定了《上海市高等学校校园节能监管系统建设与管理技术导则》。该《导则》主要规定了校园能源与资源在线监测的种类,主要包括电量、燃料消耗、集中供热量、集中供冷量及水资源消耗量。对能耗监测平台的数据字典、数据库标准化、数据采集标准与数据校核、数据中转与数据传输、数据存储和处理、数据向上级管理中心报送、校园监管数据中心建设提出了标准化要求,对能耗监测表计、数据传输系统安装、监测平台与系统验收、后续运行维护与管理等也提出了具体指导意见。与住房和城乡建设部颁发的《高等学校校园建筑节能监管系统建设技术导则》比较,本《导则》对建筑基本信息、分项能耗采集内容有了更详细的规定。另外,本《导则》提出了运行维护与管理的技术要求,对管理部门及责任分工、管理制度、管理人员、后续维护与数据报表管理等方面也做了规定。

3.3 节约型校园建设政策制度尚需完善

3.3.1 现有政策制度的不足

1. 国家与地方政策间衔接性不够,各省市间政策完善程度不平衡

当前,节约型校园建设的国家政策制度已经较为全面和系统,且具有明显的阶段性特征,从纲领性总体建设要求到重点专项技术要求,从节约型校园行动的教育宣传到全面可持续人才培养体系的建立,说明国家层面的节约型校园建设从最初的理念引导逐渐向全面建设纵深发展,节约型校园建设从单纯的节能节水型校园建设向资源节约、人才培养和绿色科研并重的绿色校园建设提升。

同时,由于中国高校数量众多且有较大的地域、气候差异,节约型校园建设除需要国家层面的理念与方法引导外,更需要各级政府根据各省市高校的特点制定相应的政策与技术规范,挖掘本地区高校的节约型校园建设潜力。但从地方政策制度梳理情况分析,各省市对节约型校园政策制度的重视程度和执行力度并不平衡,主要体现在:制定地方政策的省市较少,仅有 12 个省市出台了相关政策文件 25 份;各省市对节约型校园建设工作的重视程度参差不齐,大部分省市仅针对总体建设要求制定了相关政策,没有具体的专项要求,措施针对性不强,也很难具体实施和指导工作;从各项政策内容来看,系统性不强,没有一个省市制定较为全面的节约型校园建设政策制度体系,且推动节约型校园建设的持续性不够。

2. 技术性文件缺乏全面性和科学性

我国尚没有绿色校园规划及设计相关的国家标准,我国有高等学校 2800

余所,每年新竣工的校舍建筑面积约为 0.3 亿平方米①,新建校园节能规划、校园建筑节能设计参照国家现行公共建筑节能设计标准和规范。高校校园是一个社区,涉及一定的地理范围和空间尺度,建筑和设施种类复杂,校园教学、科研和生活等功能需求多样化,还包括师生员工、访问者、周边社区居民等多元的参与主体,因此,需要根据大学的建筑内涵与文化特色,制定体现大学校园特征的校园规划和设计标准。

绿色校园评估标准的科学性有待完善,现有绿色校园评估指标较多关注校园建筑“绿色度”,缺乏绿色校园评估全局性考虑,也较少考虑绿色校园在人才培养、绿色科研对社会贡献度的评价与引导,绿色校园并不等同于绿色建筑,机械照搬绿色建筑的评价体系和标准,无法反映绿色校园的特点,显然也无法促进和引导我国绿色校园品质的持续提升。

高校能耗定额标准缺失,部分省市、地区制定的能耗定额方法欠科学,能耗数据共享机制欠完善。我国高校的分布地域广阔,从南至北,校园建筑形式、建筑设备类型、空调供暖形式各异,迫切需要建立分地区、分类型的高校建筑能耗定额标准,且定额方法和指标需统一,以便于指导各高校开展能耗对标和比较分析,指导各教育行政部门制定科学、合理、具有前瞻性的能源资源节约目标。在此基础上,从全国层面、地区层面通过建立和完善能耗统计与通报制度、构建能耗数据发布平台和共享机制等措施,实现全国高校间的能耗数据共享。

3.部分政策制度的执行力度欠佳

无论是国家层面或地方层面关于节约型校园建设的政策制度,均为指导性意见或引导性规范,并无强制性要求。因此,尽管《高校学院节约型校园指标体系及考核评价办法》《高等学校校园建筑能耗统计审计公示办法》等系列政策导则已经颁布,但地方政府和各高校并未在节约型校园建设实践中很好地去贯彻执行。据统计,仅有极少部分先进高校开展了节约型校园评价;部分高校结合能耗监管平台建设开展了校园能源审计工作,但能源审计是一个动态的长期的连续性工作,随着高校规模及业务的发展,需要定期开展能源审计工作,但目前,大多数高校并没有形成能源审计的长效工作机制。能耗公示是师生、公众参与节约型校园建设和公众监督的一种重要手段,受制于节能减排考核和社会舆论的压力,少部分高校通过适当的方式在校内进行了部分公示,而面向全社会的能耗公示还有待时日。

---

① 中华人民共和国教育部网站:2015 年全国教育事业发展统计公报[2016 年 07 月 06 日]/http://www.moe.gov.cn/srcsite/A03/s180/moe_633/201607/t20160706_270976.html.

3.3.2 原因分析

1. 全国层面的分工协作及其与地方部门间的配合欠佳

高等院校由教育行政主管部门管理，而节约型校园建设包括理念引领、校园规划建设与管理、围绕高校校园节能指标考核、节能示范项目建设等内容，涉及住房和城乡建设部、财政部等多部委的工作范围。因此，在国家部委层面，节约型校园建设需要教育部、住房和城乡建设部、环境保护部、国家机关事务管理局（公共机构节能管理司）和财政部等多部门间的顶层设计、统筹规划与协调推进。节约型校园示范建设初期，其主要推动力来自中央各部委的系统规划和有效统筹，随着节约型校园建设的持续推进和国家节能减排策略的转变，中央各部门的工作重心和侧重点也会有所不同，因此，具体执行和推进工作会遇到各种困难，需要中央各部门间有效分工与深入合作。

政策制度的有效推进与落实，需要地方各主管部门、高校的紧密配合。然而，节约型校园建设并非大学的主业，在很多地方部门属于新增业务，需要新设机构、增加人员编制和相应的经费等，加之部分地方主管部门节约型校园建设的意识欠缺，缺少深入调研和主动推进工作的精神，导致节约型校园推进工作存在阻力和困难。上述各方原因，造成中央、地方、高校间缺乏紧密配合以及"上层积极、下层脱节"等现象。

2. 高校自身对节约型校园建设的力度不够

高校核心业务与中心任务还是教书育人、科学研究、社会服务与文化传承。大部分高校领导对节约型校园建设的内涵及其对大学发展的影响等认知不足，重视程度也不够；节约型校园建设是响应中央节能减排与绿色持续发展的政策需求，是近年来高校的增量工作，该项工作没有被纳入主管部门的考核范围，但是要做好节约型校园建设需要投入大量人力和经费，而实际效果需要一个长期过程才能体现，因此在一定程度上影响了学校的推进力度；此外，高校师生的节约、环保、低碳理念、意识和行为习惯有待形成，绿色校园、气候变暖、环境恶化与校园师生的日常生活、学习研究的直接感受相关性并不紧密，激发高校师生主体对环保低碳、绿色校园建设的热情还需要持续的努力。节约型校园建设缺乏外在动力和内在压力，也和相关政策制度、标准规范的执行效果较差有直接关系。

3. 高校自身能力建设欠缺影响政策制度高效执行

高校节约型校园能力建设直接影响相关政策制度、标准规范文件的有效执行。节约型校园建设已展开,但管理机构多属于松散型管理,协调能力、技术水平、专业程度有待加强。如:尽管节约型校园节能监管平台示范建设高校已经超过 200 所,但通过验收的高校不足 100 所,大部分高校的节能监管平台还在建设中,存在如何制定科学合理监测方案、高效低成本搭建平台等问题。即使是已经通过验收的高校,也同样面临后续的完善平台、深化建设和维护升级等技术支撑问题;校园节能改造,也存在如何正确引入并合理应用各项节能技术和产品、保证节能改造效果等技术问题;在校园节能运行管理方面,也急需提高管理人员与相应专业技术人员业务素养与业务能力。

4.节约型校园建设资金缺口大,缺乏融资渠道的多样化

节约型校园政策的执行、技术措施的落实需要建设资金的支持。目前,多渠道筹措节约型校园建设资金的机制还未形成,仅靠国家或地方政府的财政支持,难以满足我国众多高校节约型校园建设的需求,也非长久之计。绿色校园建设、节能监管平台建设、节能改造和节能宣传教育需要资金投入,资金投入后节能收益的回报期较长,影响节约型校园建设的持续开展,同样导致节约型校园各项政策措施的执行困难。

3.3.3 政策制度完善建议

1.政策制度层面

(1)建立政策制度的顶层设计与统筹协调机制①。节约型校园建设不仅包括校园基本建设和设施运行管理的节能减排问题,还包括了节能环保理念传播、节约文化培育、可持续人才培养等诸多内容。节约型校园建设丰富的内涵和多元化的内容需要多部门在政策制度建立过程中统筹协调并进行科学的顶层设计。节约型校园建设最具有示范效应的是由教育部和住房和城乡建设部共同牵头,财政部支持的节约型校园建筑节能监管体系示范和节约型校园建筑节能改造示范,示范项目自 2008 年实施以来,取得了较好的节能成效,也推动了我国节约型校园建设纵深发展,节约型校园建设逐步在全国高校取得共识。在此后很长一段时间内,随着节约型校园向绿色校园进阶发展,建立部门统筹协调和顶层设计的节约型校园政策制度显得更为迫切。

(2)建立中央和地方的政策制度联动机制②。我国地域广阔,高校众多,

---

① 谭洪卫.我国绿色校园的发展与思考.世界环境,2013(12)。

② 陆敏艳,等.关于推动我国绿色校园建设的相关政策分析.建筑技术,2016,47(10).

节约型校园建设现状、内容及特征存在较大的区别。国家层面的政策制度关注全局性和普适性，较为宏观和全面但缺少针对性，而国家层面的政策制度的推动落实，需要地方政府结合该省市、该地区的地域、气候特点及高校用能现状，有针对性地制定合适的重点工作内容、实施方案、指导意见或具体措施。联动机制的建立，需要将节约型校园建设任务与目标分解为地方政府的考核指标，同时建立和完善联动制度和有效的联动渠道，保证各项政策的有效回应和落实。

（3）建立"自下而上"和"自上而下"相结合的推动模式。国际高校开展绿色校园建设一般采用"自下而上"的推进模式（自发倡导型），国际高校均有较好的绿色校园建设理念，教育宣传形式多样，师生参与度与认同度较高，但缺乏政府有针对性政策制度支持，也基本没有财政支持下的示范项目建设。我国的绿色校园建设的特点是"自上而下"的推动模式（政府主导型），即政府及主管部门高度重视、统筹协调集中度高、推进速度快且成效明显，但在政府主导下的绿色校园建设理念、目标不明确，师生参与度与认可度不够高。国际国内两种不同的绿色校园推进模式各有优缺点，反映在政策制度建设与执行层面，前者会"散而无据"，后者可能"有据无实"，只有将两者优点有机结合，发挥我国绿色校园建设中政府支持与扶持的优势，同时借鉴国际高校的理念与强化主体意识，才能持续有效推进绿色校园各项工作。

（4）政策制度建立应统筹理念引领、实践支撑和长效机制。实践证明，空洞的概念只能热闹一时，节约型校园建设需要踏实推进，在政策制度建设中既有理念引领，也要考虑示范实践支撑、创新管理方法、加强能力建设，形成长效机制。在政策制度建设中应充分考虑虚与实结合（理念与实践结合）、点与面相顾（示范与推广结合）、硬与软相辅（自然科学与社会科学）、内与外相连（资源整合互补）、评估及激励相结合（兼顾技术应用、过程控制与管理、定性与定量、定期核查、动态监管、财政支持和激励政策）。

（5）推动各高校建立并完善节约型校园建设体系。节约型校园建设近年来取得较好成效，某种意义上得益于高校较好地落实了相关政策（如实施节能目标考核、合同能源管理、可再生能源应用与节能技改等）和有力的政策支撑与财政支持（如颁布指导性技术导则、提供监管体系和节能改造建设补助资金等）。但要巩固节约型校园建设成果，保证节约型校园建设持续深入开展，各高校必须有较为完善的节约型校园建设体系：包括相应的组织机构，与国家、地方相关政策相适应的本校节约型校园建设制度，还包括营造理念宣传，人文培育，可持续课程设置，学校与社区、城市的友好相处氛围等。

2.标准规范层面

（1）完善标准规范，并积极宣传贯彻执行。一方面，在条件允许的情况下，国家及地方政府应适时制定相关政策与规范，对节约型校园建设影响较大的方面，如：节能目标完成度、建筑能耗监测、校园能源定额管理等制定切实可行的强制性条款；另一方面，应制定及完善节约型校园监督考核和奖励制度，即建立完善的监督措施，从源头上杜绝浪费，厉行节约；其次，也应为高校建立完善的校园设施运行监管制度与能效管理制度提供技术引导和支持。

（2）标准规范制定注重以能耗数据为基础，并建立数据共享机制。自开展节能监管体系示范建设以来，节约型校园各主管部门、高校相关职能部门积累了海量的能耗基础数据，这些数据因没有得到挖掘与整理，并没有在节约型校园建设标准规范制定中得到充分运用。究其原因，一方面来自不同渠道、采用不同统计口径的数据质量不够好，另一方面由于数据来源和主管部门间的信息不对称和数据共享机制缺失，造成标准规范制定需要的基础数据代表性不够。因此，在标准规范制定过程中应多渠道收集高校建筑基本信息、建筑能耗等基础数据并想办法提高数据质量，通过数据模型和数据挖掘等手段，分析提炼出隐藏在海量统计数据中的有效信息，为科学高效指导节约型校园建设提供有效的数据支撑。

（3）修订完善节约型校园建设相关标准规范。建立国家层面的高校用能用水定额指导性标准，并进一步完善高校用能用水地方定额标准，在能耗折算口径、定额方法和定额形式上更加规范和具有可参照性。未来，我国节约型校园建设将从以节能节水为主的校园节约行动逐步转型升级至内涵更丰富、内容更全面的绿色校园建设，应适时对现有标准规范完善升级。绿色大学的内涵要求把节约型校园建设扩展到包括教学科研、人才培养、资产设备、校园管理等学校建设管理的各个部门、各个环节，将节约型校园实施内容延展到校园绿色规划、既有校园生态节能改造、健康环境营造、低碳校园生活倡导、绿色课程设置、绿色人文活动开展等方方面面。

第 4 章

节约型校园节能监管体系

4.1 节能监管体系概述

自 2007 年开始,住房和城乡建设部、教育部、财政部以推进"节约型校园建筑节能监管体系"建设为切入点,通过综合应用制定政策、建立标准、财政扶持和示范引导等手段大力推进高校建筑能效提升工程。从 2008 年浙江大学、同济大学等 12 所高校试点建设"节约型校园建筑节能监管体系示范项目"以来,截至 2014 年,已经有 227 所高校获得"节约型校园建筑节能监管体系示范项目"的财政支持。在监管体系通过项目验收的高校中,有 28 所高校获得后续"节能改造示范高校"项目,以能耗统计、能源审计、能耗监测和能效公示为核心内容的建筑节能监管体系建设,是中国高校探索建筑节能管理的创新之举。能耗监管、节能改造与用能优化的同步推进,不仅为中国高校带来了实实在在的节能量,提升了中国高校的可持续发展校园形象,也为中国公共机构节能减排和公共建筑节能开辟了探索之路。

4.1.1 节约型校园节能监管体系的建设目标

目前,我国建筑节能相关制度、技术标准和支撑体系等相对不健全,社会节能意识不强,经济市场化程度不高,因而主要采取建立节能运行监管体系为主的大型公共建筑节能监管模式①。高校建筑节能是我国公共建筑节能的主要内容之一,建立完善有效的高校建筑节能监管体系的目标主要有以下五个方面。

1. 掌握高校建筑基本信息与建筑能耗信息

我国建筑能耗统计体系并不完备,高校建筑基本信息库和能耗数据信息库数据缺乏,而且受统计口径不规范和统计队伍人员不专业等因素影响,现有的高校建筑基本信息数据的正确性也受到质疑。能耗统计是高校节能监管体系建设的基础,通过开展能耗监管体系建设可以获取完整、正确的建筑基本信息如建筑年代、建筑结构形式、建筑的围护结构信息和使用信息等,节能监管体系建设的核心内容是能耗实时监测与数据上传,高校的各类建筑能耗通过能耗监测平台上传至各省、市能耗监管中心,可以实时掌握高校建筑能耗现状。

2. 为政府制定政策与规划提供依据

完整、正确、有效的高校建筑信息,经统计处理后的建筑分类、分项能耗信息可以真实反映高校的建筑用能水平,通过分析可以发现高校建筑节能的重点领域,为教育主管部门提供教育节能管理相关政策与文件制定的依据。

3. 开展能耗对标和能耗标准制定

高校节能监管平台是基于互联网的校园能源管理信息化手段,通过高校节能监管平台数据共享,可以实现分气候区、分高校类型、分建筑类型、分高校规模等高校间的能效对标,通过梳理能耗标准或能耗定额制定方法与分类方法,为各地区乃至全国高校制定建筑用能标准或用能定额提供了现实可能。

4. 为高校能效优化与节能改造提供量化依据

通过节能监管体系建设,每个高校摸清了本校建筑信息和建筑能耗的家底,通过分析能耗监测的实时量化数据,指导供配电、空调暖通、生活热水、照明等日常管理,通过能耗数据诊断与分析,优化校园用能管理,研判用能的合理性,从而起到能效优化和"无成本"节能目的;通过对重点用能系统的数据分析与诊断,高校节能监管体系建设还将为高校重点领域的节能改造提供项目可行性、经济性和合理性分析的依据,使高校节能管理更有针对性,更符合效益和效率双赢原则。

---

① 武涌,等. 建筑节能管理. 北京:中国建筑工业出版社,2009.

5.推动建筑节能服务业发展

高校节能监管体系的初衷是为了掌握高校建筑基本信息与建筑能耗信息,从宏观层面为政府提供决策与政策制定依据,从微观层面为高校提供用能管理优化手段,而高校节能监管体系的能效信息共享与公示功能,不仅有效促进高校建筑业主关心建筑能耗情况,还将为各类研究机构、行业协会、合同能源管理公司等相关的建筑节能服务产业部门提供数据支持,从而推动我国建筑节能服务产业的发展。

4.1.2　节约型校园节能监管体系的主要内容

1.能耗统计

高等院校能效管理的薄弱环节是建筑物、用能系统、用能设备的信息不清晰,用能量与用能定额模糊,能效管理没有针对性也缺乏量化目标。能耗统计数据是高校开展能效管理的重要工作基础,笔者认为,能耗统计信息不仅对掌握全国高校校园建筑能耗信息具有宏观意义,而且对指导高校开展校园节能管理具有微观意义。

(1)能耗统计的含义及内容。高等院校能耗统计是指在建设行政主管部门指导下,由高校组织相应的能耗统计机构,对高等院校建筑信息和建筑的日常使用和运行能耗进行收集、整理、统计的过程,其最终成果是高等院校建筑基本信息数据库。高等院校建筑基本信息包括四个部分:一是建筑基本信息如建筑面积、采暖面积、空调面积、建筑的类型、物业信息、建筑的使用信息等;二是建筑的围护结构信息如结构形式、体形系数、外墙材料、门窗、玻璃类型、墙面屋面保温、遮阳措施、窗墙比等;三是建筑设备信息包括空调系统、照明系统、电梯、水泵、可再生能源设备信息;四是建筑物能源消费量情况,一般要求统计近三年建筑物能耗、水耗的逐月用能数据。

(2)能耗统计的基础性作用。通过能耗统计,一是将校园建筑基本信息进行梳理,掌握校园建筑和建筑设备的基本参数,为进一步开展节能管理打下基础;二是经过对建筑能耗统计数据的整理和分析,掌握建筑物和用能系统、设备的能耗变化趋势,特别是高耗能系统如空调系统、供暖系统等的用能趋势,可以为管理者提供建筑物的能效质量水平信息,追踪重点用能建筑和设备的能耗水平;三是能耗统计数据为进一步开展能源审计和能耗监测提供了依据,是进一步开展能耗定额管理和用能模型精细化分析的信息来源。

2. 能源审计

（1）能源审计的含义及基本内容。高等院校能源审计是一种有效开展校园能效管理的工具和技术支撑手段，是对能源系统的能效质量所作的一种定期检查，一般是指专职能源审计机构或具备能源审计资格的专业人员受政府行政主管部门委托或高校的授权，对建筑物或用能系统的能源消耗活动开展的定期检查、检测、审核、诊断，对被审计对象在能源利用上的合理性做出评价，并提出节能改造或管理改进的建议，从而提高高等院校整体能效质量。能源审计的内容包括对被审计对象的基本信息、能源费用支出、建筑物用能管理规范文件的审查，对建筑物空气质量、照度等参数的现场测试，能耗指标核算并出具能源审计报告。

（2）能源审计的作用。专业机构的能源审计，就如为建筑物或用能系统开具了一张用能情况的"体检单"，可以发现建筑物高耗能的重点部位和主要症结，从而找到建筑物能效质量提升的有效途径。能源审计有三方面的作用：一是客观评价高等院校建筑物的能效水平，能源审计根据建筑物的使用属性，可以准确测定建筑物的单位建筑面积用能量、人均用能量等能效质量指标，通过与其他同等类型的高校进行对比，发现存在的差距或存在的优势；二是根据审计发现存在的"能耗黑洞"，提出节能改造、开展节能管理等有针对性的措施，从根本上提升建筑物的整体能效质量水平；三是为下一步开展能效公示和能耗监测提供必要的条件。

3. 能源监测

当前，高等院校开展能效管理的"瓶颈"是计量不到位、人工抄表导致数据随意性大，节能规划、设计、改造和管理的依据缺乏，高等院校能效管理一直处于粗放定性的管理状态。高等院校能耗监测是利用信息化手段有序管理校园水、电、热力、燃气等各类能耗，是一种校园能效管理由粗放的定性管理转变为科学的定量化管理的新模式。高等院校能耗监测手段实施的载体是校园节能监管平台。

4. 能效公示

高等院校能效公示是以能源审计和能耗统计为基础，通过各种方式定期或不定期在校园网络、报纸、公开媒体公布建筑物或部门用能指标，如总能耗、总水耗、单位建筑面积能耗水耗、人均能耗水耗，能耗数据监测到位的可以公布分项能耗数据如空调、照明、办公设备能耗指标、能效排名等。能效公示的目的是引进公众参与机制，让全校师生了解校园建筑物的用能量化指标，关心学校特别是本学院(系)、部门的用能情况,开展能耗成本比较,带动各部门开展能效质量管理,成为个体行为节能的动力。

4.2 节约型校园建筑节能监管平台

1.节能监管平台的系统构架

为实现能耗监测的既定功能,高等院校的节能监管平台系统架构见图 4-1,包括:能耗计量与采集系统、数据传输与存储系统、数据分析与利用系统三部分。

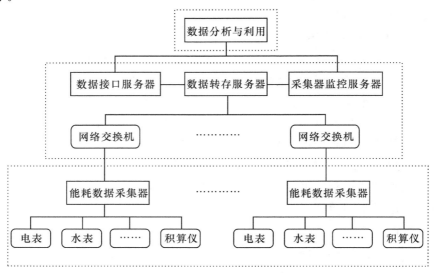

图 4-1   节约型校园建筑节能监管平台系统构架

2.节能监管平台的主要功能

根据高校用能特征和用能规律,以及开展能效管理的重点内容,节能监管平台的主要功能包括:水、电、蒸汽、冷热量、燃气等能耗远程计量、能耗数据的实时采集、传输与存储、能耗数据实时动态监测、能耗数据处理分析。

(1)能耗计量。包括在校园不同能耗类型如水、电、蒸汽、燃气、冷热量等用能末端安装计量表计,计量表计的安装遵循三个原则:一是分类原则,所有校园用能用水量纳入监测范围;二是电分项原则,校园建筑的主要能耗为电能,为进一步分析不同用电性质的能耗情况,按建筑用电的不同性质将建筑用电按照明、空调、电梯、水泵、办公设备、信息中心、实验设备等分不同回路计量;三是分户原则,将校园建筑内不同用户的用电量分别计量,为开展用能指标化管理奠定计量基础。遵循以上三个原则在用能或用水末端安装具有远传功能的水表、电表、蒸汽流量计、热量计等设备。

(2)能耗采集、传输与存储。能耗数据的采集是指用专用的数据采集设备将建筑物的实时电量、水量、蒸汽参数、冷热量参数集中采集打包、压缩、加密后,通过校园以太网传输到校园能耗数据中心,再对数据进行减压、解密和还原入能耗数据库的过程。目前,国内各高校的校园网络系统较为发达,为建立遍布校园的能耗监测系统提供了可靠安全、经济便捷的传输通道。

(3)能耗数据实时动态监测。能耗数据实时动态监测是将建筑物、供电系统、供水系统、供暖系统能流情况以直观的图表、报表等形式,为业主、运行管理部门展示用能现状与数据,并提供用能实时警报或提示功能,将无形的校园用能状态以形象定量化的方式进行直观还原,随时发现用能异常,可以提示运行管理部门随时调整管理方式或设备的运行策略,提高节能管理效率。

(4)能耗数据处理分析。数据处理分析是对能耗监测数据的深度应用,是进一步开展校园能效管理的依据。主要有两方面的内容:一是能耗定额的制定。通过分析不同类型、不同分项用电类型的实时数据,可以测定不同建筑类型如教学大楼、图书馆、科研楼、办公大楼等的建筑物用能定额,从而为超定额加价和开展节能管理提供依据;二是构建用能分析模型,如中央空调供暖模型、校园供暖模型、校园供水平衡模型、校园供电模型等,可以对不同的供水供能系统开展量化分析,从而为不同供能类型提供能效管理决策。

4.3　节约型校园节能监管平台示范建设调研与评价

为了全面了解各高校的节能监管平台建设及通过验收以后的扩展、数据挖掘与利用、监管平台促进节能改造与节能管理优化等情况,对 52 所高校建成的节能监管平台就平台建设与应用现状展开调研,为下一步制定政策,确定节约型校园建筑节能监管平台建设目标提供依据。

4.3.1　调研方案设计

从节能监管平台建设和运行维护最关键的四个方面:平台监测覆盖范围、建设维护资金投入情况、平台的扩展与数据应用、节约效果量化评价开展调研并设置若干二级指标和三级指标。见表 4-1。

表 4-1　节约型校园节能监管平台示范建设情况调研指标体系

序号	调研目的	一级指标	二级指标	三级指标
1	调研监管平台的能耗、建筑物等监测范围	监测覆盖范围	能源覆盖类别	覆盖能源类别
			建筑物范围	筑物功能类别
				监测建筑面积占全校建筑物面积比例
			能耗比例	能耗监测占全校总能耗比例
				水耗监测占全校总水耗的比例
2	调研学校在平台建设与维护、节能改造等方面的资金投入情况	资金投入情况	平台建设投入	监管平台建设总投入
			节能改造投入	节能改造的资金投入
			平台维护投入	每年的平台维护投入
3	调研平台后续建设情况	平台扩展情况	监测范围扩展	是否有继续扩展
4	调研平台数据利用情况	数据利用情况	数据分析与诊断情况	数据分析活动
			数据促进能效提升情况	数据利用情况
5	考察平台促进校园节能的效果	节约效果量化评价	节能效益	直接的节能收益
			节水效益	直接的节水收益

4.3.2　调研结果

4.3.2.1　监测覆盖范围

1.平台监测的能源类别

纳入各高校能耗监测平台的实时监测的能源类别中,电力监测达到100%,有61.54%的高校实施了水量监测,由于并不是所有高校都有集中采暖和集中供冷设施,因此,从调研结果来看,供暖和供冷的监测覆盖率并不太高,天然气监测受到与表计产权单位协调困难等影响,实施采集的高校仅占调研高校的23.08%,可再生能源利用在高校应用并不广泛,采集覆盖范围为13.46%,见表4-2。

表 4-2　能耗监管平台监测的能耗类别调研结果分析

监测能耗类别名称	监测高校/样本总数比例
电	100%
水	61.54%
天然气	23.08%
供暖	34.62%
供冷	13.46%
可再生能源	13.46%

2. 平台监测的建筑物类型与面积

《高等学校校园建筑节能监管系统建设技术导则》将高校建筑划分为 13 类建筑,在本次调研的高校中,各高校纳入能耗监管平台的建筑类型较为齐全,除有些取消学生集中浴室的高校外,大部分高校各类建筑监测量占建筑总类型数量的 85% 以上。从校园建筑纳入能耗监测平台的建筑面积分析,有 63.46% 的高校开展能耗监测的建筑物面积超过 80%,有 19.23% 的高校实施监测面积小于 50%。(见表 4-3、表 4-4)

表 4-3　能耗监管平台监测的建筑物功能类型调研结果分析

建筑物类型	监测高校/样本总数比例
教学楼建筑	100%
行政办公建筑	98.08%
图书馆建筑	96.15%
综合楼建筑	96.15%
食堂餐厅	96.15%
科研楼建筑	94.23%
学生宿舍	94.23%
场馆建筑	86.54%
大型或特殊实验室	80.77%
医院	76.92%
学生集中浴室	75%
交流中心	75%
其他	28.85%

表 4-4 能耗监管平台监测的建筑物面积调研结果分析

占全校建筑物面积比例	监测高校/样本总数比例
20%以下	3.85%
20%～50%	15.38%
50%～80%	17.31%
80%以上	63.46%

3.监测的能耗水耗情况

从纳入能耗监测平台的能耗量分析,有88.46%的高校能耗监测总量超过学校总能耗的50%,其中有71.15%的高校超过80%,仅有11.54%的高校能耗监测量占学校总能耗的总量小于50%。(见表4-5)

表 4-5 能耗监管平台监测的能耗量调研分析

监测能耗占学校总能耗比例	监测高校/样本总数比例
20%以下	3.85%
20%～50%	7.69%
50%～80%	17.31%
80%以上	71.15%

相对于能耗监测,由于远传水表安装实施困难,水表的传输稳定性与易维护性相比电表要差得多,因此,大多数高校的水耗监测相对能耗监测范围要小得多,有78.84%的高校水耗监测总量超过学校总水耗的50%,但只有57.69%的高校超过80%,有21.16%的高校水耗监测量占学校总水耗的总量小于50%。(见表4-6)

表 4-6 能耗监管平台监测的水耗量调研分析

监测水耗占学校总水耗比例	监测高校/样本总数比例
20%以下	9.62%
20%～50%	11.54%
50%～80%	21.15%
80%以上	57.69%

4.3.2.2　资金投入情况

1. 能耗监测平台建设资金投入情况

有 17.31％ 的高校用国家财政投入的资金建设了本校的能耗监管平台，未进行资金配套投入；有 23.08％ 的高校的平台建设投入在 1000 万元以上；有 59.61％ 的高校除使用国家财政投入的示范资金外，学校配套投入了不多于 600 万元的资金，资金配套率一般不高于 1.5 倍，具体数据见表 4-7。

表 4-7　学校能耗监测平台建设资金投入量（不包括节能改造资金）

平台建设资金（元）	监测高校/样本总数比例
0—400 万	17.31％
400 万—600 万	30.77％
600 万—800 万	15.38％
800 万—1000 万	13.46％
1000 万以上	23.08％

2. 平台建成后的节能改造资金投入

平台建成后，各高校均采取了相应的节能改造措施，投入节能改造资金，其中有 51.92％ 的高校资金投入小于 500 万元，有 15.38％ 的高校投入在 2000 万元以上，32.7％ 的高校投入的资金在 500 万元至 2000 万元之间，具体数据见表 4-8。

表 4-8　平台建成以来节能改造资金投入量（基于 52 所高校）

节能改造资金投入量（元）	监测高校/样本总数比例
0—500 万	51.92％
500 万—1000 万	19.23％
1000 万—1500 万	9.62％
1500 万—2000 万	3.85％
2000 万以上	15.38％

3. 平台维护资金投入量

平台维护资金包括表计安装、维护人员和信息费用等，大部分的高校资金投入量在 30 万元以下，占总数的 79.59％，有 44.90％ 的高校维护经费少于 10 万元，维护经费少于平台建设经费的 5％。分析原因，可能有部分高校的平台建成后还处于保修期内,部分维修维护经费尚未开始实质性支付,具体数据见表 4-9。

表 4-9　平台建成后的维护资金投入量(基于 52 所高校)

平台建成后的维护资金(元)	监测高校/样本总数比例
0—10 万	44.90％
10 万—30 万	34.69％
30 万—50 万	12.24％
50 万—100 万	6.12％
100 万以上	2.04％

4.3.2.3　平台扩展情况

有 42.30％的高校在项目通过验收后继续进行扩展,有 57.70％的高校在验收后维持运行,未再进行扩展。在实施扩展的 22 所高校中,扩展建筑在 10 幢以上的高校有 10 所,占调研高校的 19.20％,其余的扩展建筑数量为个位数,扩展建筑面积均小于 10 万平方米,具体数据见表 4-10。

表 4-10　平台通过验收后的扩展情况统计分析

是否有继续扩展	监测高校/样本总数比例
有	42.30％
没有	57.70％

4.3.2.4　平台数据利用

1.平台数据利用情况

建设校园能耗监管平台的主要目的是通过对水、电消耗数据实时上传、分析和统计,为学校开展节能管理、节能改造、能效公示、能源审计提供量化分析的基础数据。从调研数据来看,大约有 70％左右的高校利用能耗监管平台数据开展了包括能效公示、能源审计、能耗分析年度报告和专项分析等活动,推动各高校节约型校园的建设,具体数据见表 4-11。

表 4-11　平台通过验收后的数据利用情况分析

选项	监测高校/样本总数比例
能效公示	65.38%
能源审计	69.23%
能耗分析年度报告	73.08%
专项分析	69.23%
其他	17.31%

2. 平台数据支撑学校能效提升的情况

有 88.46% 的高校利用监管平台数据分析结果指导节能管理优化,有 82.69% 的高校利用监管平台的数据指导节能改造,量化节能效果,有 50% 的高校利用监管平台的数据指导学校新建校园规划,有 25% 的高校应用监管平台数据引导合同能源管理项目的开展,具体数据见表 4-12。

表 4-12　利用平台数据支撑学校能效提升情况调研结果分析

选项	监测高校/样本总数比例
指导节能管理优化	88.46%
指导校园规划	50%
指导节能改造	82.69%
引导合同能源管理	25%

4.3.2.5　节能节水效果量化评价

根据各高校的反馈结果,通过平台建设、管理优化与配套改造,均取得了一定的节水节能效果。总的来看,节水效果优于节能效果,节水效果在 10% 以上的高校占调研总数的 38.46%,节能效果在 10% 以上的高校占总数的 25%,大多数的高校节能节水效果在 10% 以下,其中节水效果在 10% 以下的高校占 61.53%,节能效果在 10% 以下的高校占 75%。见表 4-13。

表 4-13　平台建成后产生的节能节水效果调研结果分析

节能节水率	节水(监测高校/样本总数比例)	节能(监测高校/样本总数比例)
5% 以下	21.15%	23.08%
5%～10%	40.38%	51.92%

续表

节能节水率	节水（监测高校/样本总数比例）	节能（监测高校/样本总数比例）
10%～15%	23.08%	15.38%
15%以上	15.38%	9.62%

4.3.3　调研结论

1.监管平台的监测范围基本符合示范建设要求

从建筑物监测类型来看,大部分高校均能较全面地对不同类型的高校建筑实施实时监测;大多数高校只专注于电力监测,仅有 6 成高校实施水量监测,而其他能耗如冷热量和可再生能源等的监测比例较低,在下一步的能耗监测平台扩展过程中应重点推进。

2.监管平台建设资金配套不足,平台维护资金投入需落实

在建成平台的高校中,大多数高校的平台建设资金在 1000 万元以下,除财政支持的示范建设资金外,学校在资金投入上有 1∶1 配套的仅占所有高校的 36%,大部分高校的配套建设投入不足;平台建成后,需要专业的维护力量对平台的软硬件进行升级和维护,平台维护资金投入必不可少,大多数高校的平台维护资金不足建设投入的 5%,后续维护资金落实不到位。

3.节能改造资金投入不足,影响高校节约型校园整体建设成效

各高校用于建筑节能改造资金基本控制在 1000 万元以下,如果按本次调研高校的平均建筑面积 122 万平方米/校计算,用于节能改造的建筑面积仅为 8 元/平方米,建筑节能改造资金投入相对不足。高校的建校历史长,建筑和设备设施年代跨度大,老化严重,需要在后续基本建设与修缮预算中,重点加大高校节能改造资金投入。

4.大多数高校对平台的后续建设力度不足

仅有 20% 左右的高校在平台通过验收后进行了较大范围的监测扩展,大部分高校未对建成后的平台监测范围进行扩展,基本处于维持状态。

5.监管平台为高校开展节能工作提供有力的数据支撑

有 70% 左右的高校利用监管平台积累的数据,通过数据统计、分析、挖掘等手段,开展了能源审计、能效公示、年度报告,用于支撑学校的节能管理优化和节能改造。

6.利用监管平台挖掘节能节水潜力有待加强

从总体节能节水效果的自我评价来看,大多数高校普遍认为节能节水率在 10% 以下,校园节水的效果优于节能效果;目前高校的节能管理尚处于粗放和低技术水平改造阶段,充分应用监管平台的海量数据,经整理分析,可以进一步发挥节能潜力,真正发挥监管平台的节能数据分析、应用与节约型校园建设的导向作用。

第 5 章

高等学校校园建筑节能比较研究

5.1　建筑节能现状与特征研究

5.1.1　中国高校建筑节能的发展现状及特征

1. 中国高校建筑节能的发展现状

中国高校节约型校园建设经历了自 20 世纪 90 年代开始的理念传播、21 世纪初期示范建设起步到如今的全面实施的三个不同阶段[①]。

1995 年,为了贯彻《中国 21 世纪议程》的精神和战略部署,中宣部、国家教委、环保局联合发布了《全国环境宣传教育行动纲要(1996—2010)》,《纲要》的第二部分第 11 条提出,在全国逐步开展创建"绿色学校"[②]。

中国高校校园建筑节能工作是节约型校园建设和绿色校园建设的主要内容与重要载体。1998 年,清华大学率先提出创建绿色大学,提出从绿色教育、绿色科研和绿色校园三个方面开展绿色大学建设,将可持续发展理念融入大学人才培养、学科建设、科学研究和校园建设的各个环节,开始了我国绿色大学建设的探索。1998 年 5 月,清华大学"建设'绿色大学'规划纲要"得到教育

---

① Nixo A,H Glasser. Campus Sustainability Assessment Review Project Western Michigan University,2002.

② 国家环境保护局,中共中央宣传部,国家教育委员会.《全国环境宣传教育行动纲要(1996-2010)》.

部、科技部和国家环保总局等部门的肯定,国家环保总局为此下发了《关于清华大学建设绿色大学示范工程项目的批复》。此后,国家环保总局在《2001—2005 年全国环境宣传教育工作纲要》的第 18 条建议"在全国高等院校逐步开展创建'绿色大学'活动"。① 继清华大学提出绿色大学建设创意后,在国内高校和其他相关部门自发地开展一系列绿色教育、绿色校园建设等群众性活动,其核心是树立可持续发展理念,立足学校长远发展来组织和实施学校当前的各项工作。但当时提出的范围及定义较为宽泛,也难免过于宏观,大都停留在绿色理念的倡导层面。

2006 年开始,我国进入国民经济发展关键时期,在各个层面加大了建筑节能工作推进力度,校园设施基本建设受到关注。是年,教育部发出《教育部关于建设节约型学校的通知》(教发〔2006〕3 号),明确指出高等学校必须加强节能节水工作,建设节约型学校。节约型学校是以提高高校资源利用效率为核心,以促进学生全面发展为出发点,优化学校资源配置(包括学校资源的分配与利用),提升学校办学效益,并不断促进自身有效可持续发展的一种新型学校发展模式。② 2007 年,同济大学开始全国首个节约型校园示范工程建设,这项将绿色生态理念和科技融入校园建设和运行的实践,使同济大学成为中国节约型校园的典范(其成果荣获 2008 年度教育部科技进步一等奖)。

2008 年 5 月,住房和城乡建设部、教育部联合颁布了《关于推进高等学校节约型校园建设进一步加强高等学校节能节水工作的意见》(建科〔2008〕90 号),提出高校加强节能节水监管,开展低成本节能节水改造,积极推进新技术和可再生能源应用,新建建筑严格执行节能节水强制性标准等四项工作,从"形而下"的角度规范了节约型校园的具体内容。③ 同年,《高等学校节约型校园建设管理与技术导则(试行)》(建科〔2008〕89 号)在全国高校试行。《导则》从技术与管理层面较为详尽地给出了建设节约型校园的各项指标,涉及节能、节水、节地、节材和环保五个方面,指出节约理念应贯穿校园建设的规划、设计、施工、运营全过程。④ 将用能设备技术革新与管理以及行为节能作为校园节能管理活动的核心,并明确了节约型校园建设的要求和目标:校园选址和规

---

① 中国环境网网站:2001—2005 年全国环境宣传教育工作纲要[2001 年 07 月 03 日]/http://www.Ceneas.cn/history news/200804/t20080419—414436.html.

② 中华人民共和国教育部.《教育部关于建设节约型学校的通知》(教发〔2006〕3 号).

③ 蒋欣吟.高校节约型校园建设探讨.教育探索,2011(10).

④ 中华人民共和国教育部.《高等学校节约型校园建设管理与技术导则(试行)》(建科〔2008〕89 号).

划合理、资源利用高效、节能措施得当、环境健康舒适、废物排放减量无害、建筑功能灵活适宜。

2008 年,住房和城乡建设部、教育部共同在中国高校试点节约型校园建筑节能监管体系示范建设并在此基础上开展建筑能耗统计、能耗监测、能源审计、能效公示等工作,通过以监测平台为能耗数据分析支撑手段和深度的节能诊断,为高校开展节能改造、能效评估、能效优化和新建建筑规划等提供依据。① 至此,我国高等学校节约型校园的建设工作有了明确的定位、清晰的路线和具体的抓手,为高等学校建设节约型校园提供了指南。

2011 年开始,在节能监管体系示范建设取得阶段性成果基础上,住房和城乡建设部、教育部在已经建成节能监管体系的高校范围内选择了部分节能基础工作扎实的学校开展建筑节能改造示范建设,为已经建成节能监管体系的高校提供校园节能改造资金支持,以发挥节能监管平台在推动校园建筑节能改造中的支撑作用。各取得节能示范项目经费支持的高校,充分结合校园所在气候区与校园的建筑特性,对学校节能潜力较大的建筑和设施进行节能改造,改造内容主要涉及北方高校的建筑围护结构、锅炉煤改气、绿色照明、学生公寓生活热水、空调暖通设备系统、可再生能源示范应用、中水系统建设等。

对 40 余所实施节能监管平台示范建设的高校开展了调研,通过节能监管平台提供能耗监测数据与节能分析诊断结果,各高校通过能效优化管理,平均节能率达到 10.48%,节水率达到 11.53%,平均节约能耗费用约 234 万元/年。中国高校开展的节约型校园建设行动,不仅取得了较为显著的经济、环境和社会效益,而且项目实施过程中的创新思路、适宜技术与运行管理模式为我国高校和公共建筑节能改造做出了有益的探索。

以项目示范推动全国各高校大规模开展节约型校园建设的同时,针对校园可持续建设与发展的评价指标体系研究也逐渐开展起来。2013 年,中国城市科学研究会绿色建筑与节能专业委员会发布了我国第一个绿色校园评价标准:《绿色校园评价标准》(CSUS/GBC 04－2013)。《标准》依据《绿色建筑评价标准》(GB/T 50378－2006)的框架结构,结合校园建筑实际,从节地、节能、节水、节材、室外环境、运行管理和推广教育等方面提出了对我国各类各级学校校园绿色建筑规划、设计、建设运营与管理的综合性评价标准②。

---

① 谭洪卫.高校校园建筑节能监管体系建设.建设科技,2010(1).
② 吴志强,汪滋淞,干靓.《绿色校园评价标准》编制研究.建设科技,2012(12).

2. 中国高校建筑节能的发展特征

(1)高校节能工作侧重点各有不同,呈现百花齐放的态势。由于我国高校地处不同区域,各校自身办学定位、校园规模、建筑现状也均有其自身特点,各高校均综合考虑自身特点和优势,有针对性地开展节能工作,以确保现阶段能以最小的投入取得最大节能量、节能收益和综合效果。在这种情况下,有的高校偏重于管理节能,有的高校侧重设备改造与更新,有的高校充分利用科研优势加快节能新技术研发并应用于校园建筑节能,有的高校以培养具有环保与节能意识的可持续人才作为学校节能工作的重要内容。总体来说,中国高校以建筑节能为抓手和主要内容的节约型校园建设,形成了百花齐放、各有特色的良好态势①。

(2)高校校园建筑节能尚处于起步阶段。就目前而言,大多数高校的建筑节能仅处于起步阶段,表现为管理手段单一,专业方法措施有待进一步提高,定性管理多,基于能耗数据分析的定量化管理措施少,在节能技术推广与应用方面较为粗放,建筑节能改造精细化不够,较多地集中于减少跑冒漏滴,做一些简单的节能灯具更换等技术含量较低的改造,这些项目短期内节能效果明显,在节约型校园建设的起步阶段较为适用。但如果需要进一步挖掘高校建筑节能潜力,那么在建筑围护结构改造、暖通空调改造、校园智慧能源建设等方面应有所尝试和突破。建设全生命周期的绿色校园,更需要从绿色校园规划、新建建筑绿色设计和开展持续性的高校能效管理实践等方面开拓创新。

(3)校园建筑节能监管体系示范建设的后续节能效果待显现。各高校已经建成的节能监管平台积累了建筑能耗、水耗等有价值的海量数据,但并没有得到充分挖掘与有效应用,建筑节能监管平台服务高校、深化校园节能工作、服务教育节能主管部门的作用发挥不够,因此,需要教育部门与建设主管部门、高校形成共识,应用互联网思维与大数据手段,共享高校海量能耗信息,将一个个分散于各个高校能耗监管平台的"信息孤岛"联系起来,通过数据共享分析建立分地区、分类型的高校建筑用能用水定额,为高校开展建筑节能提供标杆,为节能低碳校园规划提供可靠的数据支撑。

(4)节约型校园及绿色校园评价尚需推进。2009 年,住房和城乡建设部颁布了《高等学校节约型校园指标体系及考核评价办法》,2013 年,中国城市科学研究会颁布了《绿色校园评价标准》(CSUS/GBC 04-2013)。但到目前

---

① 张建堂. 高校节约型校园建设研究. 西南大学硕士学位论文,2009.

为止,仅有极少数高校根据评价标准进行了自评估,而尚缺乏权威的评估认证机构和评价流程。通过绿色校园评价促进高校开展绿色校园建设的工作机制有待完善。

5.1.2 国际高校校园建筑节能的发展现状及特征

1. 国际高校校园建筑节能的发展现状

国际高校普遍重视以低碳为主要目标的可持续校园建设,大多数高校都设置有分管校长直接领导下的可持续校园办公室,在可持续校园建设措施方面采取一系列旨在提高能源利用效率、降低能源消耗、减少二氧化碳温室气体排放、实现可持续发展的能源政策和节能措施。

(1)美洲高校

美国与加拿大是最早实施绿色大学计划的国家,通过建立国家或地区联盟推进绿色校园建设。如美国高校相继成立了"促进高等教育可持续发展协会"(Association for the Advancement of Sustainability in Higher Education,简称 AASHE),"美国高校校长气候承诺"(American College and University Presidents' Climate Commitment,简称 ACUPCC)"绿色学校中心,(Center for Green School),以推动中小学教育及高等教育的可持续发展。各个大学也分别建立环境委员会、可持续校园办公室、环境工作组、环境与社会机构、综合废物管理中心等绿色校园管理机构来推动本校的绿色大学建设。[①] 另外,学生也会自发成立各类绿色社团组织,如耶鲁大学环境联合会、普林斯顿大学的环境改善委员会等,不仅在校园内,而且面向社区公民宣传环境保护、应对气候变化的可持续发展理念。

同时,美国高校引入认证体系促进建筑的绿色化与校园可持续发展,以达到降低建筑能耗、减少温室气体排放、保护自然环境、节约水资源等目标。LEED(Leadership in Energy and Enviromental Design)是美国绿色建筑委员会绿色建筑评级体系,该评估体系主要从可持续建筑场址、水资源利用、节能与大气、资源与材料、室内空气质量几个方面对建筑进行综合考察,并根据各项指标得分对建筑做出铂金级、金级、银级和认证级等四个级别的评价。该认证反映了被评估建筑的绿色水平,校园建筑同样也适用于该评价标准。2007年,在 LEED-NC 评价标准的基础上,加上教室声学、整体规划、防止霉菌生

---

① 蔚东英.英美绿色大学建设与实践环境保护.环境保护,2010(16).

长和场地环境等方面的评价指标,专门针对学校制定了 LEED -School 标准①。此外,还专门针对高校推出了一些绿色校园评价指标体系,如促进高等教育可持续发展联合会(AASHE)推出了"可持续发展的跟踪、评估和评价系统"(The Sustainability Tracking,Assessment & Rating System,STARS),各高校可依据此系统对自身的可持续发展现状进行自评,并在评价报告的基础上制定相应的可持续发展政策②。宾州州立大学的宾州绿色使命委员会(Penn State Green Destiny Council)提出了宾州州立大学报告(Penn State Indicators Report),从能源、水、交通、建成环境等方面的 33 个指标评价校园的可持续性③。美国华盛顿州立大学则列出一系列评价指标,并根据权重决定其重要程度,其中较为显著的几项指标包括能源利用、资源回收、水质与用水、交通、社区意识等④。以上的评价指标体系主要针对校园规划的可持续性及建筑的生态设计提出评价与考核要求。

　　在绿色校园建设实践方面,耶鲁大学、哈佛大学、康奈尔大学、卡耐基梅隆大学等具有较好的代表性。耶鲁大学建立了一个全面的可持续发展规划战略,规划内容主要由校园生态环境保护、能源节约、材料回收与再生、餐厅食品供应管理四部分组成。为实现能源节约和降低建筑能耗,耶鲁大学对全校300 余座大楼中的 90 座进行了供暖、制冷和通风等用能系统的全面改造,包括采用全自动照明控制、所有大楼都安装高性能隔热窗、采用地源热泵等。另外,还重新购置了高性能的发电设备,并改造了现有设备,大大节约了燃料。所有的新建大楼和既有建筑改造均达到或超过 LEED 认证中"银"级标准⑤。学校还在园区发电机和学校巴士上混合使用传统燃料和可再生燃料。通过两年的努力,耶鲁大学的碳排放量减少了 43000 吨,即在 2005 年的水平上下降了 17%⑥。耶鲁大学森林与环境学院的克鲁恩大楼(Kroon Hall)被评为

　　① United State Green Building Council. LEED 2009 for Schools New Construction and Major Renovation.

　　② Association for the Advancement of Sustainability in Higher Education(AASHE). The Sustainability Tracking, Assessment & Rating System (STARS). httpt//www. Sustainablepurchaing org/up-content/up loads/2013/05/STARS-2. 0-technical_manual. pdf.

　　③ Nixo A,H Glasser. Campus Sustainability Assessment Review Project. Western Michigan University,2002.

　　④ 王民,蔚东英,李红秀,等. 国内外绿色大学评价的指标体系. 环境保护,2010(8).

　　⑤ 苏丽坡. 高校节约型校园建设问题研究. 河北师范大学硕士学位论文,2011.

　　⑥ 陈翊. 节约型校园建设与评价的研究. 同济大学硕士学位论文,2008.

LEED"铂金级",较同等水平的普通建筑降低53％的能耗。该大楼设计重视室内外环境相连的设计理念,使建筑整体的碳足迹最小化,该建筑设置了废物回收系统、雨水回收系统和净化池,并利用可循环、持续利用的绿色建筑材料,体现可持续发展及保护环境的理念。同时从建筑北侧的低洼处获得地热资源,充分利用太阳能、地源热能等新能源,结合绿色照明设计,减少建筑热能和电能消耗[①]。

卡耐基梅隆大学一直将环境创新作为校园文化的重要组成部分。该校在2001年就成立了由行政人员、教职工和学生组成的绿色实践委员会,旨在通过校园师生在学习、工作、生活中开展节能减排实践活动以提升环境质量和能效。此外,校园内50％的既有建筑完成了节能改造,校园新建建筑均达到LEED银奖及以上的水平。目前,卡耐基梅隆大学有4栋建筑获得了LEED金奖认证(如:Gates Complex,2011年LEED金奖),7栋建筑获得了LEED银奖认证(如:Porter Hall,2009年LEED银奖)[②]。

(2)欧洲高校

在过去的20年中,英国在绿色校园建设的理论与实践上做出了有益的探索。各大学先后建立了大学及学院环境协会(The Environmental Association for Universities and Colleges,简称EAUC)、21世纪高等教育协会(The Higher Education 21,简称HE21)及可持续高等教育伙伴(The Higher Education Partnership for Sustainability,简称HEPS),不仅致力于改善校园环境现状、建立绿色校园评价体系,更将可持续发展理念融入课程之中,并充分应用当地社区的力量来共同达成校园可持续发展目标。

英国采用BREEAM Education作为绿色校园评估标准。BREEAM Education属于BREEAM New Construction体系,是英国针对教育建筑(幼儿园,学校,预科学院,继续教育/职业院校,高等院校)量身定制的绿色评价标准,可用于建筑物的全生命周期的设计、建造和改造阶段。该标准对管理、健康与舒适、能源、交通、水、材料、废物、土地使用和生态、污染和创新共10个部分进行分类评分。每个分类下设若干条目,各对应不同的得分点,从建筑设计、建造、管理与运行等方面对建筑进行评价。根据分值结果划分为5个等级:大于等于30分且小于45分为通过、大于等于45分且小于55分为好、大于等于55分且小于70分为很好、大于等于70分且小于80分为优秀、大于等

---

① 曹燕华.绿色校园建筑节能设计.复旦大学硕士学位论文,2013.

② 刘伟.美国绿色校园建设实践及其对国内大学绿色校园发展的启示.建筑节能,2014(1).

于 80 分为卓越。①

英国高校规划及建筑设计也与可持续发展的理念紧密结合。英国诺丁汉大学朱比丽分校由迈克·霍普金斯建筑事务所(Michael Hopkins & Partners)进行规划设计,建筑设计突出生态环保健康特征,将一废旧的工业用地最改造成了一个充满自然生机的公园式校园。② 通过基地策略、采光策略、通风策略、绿色材料使用策略、水资源的应用处理策略等,充分利用环境资源、自然资源来达到人工环境与自然环境的平衡,达到减少污染、降低能耗的目的③。英国东英吉利大学充分利用各种先进、可持续的节能技术,于 1995 年建立了 Elizabeth Fry 建筑。该建筑采用被动设计,首次利用先进的 Termodeck system 技术,成为绿色校园建筑的经典。之后相继建立的 ZICER、MED I、MED II 和 TPSC II 等高校办公建筑也延续了节能环保的高性能和高性价比等特点。其中 TPSC II 作为东英吉利大学最新的绿色校园建筑,应用发展成熟的被动式保温系统、冷热电联供系统、高性能的电气照明系统以及能耗监测系统等,成为园区节能低碳建筑的典范。④

（3）亚洲高校

在亚洲,各国开展"绿色大学"实践行动的高校数量不断增长,绿色大学建设的理念得到不断提升,政策机制、技术措施也得到了很好地实施,绿色校园建设成效显著。

1993 年,日本文部省委托日本建筑学会开展了"关于考虑环境的学校设施(绿色学校)现有状况的调查研究"。1994 年,文部省专门召开了"绿色学校调查研究协作者会议"。该"会议"于 1996 年提出了《绿色学校》报告书,归纳总结了推进绿色学校的基本想法与方案,并列举了建设绿色学校的各项技术方法及实际案例。基于该会议的成果,1997 年该"会议"还编制了介绍典型绿色学校先进案例的资料集《绿色学校的技术性方法调研报告书》,提出建筑业要将二氧化碳的排放量削减 30% 以及将建筑物耐用年数（寿命）延长到 100 年的要求。

1998 年,文部省在《教育改革计划》和《关于地球环境问题的行动计划》等

①　Website of mavshalls BREEAM Education 2008 Assesoor Manual［Nov，17，2017］/ http://www. marshalls. co. uk/commercial/documents/water-management/breeam-2008. pdf.

②　B. 吉沃尼. 人. 气候. 建筑. 陈士冀译. 北京：中国建筑工业出版社,1982.

③　余亦文. 高校节约型校园规划建设的研究与实践. 中南大学硕士学位论文,2009.

④　陈哲. 节约型校园评价体系构建及应用方法研究. 天津大学硕士学位论文,2010.

政策中对绿色学校的基本理念和做法作了阐述,试图进一步推进和完善绿色学校事业的发展。且从 1997 年起,文省部与通商产业省合作实施"绿色学校试验模范事业",一方面向青少年开展环境教育,另一方面应用太阳能发电、隔热、屋顶绿化、废水利用等节能节水技术以改进和完善学校设施。①

日本的大学校园建设体现因地制宜的思想,建校时间较长的老校园强调拆旧建新、更新改造,新建校园强调科学规划、合理布局、功能分区以及新技术的利用。如东京大学先是拆旧建新、拆低建高以节省土地资源,高效利用现有资源。其次改造旧设备,充分利用新技术。2003 年新建的北九州大学城市学院也采用多项可持续建筑技术。主要措施有:尽可能使用能效高的新型空调系统;提高校园绿化率(含建筑绿化);使用太阳能、废热等节能技术应用;垃圾循环处理;使用再生材料;环境协调;中水利用(含生活杂用水和雨水);在校园内采用一卡通管理(含校内各场所的门、使用各类设备、在餐厅用餐等)。②

此外,韩国的汉阳大学,印度的新德里大学、印度统计学院,泰国的清迈大学等,均对绿色校园的建设做出了有益的探索和实践。

2. 国际高校建筑节能的发展特征

(1)绿色校园建设体系较为完善。国外高校校园建筑节能工作较中国高校起步早,绿色校园建设体系较为全面,从绿色校园建设的组织机构、评价指标体系、新技术应用、创新技术研发、能效公示和评价指标体系等多方面形成绿色校园建设体系,而且绿色校园建设的执行成效较为明显。

(2)校园建筑节能技术措施应用效果明显。国际高校在新建建筑和既有建筑节能改造过程中均结合校园实际,恰当有效地应用节能技术措施,在围护结构的节能、供暖、通风、照明、高效能源管理、新能源利用等方面均有较好应用。

(3)注重能耗数据共享与能效公示。美国建立了公共建筑及居住建筑能源数据库,对全国不同类型建筑的基本信息、围护结构、设备信息、能耗数据等信息进行统计,并向公众开放查询。日本将所有的绿色建筑信息公开,包括其能耗信息。美国普林斯顿大学、日本北海道大学将校园建筑实时监测数据及能耗预测数据公开,学生和公民均能从其网站上看到各建筑的能源使用情况。

(4)绿色校园评价体系较为完备,促进了大学绿色校园的体系建设。美国有多种侧重于不同评价目的的绿色、生态校园评价体系,大多高校会自主研究

① 刘继和.日本绿色学校的基本理念和推进策略.沈阳师范大学学报(自然科学版),2003(7).

② 陈洋.论中国高校生态可持续校园模式.西安建筑科技大学博士学位论文,2004.

制定或选择适合自身学校发展的评价指标体系,对学校可持续发展进行量化分析和客观评价,并做出有利于未来发展的策略选择。

5.2　国内外高校典型建筑能耗特征

5.2.1　国内高校校园建筑能耗特征分析

1.国内高校校园建筑能耗现状

近年来,我国高校办学规模急速扩张,我国高校建筑面积与师生数量大规模增长,科研经费迅速增加,与之相适应的,校园能耗也急剧增长,高等学校已成为社会用能大户。因此,对高校校园建筑能耗进行调研,掌握我国高校当前的能耗现状及特征,对高校校园节能、节约型校园建设具有重要意义。第二章已经详细阐述了我国高校能耗的现状,在此不再赘述,仅根据相关数据分析,总结我国当前高校能耗的主要特征。

（1）不同地区高校间能耗差异巨大

中国幅员辽阔,由于纬度、地势和地理条件不同,各地气候差异悬殊。从建筑热工设计的角度出发,中国建筑热工设计分为五个气候分区,分别为严寒地区、寒冷地区、夏热冬冷地区、夏热冬暖地区和温和地区。中国高校分布在不同的气候区,因气候影响,其校园总能耗和能耗结构均存在较大差异。王旭等人通过对北京市部分高校节能潜力的调研,总结北京市高校的年单位建筑面积能耗在 $14.1\sim56.0kgce/m^2$,人均年能耗为 $356.2\sim799.4kgce/$人。[①] 刘静等人利用人均建筑能耗和单位建筑面积能耗两个指标对上海具有研究生培养资格的 16 所高校的建筑能耗进行分析评价,最终数据结果为:16 所高校的年人均能耗为 $532kgce/$人,单位建筑面积年能耗为 $16.1kgce/m^2$。[②] 薛世海等人以湖北省为例,从 8 个城市中随机抽取了 41 所普通高校作为抽样调查单位,分析数据得到高校年单位建筑面积能耗指标在 $0.77\sim14.48kgce/m^2$,平均水平为 $3.53kgce/m^2$,年生均能耗指标在 $28.3\sim269.6kgce/$人,平均水平为 $95kgce/$人;生均水耗指标在 $5\sim155t/$人,平均水平为 $52t/$人。可见,不同气候区的高校能耗、水耗差异较大。

---

① 王旭,李红兵,隗合广.高校供热系统能耗现状与节能潜力分析.区域供热,2012(7).
② 刘静,马宪国,孙天晴.高校建筑能耗的节能潜力分析.上海节能,2010(10).

（2）不同类型的高校其用能水平差异大

高等学校存在人文社科类、理工科类和综合类等属性的区分，薛世海等人通过对湖北地区 41 栋高校建筑的能耗数据处理，得出 211 和 985 工学、农学类的高校生均年能耗指标普遍比文理类高校的高，一般高至 35.8%。[1] 北京市在分析了各类高校能耗数据的基础上，在《高校合理用能指南》中将学校用电指标分为综合及理工类高等院校、文史类高等院校、单科及其他类高等院校三类，其年单位建筑面积能耗指标限值分别在 14.5～25.3kgce/m²、14.5～18.1kgce/m²、14.5～25.3kgce/m²。[2] 可见学校类型对高校的用能强度的影响甚大。

（3）不同科研水平的高校能耗差异大

我国高等院校的科研能力与科研体量不尽相同，研究表明，国家重点高校如 211 工程高校和 985 工程高校等，科研能力突出，科研工作繁重导致用能时间延长，因此具有更大的用能需求。

2. 某典型高校建筑能耗特征分析[3]

选取一所具有代表性的综合型高校，依据已经建成的校园节能监管平台数据分析结果，对其校园建筑能耗特征进行分析，该高校是中国首批 12 所节约型校园建筑节能监管体系建设示范高校之一，2010 年开始，对校园建筑实施能耗监测，并根据能耗监测数据，结合建筑能耗统计、能源审计对节能潜力大、节能改造投资回收期合理的建筑进行了节能改造。

学校涵盖了高等学校的各类建筑，包括：行政办公建筑、图书馆建筑、教学楼建筑、科研楼建筑、场馆建筑、食堂餐厅、学生宿舍、大型或特殊实验室、其他校园建筑等 13 类，节能监管平台覆盖了全校 171 栋建筑，共 168.25 万平方米，对其进行实时能耗监测。通过对该校建筑节能监管平台的数据分析，最终选择了 51 栋建筑，对其建筑信息及 2010—2013 年各分项的能耗数据进行统计，具体建筑信息见表 5-1。

---

[1] 薛世海，李玉云，马友才，等. 湖北地区高校能耗定额的研究. 建筑科学，2013(12)：93-97.

[2] 北京市发展和改革委员会.《北京市高等学校建筑合理用能指南》，2013.

[3] 胡轩昂. 浙江省某高校建筑能耗评价指标及其能耗分析研究，浙江大学硕士学位论文，2014.

表 5-1　纳入能耗监测平台的高校建筑统计表

编号	建筑分类	总建筑面积(万平方米)	栋数	占总建筑面积比例%	占总栋数比例%
1	行政办公建筑	7.04	5	6.6	9.8
2	图书馆建筑	6.05	3	5.7	5.9
3	教学楼建筑	24.58	9	23.0	17.6
4	科研楼建筑	30.22	19	28.3	37.4
5	场馆类建筑	5.54	4	5.2	7.8
6	食堂餐厅	2.95	2	2.8	3.9
7	学生宿舍	30.46	9	28.4	17.6
	合计	106.84	51	100	100

（1）各类建筑能耗总体情况

图 5-1 分析了该校 51 栋建筑 4 年间单位建筑面积电耗的平均值。从分析可知，不同类型的建筑单位建筑面积能耗差异较大，同种功能的建筑由于建筑规模、使用人数、用能系统形式等的不同，导致建筑能耗间也存在较大差异。图 5-2 进一步分析了每类建筑单位建筑面积能耗平均值和标准差。如图 5-2 所示，圆心对应的是该类建筑的单位建筑面积平均能耗值，圆的半径代表同类建筑的单位建筑面积能耗标准差。由图 5-2 可知，不同类型建筑能耗上升趋势明显，从教学建筑到食堂建筑，建筑能耗水平增长了数倍。其中，图书馆类建筑与科研类建筑能耗较大，单位能耗平均值分别为 85kW·h/(m²·a) 和 100kW·h/(m²·a)。这表明建筑功能不同，建筑能耗水平差异大。此外，单位建筑面积能耗值的标准差变化较大，特别是不同科研楼间的能耗差异远大于其他类型的校园建筑，同时，图中数据还表明，不同类型建筑间的单位建筑面积能耗值的标准差也相差数倍。

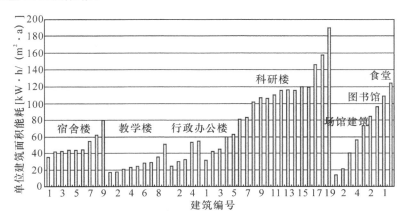

图 5-1　校园不同类型建筑电耗分布

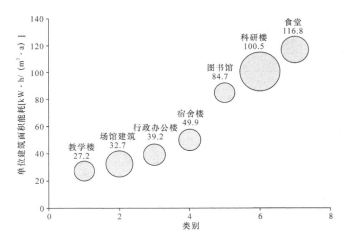

5-2　校园不同类型建筑单位建筑面积平均能耗及标准差

(2)学生宿舍能耗特征

该校学生宿舍的建筑面积共计 59.15 万平方米,占校园建筑总建筑面积的 26.94%,随着学生宿舍生活条件的不断改善,近年来,大部分南方高校的学生宿舍空调安装基本到位,各类电脑、饮水机等用能设备增长迅速,高校学生宿舍的总能耗也随之增长。

本次统计了 9 个学生宿舍组团的建筑年能耗,统计建筑面积 30.46 万平方米。该校学生宿舍建筑的单位建筑面积年能耗如图 5-3 所示,学生宿舍的年能耗从 2010 年的 45.48kW·h/(m²·a)上升到 2013 年的 57.54kW·h/(m²·a),并且年增长率逐渐增大。

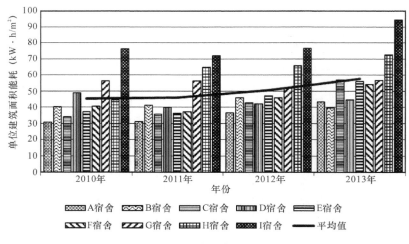

图 5-3　学生宿舍单位建筑面积年能耗

图 5-4 为学生宿舍的单位建筑面积月能耗分析,夏季和冬季两季能耗高于过渡季能耗。1 月份、7 月份和 12 月份是学生宿舍用能的高峰期,平均月能耗在 5kW·h/(m²·a)左右。2 月和 8 月分别是高校的寒假和暑假,建筑能耗明显降低。此外,4 月和 10 月宿舍能耗达到全年最小值,为 3kW·h/(m²·a)左右,这主要是因为该段时间处于过渡季节,南方高校的供暖空调设备基本停用从而降低了宿舍能耗。

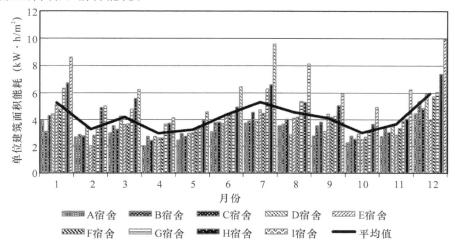

图 5-4　学生宿舍单位建筑面积月能耗分布

(3)教学楼能耗特征

教学楼是高校的主要建筑之一。教学楼的功能一般较为简单,用能设备也相对较为固定,主要为照明、空调、教学多媒体等设备。以往,教学楼在夏季多采用风扇降温,空调普及率低,所以相对而言能耗比较低,近年来,随着高校办学条件改善,师生对热舒适和教学环境的要求不断提升,教学楼逐步安装了空调和通风设备、教学多媒体得到普及,教学楼能耗也随之增加。

本研究统计的 10 栋教学楼均为 2000 年以后的新建教学楼,均安装了空调。教学楼的单位建筑面积年能耗如图 5-5 所示,各教学楼的单位建筑面积年平均能耗从 2010 年的 26.06kW·h/(m²·a)上升到了 2013 年的 30.38kW·h/(m²·a)。由于使用频率和空调型号样式不同,不同的教学楼尽管建设年代相近,建筑形式相似,其能耗差异还是较大,能耗最高的教学楼 H,其 2013 年的单位建筑面积年能耗是教学楼 A 的 3 倍左右。

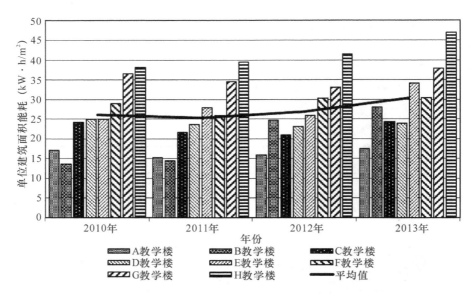

图 5-5　教学楼单位建筑面积年能耗变化

　　教学楼的单位建筑面积逐月能耗如图 5-6 所示。和宿舍的单位建筑面积月能耗变化规律类似，各教学楼的冬季和夏季能耗高于过渡季能耗，其中 1 月份、7 月份、8 月份、和 12 月份是教学楼用能的全年高峰期，各月能耗在 3kW·h/(m²·a)左右；而在 2 月份，由于进入寒假，教学楼的月能耗量明显降低，而 4 月份和 10 月份的能耗为全年最低值，在 1.4kW·h/(m²·a)左右。

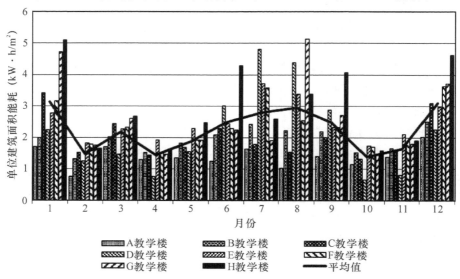

图 5-6　教学楼单位建筑面积月能耗分布

（4）行政办公建筑能耗特征

行政办公建筑是学校和各院系的行政办公场所。和其他类型高校建筑相比，行政办公建筑的工作时间较为固定，一般为 8:00～17:30，在假期内仅有部分办公场所办公。由图 5-7 可知，2010—2013 年，该校行政办公建筑的单位建筑面积和年能耗基本保持稳定，大部分建筑的能耗随时间推移呈稍上升的趋势，如行政办公楼 A；但也有建筑能耗逐年略有下降，如行政办公楼 B。5 栋主要行政办公建筑的单位建筑面积年能耗在 22.74～58.96kW·h/(m²·a)，平均值为 39.23kW·h/(m²·a)。

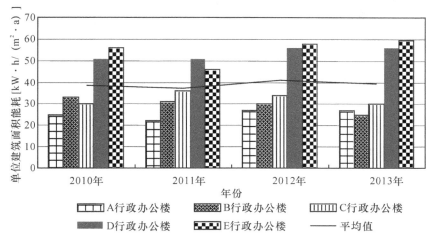

图 5-7　行政办公楼单位建筑面积年能耗变化

由图 5-8 分析可知，各行政办公建筑的逐月单位建筑面积能耗的变化趋势较为相似，均表现为夏季和冬季能耗高于过渡季能耗，其中行政办公楼 D、E，夏季能耗是其他建筑能耗的两倍左右。7 月是行政办公楼用能的全年高峰期，单位建筑面积月能耗在4.3kW·h/(m²·a)以上。而在 2 月份进入寒假模式后，行政办公建筑能耗明显降低。行政办公建筑在 4 月和 10 月单位建筑面积能耗最低，在 2.3kW·h/(m²·a)左右。

（5）科研楼能耗特征

科研楼是高校开展科学研究、研究生学习实验的场所。因学科种类多，用能系统复杂，用能时间长且能耗强度高，在研究型综合性高等院校，科研楼能耗在高校建筑总能耗中占有较高的比例。学科类别、实验设备、使用时间的差异是科研楼能耗差异大的重要影响因素。该高校共拥有 94 栋科研楼建筑，建筑面积达到 47.7 万平方米，占校园总建筑面积的 19%，本研究共统计了 19

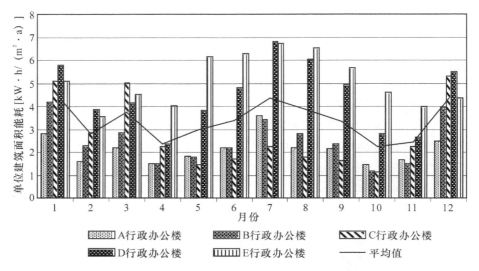

图 5-8　行政办公建筑单位建筑面积月能耗分布

栋科研楼建筑,总建筑面积 30.23 万平方米。由图 5-9 分析可知,从 2010—2013 年,该类建筑的年能耗保持逐步上升趋势,从 2010 年的 96.33kW·h/(㎡·a)上升到 2013 年的 119.2kW·h/(㎡·a)。各科研建筑之间的能耗差异较大,能耗最高的科研楼 S,其 2013 年的单位建筑面积年能耗是科研楼 A 的近 4 倍。

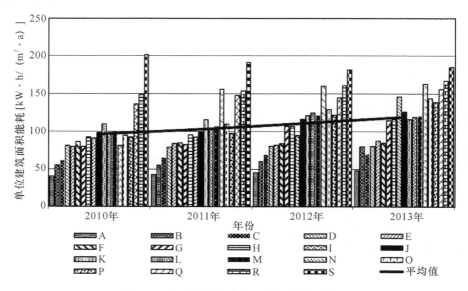

图 5-9　科研楼单位建筑面积年能耗变化

该校科研楼的逐月单位建筑面积能耗图 5-10 所示,各科研楼的逐月单位建筑面积能耗的变化趋势与上述分析的各类建筑的变化趋势相似,但相比于上述几类建筑,科研楼的单位建筑面积月能耗强度更高。其中,7 月份和 12 月份能耗量较大,在 10kW·h/(m²·a)以上,2 月份、4 月份和 10 月份能耗量较小,在 2~3kW·h/(m²·a)。

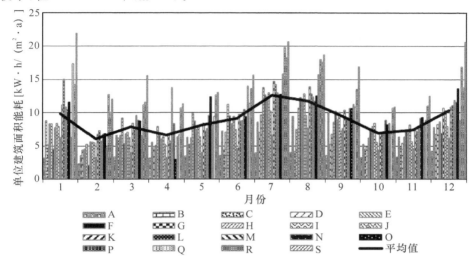

图 5-10　科研楼单位建筑面积月能耗分布

(6)图书馆能耗特征

图书馆作为全校师生进行资料查阅、学习交流和阅读自习的场所,具有开放时段长、利用率高、环境品质要求高等特点,因全天照明、空调使用时间长,图书馆的能耗强度通常比较大。该校有 6 栋图书馆,建筑面积 8.8 万平方米,占校园建筑总建筑面积的 4.01%。通常开放时间为 8:00~22:00,寒暑假期间只有部分空间部分时段开放。开放时间、阅览室座位数及上座人数等是影响建筑能耗的重要因素。本次统计了该校 3 栋图书馆,建筑面积共 6.05 万平方米。

图书馆建筑的单位建筑面积年能耗如图 5-11 所示,图书馆建筑的全年单位建筑面积能耗呈上升趋势,从 2010 年的单位建筑面积能耗 71.69kW·h/(m²·a)上升到了 2013 年的 97.57kW·h/(m²·a)。2010 年和 2011 年各建筑的能耗较为相近,2013 年各建筑间能耗差异最大,其中图书馆 C 比图书馆 B 高 25kW·h/(m²·a),达到了 122 kW·h/(m²·a)左右,图书馆 A 能耗量最低,仅为 72kW·h/(m²·a)。

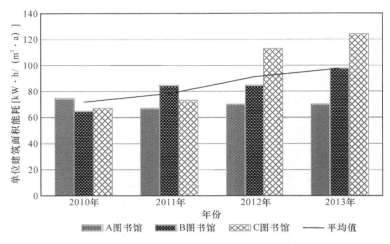

图 5-11　图书馆楼单位建筑面积年能耗变化

图 5-12 展示了 3 栋图书馆建筑的逐月单位建筑面积能耗变化。而图书馆的使用特点决定了其室内人员密度较大,内部发热量高,所以夏季月能耗量最大,冬季空调热负荷反而小,所以冬季月能耗仅稍大于过渡季月能耗。数据表明,图书馆 A 和图书馆 B 为 21 世纪初期的建筑,建筑热工性能相对较好,图书馆 A 和 B 的 6 月、7 月和 8 月单位建筑面积能耗均在 $10kW \cdot h/(m^2 \cdot a)$ 以上,而冬季能耗仅为夏季能耗的一半,在 $5kW \cdot h/(m^2 \cdot a)$ 左右,过渡季能耗略小,在 $3 \sim 5kW \cdot h/(m^2 \cdot a)$。图书馆 C 为 20 世纪 80 年代的建筑,热工性能相对较差,全年各月能耗都比较高,但同样存在过渡季节月能耗较低,冬夏两季的月能耗较高的现象。

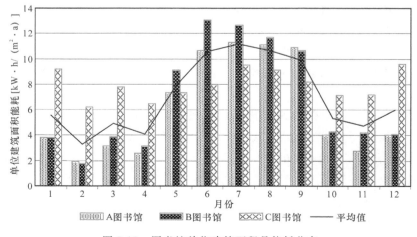

图 5-12　图书馆单位建筑面积月能耗分布

（7）小结

通过对该高校总能耗及各类建筑的能耗特征分析,对其用能特征总结如下。

1)该校建筑的全年单位建筑面积建筑能耗呈逐年增长趋势。

2)各类建筑的单位建筑面积逐月能耗的变化趋势较为相似,表现为夏季和冬季能耗高于过渡季能耗。夏季 7 月份和冬季 12 月份、1 月份是全年能耗的高峰期。在 2 月份,由于进入寒假,各类建筑的月能耗量明显降低,而 4 月份和 10 月份的能耗为全年最低值,这主要是因为该段时间处于过渡季节,采暖空调能耗大幅度降低所致。

3)因各类建筑的建筑功能、用能设备、用能方式、人员密度等均不相同,教学楼、科研楼、学生宿舍楼、行政办公楼等不同类型的建筑之间能耗差异大。即使同种功能的建筑由于建设年代、建筑形式、建筑功能、建筑热工性能、用能设备等不同,其建筑能耗也存在较大差异。

5.2.2　国际高校校园建筑能耗特征分析

国际高校一直以来对校园建筑能效非常重视,较早开始校园建筑能耗监测、统计、公示等相关工作。亚洲、美洲、欧洲部分高校建立了能耗监管平台,并通过各种途径,如年度碳核算报告、能耗统计年报等方式对校园建筑能效进行公示,向公众传达校园能效信息。

5.2.2.1　国际高校校园建筑能耗现状

总体而言,不同国家的高校校园建筑能耗差距较大。表 5-2 统计了各国高校能耗的平均值。美国高校校园建筑的全年单位建筑面积能耗均值最大,达到了 489.9kW·h/(m²·a),韩国和芬兰的高校能耗较为接近,分别为 210kW·h/(m²·a) 和 229kW·h/(m²·a)[①]。有韩国和芬兰的学者对其国内高校建筑的能耗做了更为详细的调查。韩国的 Min Hee Chung 等人对首尔某高校的 11 栋建筑进行能耗数据比对发现,不同类型、不同年代、不同围护结构、不同供暖制冷设备的建筑能耗差异较大,最低为 106 kW·h/(m²·a),

---

① 　Duzgun Agdas,Ravi S. Srinivasan,Kevin Frost,Forrest J. Masters. Energy use assessment of educational buildings:Toward a campus-wide sustainable energy policy. Sustainable Cities and Society,2015(17).

最高为 399 kW·h/(m²·a)，几乎达到了最低能耗建筑的 4 倍[①]，照明设备占据了教学建筑电耗的主要部分。进一步分析表明，建筑功能、建筑年代及建筑室内采暖空调设备效率是韩国高校建筑能耗的主要影响因素。芬兰的 Tiina Sekki 等人收集艾斯堡市内学校的基本建筑信息及 2012 年的建筑能耗数据并进行对比分析发现，大学建筑的年能耗存在明显的下降趋势，并且不同的建筑其能耗差异较大，单位建筑面积年能耗在 145kW·h/(m²·a) 到 381kW·h/(m²·a) 之间不等。[②]

表 5-2　国际高校能耗统计表

国家	美国③④⑤	韩国	爱尔兰	斯洛文尼亚	英国⑥	希腊	意大利	芬兰
统计的高校数目	—	—	—	—	—	77	159	—
单位建筑面积年能耗平均值[kW·h/(m²·a)]	489.9	210	—	—	—	—	—	229
单位建筑面积年能耗最小值[kW·h/(m²·a)]		106	—	—	—	—	—	145
单位建筑面积年能耗最大值[kW·h/(m²·a)]		399	—	—	—	—	—	381
单位建筑面积年采暖能耗平均值[kW·h/(m²·a)]			96	192	157	84	100	

① Min Hee Chunga，Eon Ku Rhee. Potential opportunities for energy conservation in existing buildings on university campus：A field survey in Korea. Energy and Buildings，2014 (78).

② Tiina Sekkia，Miimu Airaksinenb，Arto Saari. Measured energy consumption of educational buildings in a Finnish city. Energy and Buildings，2015(87).

③ Energy Star Portfolio Manager. U. S. Energy use intensity by property type.

④ Website of international sustainable campus network. 2011 Iscn-Gulf Sustainable Campus Charter Report. ［May. 04. 2017］/http：//www. international-sustainable-campus-network. org/downloads/reports/massachusetts-institute-of-technology/238-massachusetts-institute-of-technology-2011-iscn-gulf-sustainable-campus-charter-report/file.

⑤ Website of Internatiord Sustainable Compus net wort. 2012 Iscn-Gulf Sustainable Campus Charter Report. ［Aug. 22. 2017］/http：//www. international-sustainable-campus-network. org/downloads/reports/chatham-university/304-chatham-university-2013-iscn-gulf-sustainable-campus-charter-report/file.

⑥ 廖为海. 英国绿色学校及其实践活动研究. 西南大学硕士学位论文，2014.

部分欧洲国家统计了国内高校的单位建筑面积采暖能耗,如表 5-2 所示,希腊和意大利所处纬度接近,两者供暖能耗比较接近。而爱尔兰和英国的纬度虽然接近,但两者供暖能耗相差较大。

5.2.2.2　国外部分典型高校能耗特征分析

美国、日本、欧洲等目的很多世界著名大学均发布年度能源资源报告,向公众公示各自高校每年的能耗及碳排放现状、节能技术应用、管理措施、节能成效等。通过对国外部分高校能源资源年度报告和相关可持续校园建设网站的数据整理,从中选取了日本的大阪大学[①]、京都大学[②]、庆应义塾大学[③],英国的牛津大学[④],美国的耶鲁大学[⑤]、康奈尔大学[⑥]、卡耐基梅隆大学[⑦]作为主要研究对象,统计了各个高校 2010—2013 年的校园总能耗、电耗、水耗、碳排放等能源资源消耗和碳排放量,分析了各高校单位建筑面积能耗、单位建筑面积电耗、人均能耗、人均电耗和人均碳排放量等数据,总结国际典型高校的建筑能耗特征。

选取的 7 所国际高校,在办学水平、科研实力上均具有较大影响力,而且这些学校也是国际可持续校园建设的典范,在校园建筑节能和可持续大学建设方面处于全球高校的领先水平。表 5-3 统计了这 7 所高校的基本信息。

---

① Osaka University. 2013 ISCN-GULF Sustainable Campus Charter Report［Nov. 17. 2017］/. http://www. international-sustainable-campus-network. org/download/reports osaka-university/393-osaka-university-2013-iscn-gulf-sustainable-campus-charter-report/file.

② Kyoto University Environmental Report Working Group,Agency for Health,Safety and Environment. KYOTO UNIVERSITY Environmental Report,2014.

③ Keio University. 2013 ISCN-GULF Sustainable Campus Charter Report/［Nov. 17. 2017］. http://www. international-sustainable-campus-network. org/download/reports/keio-university/358-keio-university-2013-iscn-gulf-sustainable-campus-charter-report.

④ University of Oxford. 2013 ISCN-GULF Sustainable Campus Charter Report. file/［Nov. 17. 2017］/http://www. international-sustainable-campus-network. org/download/reports/university-of-oxford/339-university-of-oxford-2013-iscn-gulf-sustainable-campus-charter-report/file.

⑤ Yale University. 2012 ISCN-GULF Sustainable Campus Charter Report. http://www. international-sustainable-campus-network. org/download/reports/charter-reports/yale-university/236-yale-university-2012-iscn-gulf-sustainable-campus-charter-report/file.

⑥ Cornell University. Fiscal Year 2014 Cornell University Central Energy Plant(C)EP Fast Facts1.

⑦ Carnegie Mellon University. 2013 ISCN-GULF Sustainable Campus Charter Report. http://www. international-sustainable-campus-network. org/download/reports/carnegie-mellon-university/343-carnegie-mellon-university-2013-iscn-gulf-sustainable-campus-charter-report/file.

表 5-3   国际高校基本校情况

项目	大阪大学	京都大学	庆应义塾大学	牛津大学	耶鲁大学	康奈尔大学	卡耐基梅隆大学
地理纬度（度）	34.8	34	35.4	51.46	41.15	40.43	40.2
学生人数（万人）	3.53	3.48	4.60	3.30	2.90	2.15	1.83
建筑面积（万平方米）	148.43	129.32	69.67	57.72	150.50	300.00	——

1.单位建筑面积能耗

（1）总能耗分析

图 5-13 对比了 6 所高校 2010—2013 年各年度的单位建筑面积能耗情况，包括了电、热、油等各类能源资源的消耗量。

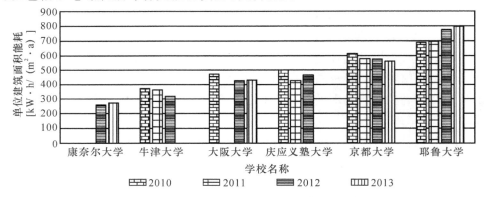

图 5-13   国际高校 2010—2013 年单位建筑面积年能耗统计(注:图中标 0 为缺少该年度数据)

从图中可以看出，不同高校的单位建筑面积年能耗存在较大的差别，在 $250 \sim 800 kW \cdot h/(m^2 \cdot a)$。其中，耶鲁大学单位建筑面积能耗值最高，平均值为 $739 kW \cdot h/(m^2 \cdot a)$，康奈尔大学最低，单位建筑面积能耗平均值为 $265 kW \cdot h/(m^2 \cdot a)$，前者单位建筑面积能耗为后者的近 3 倍。以牛津大学为代表的欧洲大学由于建筑节能工作起步早，校园建筑能耗比较低，单位建筑面积能耗平均值为 $352 kW \cdot h/(m^2 \cdot a)$。而日本三所高校间的能耗值差异较小，维持在 $450 kW \cdot h/(m^2 \cdot a)$ 到 $600 kW \cdot h/(m^2 \cdot a)$ 之间，其中京都大学单位建筑面积能耗较高，为 $582 kW \cdot h/(m^2 \cdot a)$。

此外，各高校都积极建设绿色校园，从 2010—2013 年高校的单位建筑面积能耗数据的趋势可以看出，部分高校的校园节能工作取得了明显的成效。日本高校(包括大阪大学、庆应义塾大学、京都大学)和牛津大学的校园单位建筑面积能耗呈逐年下降趋势,康奈尔大学的建筑能耗保持稳定。但耶鲁大学的单位建筑面积能耗有所增长,2013 年单位建筑面积建筑能耗比 2010 年增长了 15.6%。

(2)电耗分析

高校校园电力消耗主要用于供暖空调、办公设备、学生生活和科研设备用电,因学科差异和所在地区的不同,各高校的用电量相差较大,特别是理工类的高校由于实验设备多、使用频率高等因素,电力消耗相对较大。

如图 5-14 所示,除康奈尔大学因能源消耗结构中以天然气为主,其电力消耗总量较少外,其他被统计高校的单位建筑面积电耗普遍在 80kW • h/(m^2 • a)以上。从校园电能占总能耗的结构比例分析,康奈尔大学的电力消耗仅占总能耗的 7.5%,庆应义塾大学和大阪大学的电耗约占校园总能耗 30%,牛津大学 54% 的能耗来源于电力供应。受区域能源供应的影响,国外高校特别是北美高校校园较多采用区域热电联产,能源使用以天然气为主,外购电力占能源总量的比例较小。

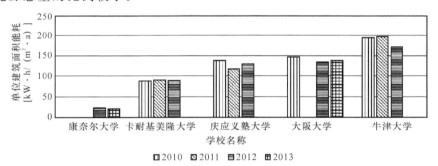

图5-14　高校 2010—2013 年单位建筑面积年电耗(注:图中标 0 为缺少该年度数据)

2.人均能耗

(1)人均总能耗

分别对 7 所高校 2010—2013 年度的人均总能耗进行统计分析,见图 5-15。耶鲁大学在所调研的高校中人均能耗最大,四年平均能耗在 40000kW • h/(人 • a)左右,为牛津大学的 7 倍。日本的庆应义塾大学与牛津大学的人均能耗较为接近,约 7000kW • h/(人 • a)。日本大阪大学和京都大学的人均能耗接近,约 20000kW • h/(人 • a)。康奈尔大学由于建筑体量大,供暖能耗高,人均能耗为 37000 kW • h/(人 • a),仅次于耶鲁大学。

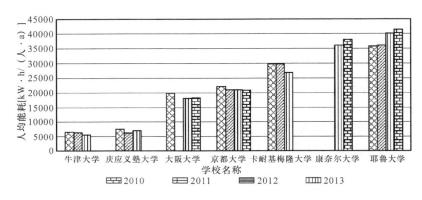

图 5-15　国际高校 2010—2013 年人均年能耗(注:图中标 0 为缺少该年度数据)

（2）人均电耗

图 5-16 展示了被统计的国外高校 2010—2013 年的人均电耗,在 2000～14000 kW·h/(人·a),不同高校的人均电耗相差较大。在被统计高校中,人均电耗最大的为卡耐基梅隆大学,人均电耗最小的为庆应义塾大学,两者相差约 7 倍。除卡耐基梅隆大学外,其他高校的人均电耗均较为接近,在 3400 kW·h/(人·a)左右,大阪大学的人均电耗略高,为 6000 kW·h/(人·a)。从电力消耗趋势分析,各高校的人均电耗总体均呈逐年下降趋势。

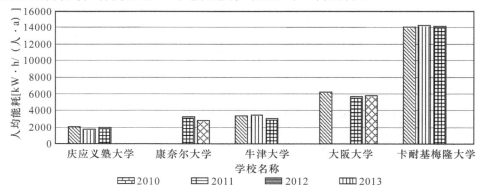

图 5-16　高校 2010—2013 年人均年电耗(注:图中标 0 为缺少该年度数据)

3.人均碳排放量

国际高校将校园碳排放核算及其减碳计划作为绿色大学建设的重要内容之一,通常会制定未来五年、十年或更长期的减碳计划,并会提出详细可执行的方案来达到校园减碳的目标。

从统计高校 2010—2013 年的人均碳排放量分析,大部分高校的减碳计划均取得了一定成效,近年来的人均碳排放量呈现下降趋势。其中:卡耐基梅隆大学的减排量最为明显,2012 年度的人均碳排放量比 2010 年下降了14.46%。此外,由于高校存在气候区、能源结构、社会经济水平以及高校本身的用能方式和用能设备差异等因素,不同地区和国家的高校人均碳排放量会有较大差距。从统计数据比较分析,欧洲和亚洲高校的人均碳排放量相对处于较低水平,为 1.5～4t/(人·a);而美洲国家高校的人均二氧化碳排放量普遍较高,在 6～8t/(人·a)。人均碳排放量最高的卡耐基梅隆大学是庆应义塾大学的 7 倍,如图 5-17 所示。

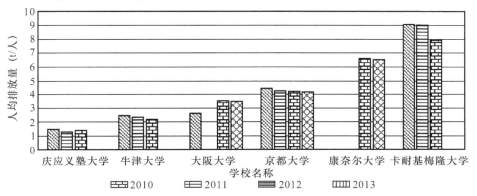

图 5-17　高校 2010—2013 年人均二氧化碳年排放量

4.国际高校校园建筑能耗特征小结

　　从上述国际典型高校的建筑能耗、电耗、碳排放等指标分析可知,因高校所处气候区、高校规模、高校办学类型、高校建筑功能、建筑环境舒适度等各类因素的综合影响,不同地区、不同国家的高校之间的单位能耗、电耗和碳排放指标差距较大。国际高校间能耗的巨大差异提示我们,在考虑高校间建筑用能共性的同时要充分考虑地区、国家、高校属性的个性特征。

　　(1)国外高校建筑能耗水平与碳排放水平普遍较高。从样本高校近年来的统计数据分析,国际高校的校园建筑单位建筑面积能耗在 250～800kW·h/(㎡·a),人均能耗差异也较大,人均能耗分布在 6000～40000kW·h/(㎡·a),人均能耗最高的高校是能耗最低高校的 7 倍左右。与我国高校相比,即使人均能耗最低的国际高校通常其能耗水平也高于我国高校的平均能耗水平。从校园碳排放量分析,欧洲、亚洲国家高校人均碳排放水平普遍低于美洲高校。

　　(2)高校的用能结构受地区、国家的能源政策、技术影响较大。受国家能源战略与地区用能结构的影响,各高校的用能结构存在较大差距,如日本高校因本国石油、天然气依赖进口,较多采用核能发电解决校园用能,而美洲特别是北美高校因气候寒冷需要大量供暖用能,高校在建设过程中也较多采用热电联产,因此外网市政电力的消耗在校园用能中占比较少。

(3)从建筑用能趋势看,国际高校的能耗量呈逐年下降的趋势。国际高校建筑节能与温室气体减排理念的产生与应用实践起步较早,无论从政府、社会和高校层面均制定了切实可行的短期和中长期的节能减碳目标,并提出了切实可行的推进措施。从逐年的能耗、电耗和碳排放统计数据分析,国际高校的各项指标呈下降趋势,少部分高校的能耗虽有增长,但增长速度逐渐放缓。

5.3　国内外高校建筑能耗差异的成因分析

从前文的分析可以看出,中国与国际高校的校园建筑能耗特征有较大差异,主要表现在中国高校的建筑能耗值普遍低于国际高校;从用能量趋势分析,中国高校的能耗量呈逐年上升趋势,而国际高校的能耗量大体呈逐年下降趋势。造成中国高校能源消耗变化趋势与国际高校变化趋势不同甚至相反的一个重要原因在于,中国高校近十年甚至未来很长一段时间都将处于高等教育大发展时期,办学水平不断提高,办学条件不断改善造成能源消耗刚性增长,而国际高校的办学条件已经相对稳定,校园建筑也基本不再新增。高校建筑能源消耗是一个复杂系统,影响因素众多,但由于公开获取国内外高校、特别是国外高校能耗影响因素实证数据的渠道非常少,也无法到国外各个高校进行深入调研和测试,而当期国内外各高校自身也缺乏对本校建筑能耗的影响因素和成因的系统研究,因此本章仅能根据有限的能耗数据进行能耗特征分析,也无法对国外各高校建筑能耗的成因做出深入剖析。考虑到获取国外高校相关数据的难度,本小节主要从绿色校园建设评价标准、环境舒适度、用能设备性能、用能方式和用能管理几个方面,对中国和国际高校能耗差异的成因进行初步分析与探讨。

5.3.1　国内外绿色校园评价体系比较

大学校园可持续建设评价是绿色大学建设的重要内容,也是衡量大学应对气候变化、体现大学社会责任的重要指标。近年来,全球可持续校园建设的讨论与实践方兴未艾,针对大学校园可持续建设,国际上出现了许多用于测量与评估大学校园可持续性的工具和标准,从不同角度对大学校园的减碳目标、环境管理、人才培养和社会责任等方面进行专项或综合性评估。

本章选取国际高校间认可度较高并且应用较为广泛的若干个绿色校园或校园绿色建筑评价标准进行比较与分析，主要包括美国的 LEED For Schools，英国的 BREEAM Education，日本的 CASBEE 和中国的《绿色校园评价标准》(CSUS/GBC 04－2013)。

5.3.1.1　国内外评价体系的主要内容及评价指标比较

1. LEED For Schools

Leadership in Energy and Environmental Design (LEED)被认为是当前世界上最完善、最有影响力的绿色建筑评估标准。在 LEED 评价体系中，不同类型的建筑按照不同的评价指标体系进行认证，其中 LEED For Schools 是在考虑校园空间与建筑使用特点的基础上，为使用者创造健康、舒适、高效节能的学校环境而设置的绿色学校评估工具。

LEED For Schools 是在 LEED-NC 评价标准的基础上，加上教室声学、整体规划、防止霉菌生长和场地环境等评估内容，专门针对学校而制定的评价标准。在 LEED For Schools 诞生之前，美国的学校项目通常选择 LEED-NC 进行认证，2007 年 4 月，LEED For Schools 认证体系完成以后，所有新建和改造的学校不再适用 LEED-NC 评价体系，开始使用 LEED For Schools 评价体系。[①]

目前，最新版本的绿色校园认证标准为 LEED 2009 for Schools，该体系总计 110 分，共分四个认证级别对应相应的分值，分别为：认证级(40-49)、银级(50-59)、金级(60-79)和铂金级(80-110)。LEED 2009 for Schools 评价体系仍沿用 LEED 2007 for Schools 的体系框架，在原有的 6 个专项评价，即可持续性建筑场地、节水、能源与大气、材料和资源、室内环境质量、创新与设计的基础上增加了"区域性"专项评价，与"创新设计"专项同属奖励得分项，如表 5-4[②]所示。[③]

　　① 俞伟伟.中美绿色建筑评价标准认证体系比较研究.重庆大学硕士学位论文,2008.

　　② 张欢,田慧峰,阮建清.LEED-School 认证在国内的发展.国际绿色建筑与建筑节能大会,2012.

　　③ United State. Green Buildig Council. LEED For Schools[Jul. 01. 2016]/resourses/leed-schools new-construction-V2009-current-version. http://www.usgbc.org/

表 5-4 **LEED for Schools 主要评价内容与分值**

评价类别	编号	评价内容	积分
可持续发展建筑场地(SS)	P1	建设活动污染防治	必需
	P2	场址评估	必需
	C1	场址选择	1
	C2	开发密度和社区关联性	4
	C3	褐地再开发	1
	C4.1	替代交通:公共交通	4
	C4.2	替代交通:自行车存放和更衣间	1
	C4.3	替代交通:低排放高效汽车	2
	C4.4	替代交通:停车容量	2
	C5.1	场址开发:保护或恢复公共绿地	1
	C5.2	场址开发:最大空地化	1
	C6.1	雨洪设计:水量控制	1
	C6.2	雨洪设计:水质控制	1
	C7.1	热岛效应:非屋面	1
	C7.2	热岛效应:屋面	1
	C8	减少光污染	1
	C9	场址总体规划	1
	C10	设施共享	1
节水(WE)	P1	减少用水量 20%	必需
	C1	节水灌溉:减量 50%,非自来水或不灌溉	2~4
	C2	创新废水技术	2
	C3	减少用水量	2~4
	C4	减少过程用水量	1
能源与大气(EA)	P1	建筑能源系统的基本调试运行	必需
	P2	最低能效	必需
	P3	基本冷媒管理	必需
	C1	能效优化	1~29
	C2	现场再生能源	1~7

续表

评价类别	编号	评价内容	积分
能源与大气 （EA）	C3	加强调试运行	2
	C4	加强冷媒管理	1
	C5	测量与查证	2
	C6	绿色电力	2
材料与资源 （MR）	P1	可再生物的存放和收集	必需
	C1.1	建筑再利用:保留现有墙体、楼板和屋面	1～2
	C1.2	建筑再利用:保存室内非结构构件	1
	C2	施工废弃物管理	1～2
	C3	材料再利用	1～2
	C4	循环材料含量	1～2
	C5	地方材料	1～2
	C6	快速再生材料	1
	C7	认证的木材	1
室内环境 质量（IEQ）	P1	最低室内空气品质	必需
	P2	环境吸烟控制(ETS)	必需
	P3	基本声环境要求	必需
	C1	新风监测	1
	C2	增强通风	1
	C3.1	建设 IAQ 管理计划:建设中	1
	C3.2	建设 IAQ 管理计划:入住前	1
	C4.1—6	低挥发材料	1～4
	C5	室内化学品和污染源控制	1
	C6.1	系统可控制性:照明	1
	C6.2	系统可控制性:热舒适	1
	C7.1	热舒适度:设计	1
	C7.2	热舒适度:查证	1
	C8.1	采光和视野:空间采光	1～3
	C8.2	采光和视野:视野	1

续表

评价类别	编号	评价内容	积分
室内环境 质量(IEQ)	C9	进一步声环境要求	1
	C10	霉菌预防	1
创新与 设计(ID)	C1	设计创新	1～4
	C2	LEED 认可专业人员	1
	C3	学校的教育使命	1
区域性	C1.1－1.4	区域特点	1～4
总计			110

2. BREEAM Education

英国是对学校建筑的室内环境关注较早的国家,1931 年,英国建筑研究院就开始对教室的热工性能开始调研,1944 年,出版了《学校建筑设计推荐》(Recommendations on School Design);2004 年,发布了针对中小学校园环境评价的标准 BREEAM School;之后又出台了 BREEAM FE 用于高等教育设施的环境评估;2008 年,合并了两个标准,编订了普遍适用于大中小学的评估准则 BREEAM Education。该评估准则是针对所有教育建筑,包括幼儿园、中小学校、预科学院、继续教育、职业院校、高等院校,该准则可用于教育建筑的全生命周期包括设计、建造和改造阶段的评估。[1]

BREEAM Education 包括管理(总体政策和规程)、健康与舒适(室内和室外环境)、能源(建筑及设备性能、节能技术、能耗和 CO_2 排放)、交通(有关公共交通设施、和运输时 CO_2 排放)、水(消耗和渗漏问题)、材料(原料选择及对环境的作用)、废物(废弃物的管理、存储和处理)、土地使用(绿地和褐地使用)和生态(生态的保护)、污染(除 CO_2 之外的空气、水、光和噪声污染)和创新(可持续创新)共 10 个项目。根据每个项目得分与项目权重计算最终得分,见表 5-5。

根据评价分值,将校园建筑划分为 5 个等级:大于等于 30 分且小于 45 分为"通过",大于等于 45 分且小于 55 分为"好",大于等于 55 分且小于 70 分为"很好",大于等于 70 分且小于 45 分为"优秀",大于等于 80 分为"卓越"。[2] BREEAM

① Murphy, C. Thorne, A. Health and Productivity Benefits of Sustainable Schools. Watford: IHS BRE Press, 2010.

② Website of Marshalls. BREEAM Education 2008 Assessor Manual. http://www.marshalls.co.uk/commercial/documents/water-management/breeam-2008.pdf.

Education 由第三方机构独立完成评估，评估分为设计和建造两个阶段。

表 5-5　**BREEAM Education 主要评价内容与分值**

评价项	项目数	权重系数(%)	获得的分数	评价项
管理	12	12	19	Man1 调试 Man2 施工人员 Man3 施工现场的影响 Man4 建立用户指南 Man5 场址调研 Man6 咨询 Man7 共享设施 Man8 安全 Man9 建筑信息公开 Man10 教育资源 Man11 维护便利 Man12 全生命周期成本
健康与舒适	14	15	17	Hea1 采光 Hea2 景观 Hea3 眩光控制 Hea4 高频照明 Hea5 内外部照明水平 Hea6 照明区域和控制 Hea7 自然通风潜力 Hea8 室内空气质量 Hea9 挥发性有机化合物 Hea10 人体热舒适 Hea11 热分区 Hea12 微生物污染 Hea13 声学性能 Hea14 办公空间 Hea15 户外空间 Hea16 饮用水 Hea17 实验室排风橱说明
能源	21	19	26	Ene1 减少二氧化碳的排放 Ene2 大量能源使用计量 Ene3 高能源负载和租赁区域计量 Ene4 外部照明 Ene5 低碳排放或零排放的技术 Ene6 建筑结构性能和避免漏风 Ene7 冷藏 Ene8 电梯 Ene9 自动扶梯和人行道旅行 Ene10 自冷却

续表

评价项	项目数	权重系数(%)	获得的分数	评价项
能源	21	19	26	Ene11 高效排风橱 Ene12 游泳池通风和热损失 Ene13 标志照明控制 Ene14 电池管理系统 Ene15 提供节能设备 Ene16 CHP 社区能源 Ene19 节能实验室 Ene20 节能 IT 解决方案
交通	10	8	9	Tra1 提供公共交通 Tra2 附近的设施 Tra3 骑自行车的设施 Tra4 行人和骑自行车者的安全 Tra5 旅行计划 Tra6 最大的停车场容量 Tra7 旅游信息的观点 Tra8 运载工具部署
水	6	6	8	Wat1 水的消耗量 Wat2 水表 Wat3 主要的泄漏检测 Wat4 卫生供给关闭 Wat5 水循环 Wat6 灌溉系统
材料	12	12.5	15	Mat1 材料规范(主要建筑元素) Mat2 园林和边界保护 Mat3 重用的外观 Mat4 重用的结构 Mat5 负责采购的材料 Mat6 绝缘 Mat7 设计稳健性
废物	7	7.5	7	Wst1 施工现场废物管理 Wst2 再生集料 Wst3 可回收废弃物存储 Wst4 压实机/打包机 Wst5 堆肥

续表

评价项	项目数	权重系数(%)	获得的分数	评价项
土地利用与生态	10	10	10	LE1 土地的重新利用 LE2 被污染的土地 LE3 生态价值的网站和保护生态的功能 LE4 减缓生态影响 LE5 提高网站的生态性 LE6 对生物多样性的影响 LE7 学生和教师职员的商议 LE8 同当地野生物专家合作
污染	10	10	12	Po1 制冷剂对全球变暖的影响 Po2 氮氧化物排放的加热源 Po3 洪水风险 Po4 最小化水道污染 Po5 减少夜间光污染 Po6 噪声衰减
创新	10	10	—	—

3. CASBEE

日本绿色建筑委员会(Japan Green Build Council)和日本可持续建筑联合会(Japan Sustainable Building Consortium)及其附属机构合作研发了建筑物综合环境性能评价体系(the Comprehensive Assessment System for Building Environmental Efficiency,CASBEE)。CASBEE 分为多种评价工具,包括新建建筑规划与方案设计(CASBEE-PD)、新建建筑设计阶段(CASBEE-NC)、既有建筑(CASBEE-EB)、改造和运行(CASBEE-RN)、临时建筑(CASBEE-TC)、热岛效应(CASBEE-HI)、独立住宅(CASBEE-DH)、社区评价(CASBEE-NB)。CASBEE 并没有专门针对高校建筑而研发的单独评价工具,但校园建筑可以纳入其评价范围,中小学、高等学校、进修学校等各类学校建筑均可使用 CASBEE 进行评价。[①]

CASBEE 从建筑物全生命周期角度,从建筑物环境品质与性能和建筑物环境负荷两个方面对建筑进行评价,并应用环境效率的思想,以评价指标 BEE 的最后得分来确定评价等级。CASBEE 一共分为五级:S 级(优秀)、A

---

① 周天寒.徐峰.大学校园可持续指标评价体系研究.中外建筑,2017(7).

级（很好）、B＋级（好）、B－级（略差）和 C 级（差）①。其中 CASBEE-NC,NB 分为 6 个评价项目共 50 个评价指标，如表 5-6 所示。

表 5-6　CASBEE-NC 评价内容及其权重②

评价大类	评价项目	评价内容	占评价大类指标的权重（%）
建筑品质与性能	室内环境（权重 40%）	噪声	2.4
		隔声	2.4
		吸声	1.2
		室温调控	7
		湿度调控	4.2
		空调系统形式	2.8
		天然采光	3
		防眩光	3
		照度	1.5
		照明控制	2.5
		源头控制	5
		通风	3
		运行策略	2
	服务性能（权重 30%）	功能性与可用性	4.8
		便利性	3.6
		维护管理	3.6
		抗震	4.5
		组件服役寿命	2.7
		适当的更新	0
		可靠性	1.8

注：声环境（15%）、热舒适（35%）、光环境（25%）、空气品质（25%）归于室内环境；功能性（40%）、耐久性与可靠性（30%）归于服务性能。

①　Website of Comprehensive Assessment. System for Built Environment Efficiency. Assessment Method Employed by CASBEE. ［Aug. 06. 2016］/http://www. ibec. or. jp/ CASBEE/english/methodE. htm.

②　计永毅·张寅. 可持续建筑的评价工具——CASBEE 及其应用分析. 建筑节能，2011(6).

续表

评价大类	评价项目		评价内容	占评价大类 指标的权重（%）
建筑品质 与性能	服务性能 （权重30%）	灵活性与改 用性（30%）	空间裕量	2.7
			楼板荷载裕量	2.7
			系统可更新	3.6
	场地内的 室外环境 （权重30%）		生态保持（30%）	9
			场地景观（40%）	12
		地域性与室外 适用性（30%）	因地制宜	4.5
			场地热环境改善	4.5
建筑物 环境负荷	能源（权重 40%）		建筑外围护结构热负荷（20%）	8
			自然能直接利用（10%）	4
			建筑设备系统效率（50%）	20
			有效运行（20%）	8
	资源与材料 （权重30%）	水资源保护 （20%）	节水	2.4
			雨水和中水	3.6
		减少不可再生 资源的使用量 （60%）	用材减量	1.8
			既有结构再利用	3.6
			再生材料用于结构	3.6
			再生材料用于非材料	3.6
			再生林木材	1.8
			构件与材料再利用	3.6
		避免使用含污染 物材料（20%）	使用无公害材料	1.8
			减少氯氟烃和卤代烷	4.2
	场地外环境 （权重30%）		全球变暖（33%）	10
		地域环境（33%）	空气污染的预防	2.5
			热岛效应的改善	5
			基础设施负荷	2.5
		周边环境的 配置（33%）	噪声、振动和恶臭的预防	4
			风灾与光线遮挡的预防	4
			光污染的预防	2

4.绿色校园评价标准

中国城市科学研究会绿色建筑与节能专业委员会编制的《绿色校园评价标准》(CSUS/GBC 04—2013)是在《绿色建筑评价标准》(GB/T 50378—2006)基础上,根据我国校园建筑的特点编制的适用于校园评价的标准。和《绿色建筑评价标准》类似,它既可用于新建校区绿色规划评估,也可用于既有校园的绿色运行管理评价。(见表5-7)

该标准分别针对中小学和高等院校进行分类评价,分为规划与可持续发展场地、节能与能源利用、节水与水资源利用、节材与材料资源利用、室外环境与污染物控制、运行管理和教育推广七类评价指标。每一类评价指标有控制项、一般项与优选项,其中控制项是必须满足的条文,一般项作为评估绿色学校的常规指标,优选项为难度较高的绿色校园建设评价指标。按满足一般项数和优选项数的程度,可将被评估的校园等级划分为一星级、二星级和三星级。当前《绿色校园评价标准》(CSUS/GBC 04—2013)经修订后正进行国标申报,该标准将成为我国开展绿色校园评价的权威性文件。

表5-7 《绿色校园评价标准》关于普通高校的评价指标[①]

指标项数	规划与可持续发展场地	节能与能源利用	节水与水资源利用	节材与材料资源利用	室内环境与污染控制	运行管理	教育推广	总计
控制项	4	5	4	2	8	2	2	29
一般项	9	10	6	8	11	6	8	58
优选项	2	4	1	2	2	2	3	16
总项数	15	19	13	12	21	10	13	103

5.3.1.2 各评价体系的指标限值对比

本节以美国的 LEED For Schools,英国的 BREEM Education,日本的 CASBEE 和我国的《绿色校园评价标准》为对象,重点对各国高校绿色建筑评价体系中的围护结构热工性能指标、室内热舒适性指标、采光照明指标、空调和供暖设备性能指标限值进行对比,分析各国高校评价体系中指标限值的差异性及其对高校建筑能耗的影响。

---

① 城市科学研究会绿色建筑与节能专业委员会.绿色校园评价标准(CSUS/GBC 04—2013),2013.

1. 围护结构热工性能

围护结构热工性能是建筑物节能设计的重要指标。表 5-8 对比了各国绿色校园评价体系中围护结构传热系数的限值。

表 5-8 围护结构传热系数指标对比

标准	围护结构部位		传热系数 [W/(㎡·K)]	
LEED For Schools,① 具体指标要求参照 ASHRAE Standard 90.1 (以 3A 区为例,纬 度和我国夏热冬冷 地区基本相同)②	屋面	无阁楼	0.273	
		金属建筑	0.313	
		带阁楼	0.153	
	墙、地面以上	重质墙	0.701	
		金属建筑	0.477	
		钢框架	0.477	
		木框架	0.506	
	楼板	重质楼板	0.606	
		工字钢	0.295	
		木框架	0.29	
	接地楼板	不供暖	1.265	
		供暖	1.56	
	不透明门	平开门	3.977	
		非平开门	8.239	

	围护结构部位 (窗)	垂直窗墙比	传热系数 [W/(㎡·K)]	遮阳系数 SHGC
	天窗	玻璃突起天窗	0%~2.0%	6.64	0.39
			2.1%~5.0%	6.64	0.19
		塑料突起天窗	0%~2.0%	7.38	0.65
			2.1%~5.0%	7.38	0.34
		玻璃和塑料	0%~2.0%	3.92	0.39
		不突起天窗	2.1%~5.0%	3.92	0.19

---

① United State Green Building Council. LEED for Schools. [Jul. 01. 2016]/ http://www.usgbc.org/resources/leed-schools new-construction-v 2009-current-Version.

② American Society of Heating Refrige rating and Air-Conditioning Engineers. Inc. Energy standarel for buildings except low-rise residential buildings 90.1-2007SI version[Jan, 28, 2009]/http://www.ashrae.org/resome-publications/bookst ore/standard-90-1.

续表

标准	围护结构部位			传热系数［W/(㎡·K)］	
LEED For Schools，具体指标要求参照 ASHRAE Standard 90.1（以 3A 区为例，纬度和我国夏热冬冷地区基本相同）	外窗	非金属窗框	0%－40%	3.69	0.25
		金属窗框 a		3.41	
		金属窗框 b		5.11	
		金属窗框 c		3.69	
	≤0.2			4.7	(东、南、西/北)
	≤0.2			4.7	(东、南、西/北)
	0.2≤窗墙比<0.3			3.5	0.48/—
	0.3≤窗墙比<0.4			3	0.43/0.52
	0.4≤窗墙比<0.5			2.8	0.39/0.48
	0.5<窗墙比			2.5	0.35/0.43

标准	围护结构部位		传热系数［W/(㎡·K)］	
绿色校园评价标准（指标限值以夏热冬冷地区为例）①②	屋面		≤0.70	
	外墙（包括非透明幕墙）		≤1.0	
	底部接触室外空气的架空或外挑楼板		≤1.0	
	外窗（包括透明幕墙）		传热系数［W/(㎡·K)］	遮阳系数 SHGC（东、南、西向/北向）
	单一朝向外窗（包括透明幕墙）	窗墙面积比≤0.2	≤4.7	—
		0.2<窗墙面积比≤0.3	≤3.5	≤0.55/—
		0.3<窗墙面积比≤0.4	≤3.0	≤0.50/0.60
		0.4<窗墙面积比≤0.5	≤2.8	≤0.45/0.55
		0.5<窗墙面积比≤0.7	≤2.5	≤0.40/0.50
		屋顶透明部分	≤2.7	≤0.40

———————

① 中国城市科学研究会绿色建筑与节能专业委员会. 绿色校园评价标准（CSUS/GBC 04—2013），2013.

② 中华人民共和国建设部. 民用建筑热工设计规范（GB 50176—2016）. 北京：中国建筑工业出版社，2017.

续表

标准	围护结构部位	传热系数[W/(㎡·K)]	
BREEM Education[①]	围护结构部位		传热系数[W/(㎡·K)]
	墙		0.7
	地板		0.7
	屋顶		0.35
	窗、采光大窗、屋顶窗、幕墙		3.3
	室外门		6
	屋顶通风扇		3
CASBEE[②]	评价等级	遮阳系数 SD	外窗传热系数[w/(㎡·℃)]	外墙传热系数[w/(㎡·℃)]
	最低标准	0.7	6	3
	最高标准	0.2	3	1

（1）从指标分类比较，我国的《绿色校园评价标准》要求新建和改建建筑的围护结构热工性能指标符合当地现行的同类型建筑节能标准的要求，因此本小节参照《公共建筑节能设计标准》（GB 50189—2015）进行分析。我国的《绿色校园评价标准》与英国的 BREEAM Education 的指标较为相似，设定了墙、楼板、隔墙、屋顶、窗等部分的传热系数限值；而美国的 LEED For schools 标准在基于围护结构不同部位分类的基础上，根据建筑材料的不同来制定不同的传热系数限值，指标更为精细化。

（2）从指标限值分析，国外标准的限值要求高于我国的相关标准，例如对于屋面的传热系数：美国 LEED for Schools 要求校园建筑围护结构性能指标参照 ASHRAE90.1 标准，而 ASHRAE90.1 分为无阁楼、金属建筑和带阁楼 3 类，分别对屋面的传热系数进行限定，3A 地区（纬度和我国夏热冬冷地区基本相同）的传热系数限值在 0.153W/㎡·K 和 0.313 W/(㎡·K)之间，英国 BREEAM 标准为 0.35W/(㎡·K)；而我国的公共建筑节能标准要求略低，夏

---

① BREEAM Education. [Nov. 17. 2017]/http：//www. marshalls. co. uk/commercial/documents/water-management/breeam-2008. pdf.

② Website of comprehensive Assessment system for Built Environment Efficiency The Assessment Method Employed by CASBEE. [Aug. 26. 2016]/http：//www. ibec. or. jp/CASBEE/english/methodE. htm.

热冬冷地区建筑屋面传热系数限值为 0.7W/(㎡·K);对于楼板和墙体的传热系数,各国基本为 0.5～0.7W/(㎡·K),而我国《公共建筑节能设计标准》中夏热冬冷地区建筑楼板和外墙的传热系数限值为 1.0W/(㎡·K),美国 ASHRAE90.1 将楼板细分为重质楼板、工字钢、木框架、不供暖接地楼板和供暖接地楼板,各类的指标系数相差较大,3A 地区的限值从 0.29W/(㎡·K)到 1.56W/(㎡·K),可见不同材料所对应的标准限值相差较大;对外窗的传热系数限值,各国标准都维持在 3 W/(㎡·K)左右,较为接近。

2. 室内热舒适性

温度、湿度、平均风速是建筑室内舒适度的重要影响因素,各国绿色校园评价标准均制定温湿度、平均风速值以规定室内舒适度的最低限值,如表 5-9 所示。

从表 5-9 中数据可知,不同国家的评价标准在室内舒适度指标限值的设置上相差较大,美国的 LEED for schools 中对建筑室内舒适度指标限值同样是参考 ASHRAE 90.1 标准,而 ASHRAE90.1 仅制定了冬夏季室内舒适温度范围和平均风速;英国的 BREEM Education 2008 为高校建筑设定了室内设计温度、室内温度超过 25℃ 的小时数上限和温度梯度上限,且没有区分季节[1]。而日本的 CASBEE 对办公室冬季和夏季的室内温度和湿度进行了分级设定,不同区域范围的温湿度对应不同的得分值。

在我国,根据《绿色校园评价标准》5.5.9 的规定:民用建筑室内热环境质量符合现行国家标准《民用建筑热湿环境质量评价标准》(GB/T 50785)中的 2 级要求,采用 PMV、PPD、APMV 等多个指标对人工冷热源和非人工冷热源等情况分别进行评价。其中对于采用人工冷热源的建筑室内热湿环境,其室内温度、湿度、空气流速等参数还需符合国家现行标准《采暖通风与空气调节设计规范》(GB 50019—2003)的规定。

此外,各国热舒适指标设定的具体数值均较为接近。英国和美国的全年热舒适性要求基本相同;而我国的标准对热舒适的要求较上述两国标准略低。

---

① 魏庆芃,夏建军,常良,等. 中美公共建筑能耗现状比较与案例分析. 建设科技,2009(8).

表 5-9 室内舒适性指标对比

标准	热舒适评价内容		
LEED for schools（指标参照 ASHRAE Standard）	季节	舒适温度范围（℃）	平均风速（m/s）
	冬季	20～23.5	0.15
	夏季	23～26	0.25
BREEM Education 2008①	评价内容		温度（℃）
	室内设计温度		21
	室内温度超过 25℃ 的小时数上限		80
	温度梯度上限		1.5
CASBEE②	评价内容	指标	
	办公室室内温度	得分（分）	温度（℃）
		1	夏季 28
			冬季 20
		3	夏季 26
			冬季 22
		5	夏季 24
			冬季 24
		注：对于其他情况则选取两两等级之间的级别（分别是 2 分和 4 分）	
	办公室相对湿度	等级	湿度（%）
		最低标准	夏季 70
			冬季 40
		最高标准	夏季 50
			冬季 50

① Website of marshalls BREEAM Education.［Nov. 17. 2017］/http：//www. marshalls. co. uk/commercial/documents/water-management/breeam-2008. pdf.

② Website of Comprehensive Assessment system for Built Enrivonment Effioionly The Assessment Method Employed by CASBEE.［Ang. 26. 2016］/http：//www. ibec. or. jp/ CASBEE/english/methodE. htm.

续表

标准	热舒适评价内容		
	评价内容	冬季	夏季
	温度（℃）	18～24	22～28
	风速（m/s）	≤0.2	≤0.3
	相对湿度（％）	30～60	40～65
绿色校园评价①②③标准	人工冷热源热湿环境评价		
	整体评价指标	局部评价指标	
	10%≤PPD<25%，−1≤PMV<−0.5 或 +0.5≤PMV<+1	30%≤LPD1<40%，10%≤LPD2<20%，15%≤LPD3<20%	
	非人工冷热源热湿环境评价指标 −1≤APMV<−0.5 或 +0.5≤APMV<+1		

注：1.PMV 为预计平均热感觉指标，根据人体热平衡的基本方程式以及心理生理学主观热感觉的等级为出发点，考虑了人体热舒适感的诸多有关因素的全面评价指标，是人群对于热感觉等级投票的平均指数；

2.PPD 为预计不满意者的百分数，指处于热环境的人群对于热湿环境不满意的预计投票平均值；

3.APMV 为预计适应性平均热感觉指标，指在非人工冷热源热湿环境中，考虑了人们心理、生理与行为适应性等因素后的热感觉投票预计值；

4.LPD 为局部不满率，其中 LPD1 为冷吹风感引起的不满意率，LPD2 为垂直空气温度差引起的局部不满意率，LPD3 为地板表面温度引起的局部不满意率④；

5.上述的各项指标均需通过测试室内的空气温度、平均辐射温度、平面辐射温度、表面温度、体感温度、相对湿度、空气流速等参数，经过公式计算所得。

3.采光照明

各国绿色校园评价标准中的采光照明参数包括照度、采光系数、照明功率密度、统一眩光值、照度均匀度和一般显色指数等指标。表 5-10 对各国绿色

① 中国城市科学研究会绿色建筑与节能专业委员会.绿色校园评价标准（CSUS/GBC 04—2013）.2013.

② 中华人民共和国住房和城乡建设部.公共建筑节能设计标准 GB 50189—2005.北京：中国建筑工业出版社，2005.

③ 中华人民共和国住房和城乡建设部.民用建筑热湿环境质量评价标准（GB/T 50785）.北京：中国建筑工业出版社，2012.

④ 中华人民共和国住房和城乡建设部.民用建筑室内热湿环境质量评价标准（GB/T 50785）.北京：中国建筑工业出版社，2012.

校园评价标准中采光照明指标限值进行了对比。

（1）各国标准采用的参数不同。美国采用了不同类型房间的照明功率密度限值；英国则对不同场所设定了照度和统一眩光值的目标值；而我国绿色校园标准的要求较为严格，不同的房间需要满足照度、采光系数、照明功率密度、统一眩光值、照度均匀度、一般显色指数等多项指标；日本则是对采光系数和照度值进行分级设置。

（2）各项指标限值相近。各国标准中照度基本维持在 200～500lux，采光系数在 2%～5%，统一眩光值多为 19；其中，美国的照明密度限值明显高于我国。我国还制定了现行值与目标值，目的是在满足需求前提下尽可能降低建筑照明能耗。

表 5-10　各国绿色校园评价标准中采光照明指标对比

标准名称	评价指标		
LEED For schools/ ASHRAE Standard	房间类型	照明功率密度限值（W/m²）	
	封闭式办公室	12	
	敞开式办公室	12	
	会议室/多功能间	14	
	餐饮区	10	
	备餐区	13	
	健身房	10	
	大厅/休息区	14	
	设备房	16	
	洗手间	10	
	走廊	5	
BREEM Education①	场所名称	照度（lux）	统一眩光值
	办公室、教室：以屏幕为主的工作面	300	19
	办公室、教室：混合屏幕与书写的工作面	500	19
	会议室	300	19
	洗手间	200/500	—

---

① Website of marshalls. BREEAM Education. [Nov. 17. 2017]/http://www. marshalls. co. uk/commercial/documents/water-management/breeam-2008. pdf.

续表

标准名称	评价指标			
BREEM Education	接待处	200		—
	中庭	50～500		—
	楼梯	150		25
	入口	200		—
	评价指标	区域		限值
	采光系数	大量人工照明的区域		小于2%
		部分人工照明的区域		2%～5%
		大量自然采光的区域		大于5%
CASBEE①	评价指标	限值		
	采光系数	等级	值	
		1(低级)	1%以下	
		2	1%～1.5%	
		3	1.5%～2%	
		4	2%～2.5%	
		5(高级)	2.5%以上	
	采光装置	等级	要求	
	反光板、光导管、聚光装置、光导纤维等	中等级别	至少1种装置	
		最高级别	两种以上采光设备组合使用,并使得采光性能很好	
	照度指标	等级	区间	
		1(低级)	500lx以下	
		2	500lx～600lx	
	照度指标	3	600lx～750lx	
		4	750lx～1000lx	
		5(高级)	1000lx～1500lx	

① Website of Comprehensive Assessment System for Built Environment Effioionly The Assessment Method Employed by CASBEE. [Aug. 26. 2016]/http://www. ibec. or. jp/CASBEE/english/methodE. htm.

续表

标准名称	评价指标		
	照度指标控制	等级	要求
CASBEE		最低等级	没有划分控制区域,且照明控制板、灯具等不可调节
		中等级别	可以设四个工作区为单位进行控制,且可利用照明控制板、灯具等进行调节
		最高等级	可以设一个工作区为单位进行控制,且可利用末端或遥控器等进行调节
绿色校园评价标准①②③	场所名称	采光标准值	
		采光系数标准值(%)	室内天然光照度标准值(lux)
	专用教室、实验室、阶梯教室、教室办公室(侧面采光)	3	450
	走道、楼梯间、卫生间	1	150
	设计室、绘图室	4	600
	办公室、会议室	3	450
	复印室、档案室	2	300
	阅览室、开架书库(侧面采光)	3	450
	目录室(侧面采光)	2	300

①　中国城市科学研究会绿色建筑与节能专业委员会.绿色校园评价标准(CSUS/GBC 04—2013),2013.

②　中华人民共和国住房和城乡建设部.建筑采光设计标准(GB/T 50033).北京:中国建筑工业出版社,2013.

③　中华人民共和国住房和城乡建设部.建筑照明设计标准(GB 50034).北京:中国建筑工业出版社,2013.

续表

场所名称		照明标准值					
		统一眩光值 UGR	照度均匀度 U0	一般显色指数 Ra	照明功率密度(W/m²)		
					现行值	目标值	
	一般阅览室、开放式阅览室	19	0.6	80	9.0	8.0	
	目录厅	19	0.6	80	9.0	8.0	
	办公室	19	0.6	80	9.0	8.0	
	会议室	19	0.6	80	9.0	8.0	
	教室	19	0.6	80	9.0	8.0	
	美术教室	19	0.6	90	15.0	13.5	
	学生宿舍	22	0.4	80	6.5	5.5	

4. 暖通空调设备性能

根据《绿色校园评价标准》5.2.11 项规定,通风空调系统风机的单位风量消耗功率、冷热水系统的输送能效比和集中热水采暖系统热水循环水泵的耗电输热比(HER)符合现行国家标准《公共建筑节能设计标准》(GB 50189—2015)的相关规定。而 LEED For Schools 要求建筑用能系统的性能符合 ASHRAE 90.1 标准。本小节将我国《公共建筑节能设计标准》(GB 50189—2015)与美国 ASHRAE 90.1 标准中关于办公建筑部分的暖通空调系统相关性能参数进行比较,主要分为主机性能要求、风机参数和水泵参数的比较,见表 5-11 至表 5-13。

关于中央空调冷源的机组性能 COP 限值,《公共建筑节能设计标准》对相同额定制冷量的同类型冷水机组的 COP 限值较 ASHRAE 90.1 要低 15%～20%,见表 5-11。

表 5-11 冷源性能指标对比

设备类型		《公共建筑节能设计标准》		ASHRAE 90.1	
		额定制冷量(kW)	性能系数 COP(W/W)	额定制冷量(kW)	性能系数 COP(W/W)
水冷	活塞式	＜528	3.8	全部	4.2
		528～1163	4.0		
		＞1163	4.2		

续表

设备类型		《公共建筑节能设计标准》		ASHRAE 90.1	
		额定制冷量（kW）	性能系数 COP（W/W）	额定制冷量（kW）	性能系数 COP（W/W）
水冷	漩涡式	＜528	3.8	＜528	4.45
		528～1163	4.0	528～1055	4.9
		＞1163	4.2	＞1055	5.5
	螺杆式	＜528	4.1	＜528	4.45
		528～1163	4.3	528～1055	4.9
		＞1163	4.6	＞1055	5.5
	离心式	＜528	4.4	＜528	5
		528～1163	4.7	528～1055	5.55
		＞1163	5.1	＞1055	6.1
风冷或蒸发冷却	活塞 X 式/漩涡式	≤50	2.4	—	—
		＞50	2.6		
	螺杆式	≤50	2.6		
		＞50	2.8		

　　《公共建筑节能设计标准》（GB 50189—2015）中关于热源的规定，只是概括地对几种锅炉的热效率以及台数的选择作简单的规定，所有燃油、燃气蒸汽、热水锅炉的热效率均为 89％，燃煤蒸汽、热水锅炉的热效率均为 78％。而在 ASHRAE 90.1 中对此规定较为详细，对在不同制热量下的不同类型的锅炉的热效率都进行了规定，如表 5-12 所示。从表中可以看出，ASHRAE 90.1 中规定的锅炉热效率比《公共建筑节能设计标准》中规定的锅炉热效率低 10％～16％。另外，由于美国基本不使用燃煤锅炉，在 ASHRAE 90.1 中没有燃煤锅炉热效率的相关规定。[1]

　　① 韩星,史婷.中美节能标准中办公基准建筑的能耗比较.暖通空调 HV&AC,2013(6).

表 5-12　热源热效率对比

设备类型		制热量（输入）(kW)	热效率%	
			ASHRAE 90.1	《公共建筑节能设计标准》
热水锅炉	燃气锅炉	<88	80	89
		88～733	75	89
		≥733	80	89
	燃油锅炉	<88	80	89
		88～733	78	89
		≥733	83	89
蒸汽锅炉	燃气锅炉	<88	75	89
	燃气锅炉（除天然气）	88～733	75	89
		≥733	80	89
	燃气锅炉（天然气）	88～733	75	89
		≥733	80	89
	燃油锅炉	<88	80	89
		88～733	78	89
		≥733	83	89

在《公共建筑节能设计标准》(GB 50189—2015)中,风机参数是以单位风量所耗功率来描述的,规定其不应大于表 5-13 中的规定。在 ASHRAE 中,不同空调系统的基准风机功率的计算公式是不同的,而且部分负荷和满负荷时的计算公式也不同。

在《公共建筑节能设计标准》(GB 50189—2015)中对水泵参数未作规定,只是对空调冷水系统的输送能效比和集中热水供暖系统热水循环水泵的耗电输热比作了相应的规定。而在 ASHRAE 90.1 中则规定冷水泵流量为 1000L/s 时功率为 394kW;冷却水泵流量为 1000L/s 时功率为 310kW,热水泵流量为 1000L/s 时功率 301kW[1]。

---

① 韩星,史婷.中美节能标准中办公基准建筑的能耗比较.暖通空调 HV&AC,2013(6).

表 5-13　风机的单位风量耗功率值[W/(m³·h)]

系统形式	办公建筑	
	粗效过滤	粗、中效过滤
两管制定风量系统	0.42	0.48
四管制定风量系统	0.47	0.53
两管制变风量系统	0.58	0.64
四管制变风量系统	0.63	0.69
普通机械通风系统	0.32	—

5.3.2　国内外高校建筑节能运行比较分析

　　我国与国际高校建筑能耗存在较大差距,影响建筑能耗的因素除了高校所在地区的气候、高校的办学水平、建筑物及用能设备的性能和节能技术应用外,建筑节能运行与管理也是影响建筑能耗的另一重要因素。建筑节能运行与管理与室内环境和舒适度状况、建筑运行管理水平、建筑使用者或居住者的运行调节等因素有关。本书从环境舒适度、能耗设备系统、建筑运行方式、用能管理等几个方面探讨国内外高校建筑节能运行的差异。

1. 室内环境舒适度

　　我国与其他国家高校对校园建筑室内环境舒适度的要求不同是导致建筑能耗存在差异的原因之一。例如,我国高校的建筑在过渡季节多利用自然通风的方式来调节室内热湿环境,冬夏两季通过空调供热采暖来提高室内热舒适性;而美国高校建筑则全年利用空调及机械通风系统来调节室内温度、湿度以维持高舒适度的室内环境。此外,在室内温度控制调节上,国内高校建筑夏季室内温度普遍比国外高校建筑的室内温度高,而我国高校建筑冬季室内温度普遍较低。经实际调研,美国校园建筑室内温度夏季为 20～23℃,国内建筑的室内温度夏季为 24～26℃;而室内外温差越大,空调制冷耗电量越大。此外,新风量是影响室内空气品质和人员工作效率的重要因素。调研发现,国内建筑的夏季新风量为 12～80m³/(h·p);冬季均减少新风通风量,有些建筑甚至不通新风,也基本没有加湿处理。而美国建筑夏季新风量为 90～150 m³/(h·p);有些建筑为了精确控制室内温度,提高热舒适性,末端设置再热盘管来调节室内温度,造成了冷热抵消现象,新风量的增加以及空调系统处理过程中的冷热抵消现象均会导致空调系统能耗的增加。①

2.用能系统

从用能系统来看,美国等发达国家校园建筑的空调系统普遍使用中央空调系统;而国内高校大部分还是以分散式空调为主,夏天辅以风扇降温,且在大部分国内高校的教学楼、宿舍等建筑内空调并没有完全普及。对于通风系统的使用,美国等发达国家的校园建筑均采用机械通风和固定的通风换气系统,而国内绝大多数采用开窗通风换气,部分高校的建筑虽然也配备了通风系统,但由于习惯采用开窗通风,大部分高校的通风系统并未正常开启或开启率不足。

3.运行方式

通过对国内外高校建筑各种用能设备运行方式的调查,两者运行方式主要有以下两个方面差别。(1)我国高校建筑通常采用被动式方式来提高室内环境的舒适度,如过渡季节多通过自然通风改善室内的热湿环境;而国外建筑则通常利用主动方式,如使用采暖空调设备,来改善室内的舒适度。(2)设备开启时段不同,我国利用的是"分时段间歇用能"方式,而国外高校普遍采用"全时段用能"方式。在我国高校建筑中,一般在需要时才会开启空调通风等设备,且根据使用空间及其使用人员数量的变化,采取关闭室内末端或分体式空调减少其开启台数等方式减少能耗。而国外建筑通常全时段用能,如对美国高校的建筑用能进行调查发现,一天24小时的逐时用电量十分稳定,虽然办公时间为早8点至晚上5点,但其楼内的办公照明、风机和空调系统24小时运行,在周末及节假日也不关闭。

4.用能管理

我国建筑采用分阶段用能方式,要求各高校建筑在不需要用能的时间段关闭耗能设备,减少能源的浪费;相比国内而言,国外建筑自动化程度更高,很多公共建筑均装有建筑自控系统以控制其合理运行,但实际运行过程中,也普遍存在传感器、执行器故障频发,疏于维护等问题。②

---

① 张永宁,等.基于案例的中美能耗对比与原因分析.全国暖通空调制冷学术年会,2008.

② Duzgun Agdas, Ravi S. Srinivasan, et al. Masters. Energy use assessment of educational buildings: Toward a campus-wide sustainable energy policy. Sustainable Cities and Society 2015(17).

5.4　本章小结

本章对国内外高校校园建筑节能现状进行了总结,对国内外的高校建筑能耗特征进行了分析,并从绿色校园建设评价要求、建筑运行管理差异等方面对造成国内外校园建筑能耗差异的成因进行了初步探讨。

1. 国内外高校建筑节能现状总结

(1) 国内高校建筑节能现状。中国高校受地域范围、高校本身的管理水平、经济投入和创新能力等影响,高校校园建筑节能进展的步调并不一致,少数先行高校的节约型校园建设理念先进,校园实践取得了较好成效,但大部分高校的校园建筑节能尚处于起步阶段。就现阶段而言,大多数高校建筑节能工作仅停留在减少跑冒漏滴、节能照明灯具更换等简单节能改造层面上,短期内节能效果明显,但对绿色校园规划、既有建筑节能改造、绿色建筑认证等方面的深化与创新实践很少。校园建筑节能监管体系的建设已在全国范围内得到全面推广,但节能监管平台积累的能耗数据的挖掘力度不够,能耗公示、能源审计等执行力度偏弱,影响了对节约型校园建设的推进与提升作用。由于高校类型众多,高校用能定额管理工作推进缓慢,全国高校建筑用能用水定额标准尚未建立。绿色校园评价指标体系不健全,高校自愿参加绿色校园评价体系评估的意愿不强。

(2) 国际高校建筑节能现状及特点。国际高校校园建筑节能工作起步较早,理念先进,涉及面广泛且深入,涵盖了校园建设组织机构、既有建筑节能改造、节能节水技术应用、能耗公示、绿色校园评价体系等各方面,形成了较为全面的校园节能体系。国际高校校园建筑节能改造的技术措施涉及围护结构、暖通空调系统、照明设备、建筑调适、新能源利用等。校园建筑能效信息公开机制也较为健全,美国、日本等高校能较好地向全体使用者甚至社会公民公开本校的建筑能耗信息和绿色建筑的相关信息,通过能耗公示向社区和公民宣传可持续理念,引导使用者的绿色消费行为。以行业协会为主导的绿色校园评价体系已成为国际高校绿色校园建设的重要评估标准之一,各高校有较强的意愿对本校的绿色校园建设进行自评估,并通过自评估来提升本校的建筑能效水平,削减校园碳排放。

2.国内国外高校建筑能耗特征总结

（1）国内高校建筑能耗特征。相较国外高校，国内高校建筑用能水平普遍较低，且能效不高。不同气候条件下各高校的能耗差别较大，北方高校能耗普遍高于南方高校。不同类型的高校其用能量也存在很大差异，工、农类的高校生均年能耗比文理类高校普遍偏高。科研体量是影响高校能耗量的重要因素，科研类建筑有较大的节能潜力。就高校建筑而言，不同功能的建筑能耗强度也存在很大差异，其用能规律均有自身特点，如科研建筑能耗通常高于教学楼能耗和宿舍能耗。此外校园生活用水存在较大的节水潜力，节水工作理应成为节约型校园的重点建设内容之一。

（2）国外高校建筑能耗特征。国外高校建筑用能水平普遍较高，单位能耗量是中国高校的数倍，相近纬度不同国家的高校建筑之间的能耗指标差异也很大。国外高校建筑的单位建筑面积能耗在 $250\sim800kW\cdot h/(m^2\cdot a)$，单位建筑面积电耗在 $80\sim200\ kW\cdot h/(m^2\cdot a)$，在人均碳排放量方面，欧洲和亚洲国家高校的人均碳排放量处于较低水平，基本在 $1.5\sim4t/(人\cdot a)$，而北美国家高校维持在 $6\sim8t/(人\cdot a)$。国外高校建筑节能研究和实践相比国内高校起步较早，具备了较好的工作基础，近年来的节能成效也较为明显，单位能耗普遍呈逐年下降趋势。

3.国内外高校建筑能耗差异的成因分析

（1）绿色校园评价。国内外高校已经有较为成熟的绿色校园评价体系和实践案例，评价指标涵盖的范围与内容也较为全面，不同评价体系的评价目标与侧重点有所不同，且绿色校园评价体系也在不断地修正与完善。从各项评价指标限值分析，中国高校建筑的室内环境、照明等指标要求限值已经与国际标准接近，而围护结构热工性能、暖通空调设备性能等相关指标相对国际标准还有一定的差距。

（2）校园运行管理。在室内环境舒适度控制方面，相比国外高校，国内高校的室内环境舒适度低，这主要体现在建筑室内温度控制以及新风量设置上等方面。对于用能系统，美国等发达国家校园建筑的供热空调普遍使用中央空调系统，而国内高校大部分还是以分散式空调为主，夏天辅以风扇降温，且在大部分国内高校的教学楼、宿舍等校园建筑里，空调并没有完全普及。此外，美国等发达国家的校园建筑均采用机械通风和固定的通风换气系统，而国内绝大多数校园建筑采用开窗通风换气的方式。在设备运行方式上，中国高校建筑较多地采用被动方式来提高室内环境舒适度，如我国建筑日间多采用自然采光满足室内照度要求,过渡季节多通过自然通风改善室内的热湿环境,而国外高校建筑一般较多采用主动方式来满足室内环境舒适要求。在用能时间上,我国高校普遍采用间歇式用能,即在需要时开启用能设备,周末、节假日或人少时也会通过关闭系统或减少设备开启数量以降低能源消耗;而国外高校的建筑设备通常全年全时段开启,以保证舒适的室内环境。

第 6 章

高校校园建筑能耗定额研究

6.1 研究背景与现状

6.1.1 研究背景

开展建筑节能的目标是在满足建筑使用功能和提供健康舒适环境的前提下,将建筑能耗控制在合理水平。建筑能耗定额可以为建筑合理用能提供依据,针对不同使用功能的建筑类型制定能耗限值,使不同功能建筑在节约且合理的能耗水平下运行。通过制定能耗定额,再配合能耗梯级收费制度与奖惩措施,可以促进建筑业主和运营管理单位采取节能措施,节约并合理使用能源。

所谓建筑能耗定额,是通过对一定范围建筑的建造年代、建筑类型、建筑能耗水平进行综合分析,充分考虑当地的气候特点、经济水平和生活习惯等社会自然因素,确定建筑在一定时期内的合理用能水平,作为建筑节能活动和管理的标杆。[①] 建筑能耗定额的总体目标为:在保障卫生和舒适的前提下,满足人们对建筑环境质量的合理要求,保证建筑能源的合理需求,将建筑能耗控制在合理范围内,使其对环境和能源安全的影响保持在可接受的水平。[②] 能耗定额研究内容,主要涉及能耗指标体系的建立和能耗定额的制定方法。

从已有文献看,国外主要研究公共建筑能耗基准评价方法及工具,其建筑能耗基准评价是通过比较分析同一类型、同一功能的某类建筑的能耗特性和

---

① 金振星,武涌,梁境.大型公共建筑节能监管制度设计研究.暖通空调,2007(37).

② 周智勇.建筑能耗定额的理论与实证研究.重庆大学博士学位论文,2010.

水平来定义该类建筑能耗基准值①。因此,关于建筑能耗基准评价方法的成果可以给本研究带来一些启示和思路。

国内学者对建筑能耗的关注和研究起步较晚,多数研究集中在建筑能耗定额方法的制定上。在建筑能耗定额标准的制定方面,《民用建筑能耗标准》(GB/T 51161—2016)针对不同的气候区,分别制定了建筑供暖能耗、公共建筑能耗和住宅建筑能耗限值。② 少数城市,如上海,针对机关办公建筑等不同类型建筑制定了能耗限值。③ 但当前对高等学校分类建筑的能耗定额研究刚起步,有少数省份制定了高校建筑能耗定额指南,但定额方法、定额指标和定额限值缺乏科学性和数据支持。高校建筑作为公共建筑的重要组成部分,除具有一般公共建筑的特性外,还具有其自身的特点:(1)高校建筑包括了教学楼、办公楼、科研楼、体育场馆、实验实训楼、食堂、学生宿舍等各种类型,不同类型的校园建筑用能系统多样,用能特点多样。建筑能耗受气候、建筑类型、用能设备运行规律、学校规模、学科性质等多种因素影响;(2)寒暑假的影响,在夏季最热的时间段和冬季最冷的时间段,大部分建筑的用能设备基本处于停运或部分运行的状态,其用能负荷和用能量均较低;(3)不同功能的建筑均有自身的室内环境与用能需求,如部分医学、生命科学的实验空间要求恒温恒湿,教室、图书馆等对光照度有严格要求,不同类型建筑的用能需求特征差异大。

基于高校的建筑类型多样,用能特性复杂,在现有公共建筑能耗定额研究基础上进行研究很有必要,研究制定合适的高校建筑能耗定额方法,确定科学合理的高校建筑能耗定额,能为我国校园节能减排规划设计及管理提供切实可行的依据。

6.1.2　研究现状

6.1.2.1　国外研究现状

1. 能耗定额方法及工具

目前,国外最常见的能耗指标是单位建筑面积能耗量,又称建筑能耗密度

① Califorhia Energy Commission. Building Energy Use Benchmarking and Dublic Disclosure Program. [Nov,17,2017]http://www. energy. ca. gov/benchmarking.

② 中华人民共和国住房和城乡建设部.民用建筑能耗标准(GB/T 51161—2016).北京:中国建筑工业出版社,2016.

③ 上海市质量技术监督局.机关办公建筑合理用能指南(DB31/T 550—2015).

EUI(Energy Use Intensity),一般用建筑全年总能耗除以建筑面积得到,如单位为 kW·h/(m² · a)。还有折算成人均能耗指标,如 MJ/(人·a)。除了以能源消耗量指标反映建筑的实际能耗水平之外,CO_2 排放量也作为一个重要的衡量指标,一般仍以建筑面积、人数等参数对其归一化处理。根据能耗指标,将建筑实际能耗与该类建筑定额值进行比较,从而判断该建筑的能耗在同类建筑中所处的水平,并采取相应的措施对用能进行管理。

国外的研究机构或学者提出了多种公共建筑能耗定额方法,主要有:多元线性回归拟合方法、建筑能耗模拟、建筑能耗分值评估、人工智能法、数据挖掘法和建筑能耗相关系数法等。[1][2][3] 新加坡学者对 29 个酒店的能耗影响因子进行分析,并建立酒店建筑能耗定额回归方程[4]。Andreas 等人分析了 Luxembourg 大学中的 68 栋校园建筑能耗,分别采集电耗和热量消耗进行更详细的参数分析[5],在此基础上,进一步选取校园建筑总能耗影响因素(建造年代、适用类型、供热面积、能源类型等)建立线性回归方程,最终发现总能耗分析结果与电耗、热量等分项分析结果类似,建筑类型、能源类型与能耗具有相关性。

美国劳伦斯伯克利国家实验室(Lawrence Berkeley National Laboratory)开发的建筑评价工具 Cal-Arch,与"能源之星"的方法类似,该评价工具应用加州公共建筑终端能耗调研数据库 (California Commercial End-Use Survey,CEUS)的数据,通过相关建筑参数,统计出同类建筑能耗指标的分布情况,应用直方分布图的形式比较被测建筑的建筑能耗强度与同类建筑的建筑能耗强度间的差异。

除利用已有数据库建立能耗定额工具之外,美国、欧盟等一些国家也建立

① Luis Pérez-Lombard, José Ortiz, Rocío González, et al. A Review of Benchmarking, Rating and Labeling Concepts within the Framework of Building Energy Certification Schemes. Energy and Buildings,2009,41(3).

② Nikolaou T, Skias I, Kolokotsa D, et al. Virtual Building Dataset for Energy and Indoor Thermal Comfort Benchmarking of Office Buildings in Greece. Energy and Buildings,2009,41(12).

③ Robin Kent. External Benchmarking of Injecting Modeling Energy Efficiency. Plastics Technology,2009(7).

④ Wu Xuchao, Rajagopalan Priyadarsina. Benchmarking energy use and greenhouse gas emissions in Singapore's hotel industry. Energy Policy,2010(38).

⑤ Andreas Thewes, Stefan Maas, Frank Scholzen. Field study on the energy consumption of school buildings in Luxembourg. Energy ad Buildings,2014(68A).

了本国的建筑能耗标识制度,同样起到能耗定额的作用。美国能源之星(Energy Star)利用 CBECS(Commercial Building Energy Consumption Survey)、HRG(Hospitality Research Group)和 EPRI(Electric Power Research Institute)三大能耗调查数据库,针对各类公共建筑(包括幼儿园到 12 年级的学校建筑),对建筑面积、建设年代、学生人数、计算机数量、采暖度日数、制冷度日数、每周运行小时数等影响因素和建筑能耗强度进行多元线性回归,并对公共建筑(包括学校建筑)进行能效性能分级。对于某待评价建筑,首先按照对应回归模型得出数据库中该类建筑的所有能耗并按照 1～100 划分等级,然后使用相同的回归模型得出待评价建筑的能耗,与这 100 个等级相比较,若得分＞75,即建筑能耗量＜75％,便可获得能源之星标识①。欧盟的建筑能源性能指令(EPBD)规定欧盟各国均需建立建筑能效标识制度,欧盟各国(丹麦、荷兰、法国等)的建筑能效标识基本上均为等级标识,大多分为 A 至 G 7 个等级,并通过建筑能效性能证书的形式体现。② 例如,德国的"建筑物能效等级标识"主要是记录一栋建筑物的能源效率,同时包括隔热材料和暖气设备的质量等级。德国建筑节能技术规范 EnEv2006 明确规定:新建建筑的出售必须向客户出具建筑能效性能证书,证书上需明确标注建筑围护结构性能参数,采暖、热水、通风、空调设备的能效系数,建筑全年一次性能源需求量,建筑对全年不同种类能源的能量需求量(不同种类能源包括电、煤、重油等)。③

6.1.2.2　国内研究现状

1. 能耗定额指标形式

国内对居住建筑及公共建筑能耗指标体系的研究较多,目前较为常见的指标形式有单位建筑面积能耗指标(EUI)、人均能耗指标和单位产值能耗指标等④。而采用两个或多个归一化指标来表示建筑能耗的方法也较为常见。如采用单位建筑面积年能耗指标和人均年能耗量两个指标评价国家机关办公建筑的能耗水平采用单位建筑面积年能耗指标和每个床位的年能耗量两个指标评价宾馆建筑的能耗水平等。

---

① Energy Star. Performance Rating Technical Methodology for K−12 School,2009.
② 吕晓辰,邹瑜,徐伟,等. 国内外建筑能效标识方法比较. 建设科技,2009(12).
③ 卢求. 德国 2007 建筑节能规范及能源证书体系. 建筑学报, 2006(11).
④ 中华人民共和国建设部. 国家机关办公建筑和大型公共建筑能源审计导则(建科〔2007〕249 号).

除了建立建筑总能耗指标以外,对建筑分项能耗建立定额指标也较为常见,如供暖能耗指标、制冷能耗指标、照明能耗指标、插座能耗指标等。对于空调能耗指标,除了建立供暖、制冷能耗指标外,还进一步针对各空调子系统建立指标,如主机能耗、水泵能耗等。在建立指标分类基础上,可依据气象分区、建筑类型和空调系统形式等对每一指标提出基准定额。如表 6-1 列出了北京市各类公共建筑总用电量定额以及空调各子系统的用能定额。

表 6-1　北京市既有建筑空调系统的参考用能指标①

空调系统参考用能指标 [kW·h/(m²·a)]	政府办公建筑	甲级写字楼	酒店	商场
总用电量	35	40	50	90
主机	15	15	15	25
水泵	10	10	13	20
空调箱	5	10	15	25
其他	5	5	7	10

对于照明、动力、插座等分项能耗,其指标形式主要以单位能耗量为主。如《浙江省大型公共建筑能耗测评标准》(DB 33/1070－2010)给出了政府办公楼、商业写字楼、酒店和宾馆等四类建筑的照明、电器、电梯等分项能耗定额基准,如表 6-2 所示。

表 6-2　照明、动力、插座等分项能耗定额②

用能指标 [kW·h/(m²·a)]	政府办公楼	商业写字楼	酒店	宾馆
单位建筑面积年照明电耗	15	24	18	70
单位建筑面积年室内电器电耗	22	35	—	—
单位建筑面积年电梯能耗	3	3	5	15
单位建筑面积年给排水提升泵电耗	1	1	3	1

部分学者也提出了其他一些指标形式来衡量建筑能效。同济大学苑翔、龙惟定等人提出了"人均建筑能耗占用空间"指标 S 来表征建筑的能源利用效

---

①　北京市住房和城乡建设委员会网站. 关于印发《大型公共建筑低成本节能改造技术导则》的通知[2009 年 10 月 22 日]/http://www.bjjs.gov.cn/publish/portal0/tab662/info62033.htm.

②　浙江省住房和城乡建设厅. 浙江省大型公共建筑能耗测评标准(DB 33/1070—2010).

率,即 S=建筑面积/(单位建筑面积能耗×建筑总人数),根据建筑的实际使用情况,对建筑能源效率进行评估,考虑了人均建筑面积对单位建筑面积能耗的影响,在一定程度上弥补了单位建筑面积能耗指标无法全面反映建筑能耗水平的不足之处。[1]

　　此外,也有少部分学者开始研究学校的能耗指标体系。赵路辉基于天津市区 111 所中小学及幼儿园学校的调研和测试数据,运用统计分析和能耗模拟等方法,计算并分析了学校建筑的能耗特点,构建了能耗指标体系,对能耗基准进行了探讨,并分析了学校建筑的节能潜力。具体指标体系如下图 6-1所示。[2]

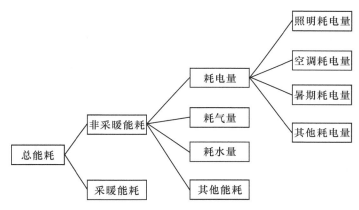

图 6-1　学校建筑能耗指标分类图

　　全丁丁通过聚类分析结果,将学校建筑进行细化分类。基于建筑使用功能将校园建筑分为居住类建筑和公共类校园建筑,并进一步将公共建筑分为公共教学建筑、科研实验建筑、其他生活类建筑[3]。其中公共教学建筑按照空调系统形式分成采用集中空调系统的公共教学建筑和采用分散式空调的公共教学建筑,包括了校园内教学楼、办公楼以及同时用于教学办公的综合楼等;而其他生活类建筑包括食堂、浴室等,这一类建筑往往建筑面积不大,使用的能源种类与其他类型建筑有明显差异,因此单独分成一类,如图 6-2 所示。而

――――――――――――

　　① 苑翔,龙惟定,张改景.用"人均建筑能耗占用空间"评价建筑能耗水平.暖通空调,2009(9).

　　② 赵路辉.天津市学校建筑能耗基准线研究.天津大学硕士学位论文,2013.

　　③ 全丁丁.校园建筑能耗基准线及合同能源管理模式研究.天津大学硕士学位论文,2013.

指标形式主要选取单位建筑面积能耗指标和人均能耗指标两类。

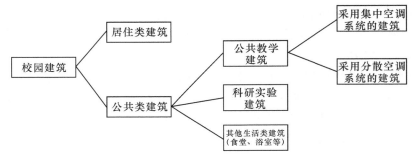

图 6-2　校园建筑分类

2. 能耗定额方法研究

国内关于能耗定额的研究也多集中于公共建筑,定额制定方法以多元线性回归法、能耗模拟法、数据挖掘法等运用较多。

香港学者对 30 个超市样本进行多元线性回归拟合,并对影响因子进行分析,得到香港地区超市能耗基准方程。[①] 台湾学者李文兴用多元线性回归与数据包络分析相结合的方法对台湾地区 47 栋办公建筑进行分析,把影响因子分为环境影响因子(包括天气、人数、面积等)和能源管理影响因子(设备能效、运行情况等),分析结果显示大部分建筑能效等级可以达到 65%。[②] Jing Zhao 等人将 10 栋商业建筑和 19 栋宾馆建筑作为样本建筑,依据其单位建筑面积能耗的频率分布,分别将算术平均、几何平均、中位数、众数等值作为能耗定额值,分析其优缺点,最后确定以众数和百分等级相结合的方式来计算能耗定额值。[③]

杜然等人基于武汉市三级综合医院能源审计,分析了影响医院能耗的主要因素,制定了能耗评价指标并讨论了其合理性,分别采取了按医院等级取能耗平均值为定额值、按能耗分布制定能耗定额、应用床位数量建立回归方程确定能耗定额等三种方法,并讨论了各方法的利弊,认为利用回归分析法制定的

① William Chung,Y. V. Hui. A study of energy efficiency of private office buildings in Hong Kong. Energy and Buildings,2009(41).

② Wen-Shing Lee. Benchmarking the performance of building energy management using data envelopment analysis. Applied Thermal Engineering,2009(29).

③ Jing Zhao,Yajuan Xin,Dingding Tong. Energy consumption quota of public buildings based on statistical analysis. Energy Policy,2012:362-370.

能耗定额具有科学性和可操作性,并给出了对应的定额值。① 福州大学的严智勇等人对福州地区办公建筑的能耗及其影响因素进行了统计,通过偏相关分析确定了能耗影响因子,对于该地区公共建筑节能降耗和新建建筑节能设计有一定的指导意义,并进一步应用多元线性回归方法将能耗影响因子与能耗强度联系起来,为能耗定额制定提供了方法学支持,但是该方法需要收集全面和详细的建筑基本信息及气象数据,并且对数据的准确性要求较高。②

　　韩连华等人结合高等统计学方法和数据挖掘方法在三个模型(利用逐步回归法建立回归方程的 Stepwise 模型;应用关联规则挖掘技术的 Apriori-rule 模型;利用分类挖掘的 ID3 算法的决策树模型)的基础上建立了 SAI-Voting 集成模型,并对四种模型进行比较,分析结果认为:对于多个不同类型数据集,SAI-Voting 集成模型比 Stepwise 模型、Apriori-rule 模型和 ID3 模型更好③。此外,定额水平法在国内公共建筑能耗定额研究中受到诸多学者的青睐。廖深瓶等人认为定额水平法是统计分析法中的通用方法,平均值法、二次平均法和回归分析法是定额水平法的特例④,并运用定额水平法计算了广西壮族自治区国家机关办公建筑在不同定额水平下的能耗定额值,结合该地区节能改造技术及经济发展现状,初步选取平均节能潜力为 30% 时所对应的定额值作为该地区国家机关办公建筑的能耗定额。刘俊跃等人在总结夏热冬暖地区公共建筑能耗定额研究工作的基础上,基于深圳市公共建筑能耗统计、能源审计和能耗监测数据,提出深圳市公共建筑能耗定额标准编制思路和要点,提出在现有的技术水平和条件下,采用定额水平法制定公共建筑能耗定额值较为合理。⑤ 庄智通过对上海地区大型公共建筑进行能耗调查和分析,并结合统计学方法中的平均值法、归一化法及定额水平法研究确定了各类公共建筑的建议用能定额值,通过比较分析,初步评价了归一化法计算用能定额指标的科学性。⑥

————————————

① 杜然,李玉云,马友才.武汉地区三级综合医院能耗定额的研究.建筑热能通风空调,2012(2).

② 严智勇,许巧玲.福州地区大型办公建筑能耗的多元线性回归分析.能源与环境,2009(1).

③ 韩连华.基于回归分析和数据挖掘的建筑能耗基准评价模型研究.北京:北京工业大学,2009.

④ 廖深瓶,佘乾仲,朱惠英,等.广西国家机关办公建筑能耗定额研究.建筑节能,2012(4).

⑤ 刘俊跃,刘雄伟,刘刚,等.深圳市公共建筑能耗定额标准编制.建设科技,2011(12).

⑥ 庄智.大型公共建筑能耗调查与用能定额指标编制.建筑节能,2011(6).

3.高校能耗定额现状

当前,北京、四川、湖南、浙江等部分省区市也针对各省市高等院校用能情况制定了用能定额,如下表 6-3 所示。

表 6-3　各省市高校建筑水电能耗定额指标值

地区	分类	单位建筑面积综合能耗[kgce/(m²·a)]	单位建筑面积电耗值[kW·h/(m²·a)]	人均电耗值[kW·h/(人·a)]	单位建筑面积水耗[t/(m²·a)]	人均水耗[t/(人·a)]
北京市①	综合及理工类高等学校	—	40～70	—	—	40～70
	文史类高等学校	—	40～50	—	—	
	单科及其他类高等学校	—	40～70	—	—	
四川省②	本专科生学生宿舍	—	—	60	—	24
	硕博士生学生宿舍	—	—	120	—	24
	文科类学校教学实验大楼	—	70	350	4	22
	理科类学校教学实验大楼	—	100	480	7	30
	综合类学校教学实验大楼	—	80	400	5	25
四川省	文科类学校行政办公楼	—	30	130	2	7
	理科类学校行政办公楼	—	40	180	3	10
	综合类学校行政办公楼	—	35	150	3	9
广西壮族自治区③	办公楼	≤10	≤80	—	—	—
	图书馆	≤10	≤75	—	—	—
	宿舍楼	≤7	≤45	—	—	—

---

① 百度文库网站:北京市发展和改革委员会.《高等学校建筑合理用能指南》[2012 年 4 月 12 日]/http://wenku.baidu.com/new/c8aba5acdlf34693daef3e4b.html.

② 四川省教育厅.《四川省高校合理用能指南及能耗限额标准》.

③ 广西住房和城乡建设厅网站.广西壮族自治区普通高等院校建筑合理用能指南[2012 年 12 月 14 日]/http://www.gxcic.net/uap/show News.aspx?id=166618.

续表

地区	分类	单位建筑面积综合能耗[kgce/(m²·a)]	单位建筑面积电耗值[kW·h/(m²·a)]	人均电耗值[kW·h/(人·a)]	单位建筑面积水耗[t/(m²·a)]	人均水耗[t/(人·a)]
湖南省①	办公楼	≤6.1	≤29.43	—	—	—
	教学楼	≤3.2	≤24.41	—	—	—
	实验室	≤4.02	≤31.43	—	—	—
	图书馆	≤0.84	≤20.68	—	—	—
	食堂	≤24.51	≤22.11	—	—	—
	宿舍楼	≤2.94	≤22.78	—	—	—
	体育场(馆)	≤1.05	≤7.55	—	—	—
	其他	≤6.09	≤23.20	—	—	—
浙江省②	本科院校教学楼	3.5	25	—	—	—
	本科院校综合办公楼	6	30	—	—	—
	本科院校文科实验楼	4	35	—	—	—
浙江省	本科院校理工科实验楼	5	35	—	—	—
	本科院校学生生活楼	3	22	—	—	—
	高职院校教学楼	3.5	25	—	—	—
	高职院校综合办公楼	6	30	—	—	—
	高职院校文科实验楼	5	30	—	—	—
	高职院校理工科实验楼	5	35	—	—	—
	高职院校学生生活楼	3	22	—	—	—

---

① 湖南省质量技术监督局网站.普通高校单位综合能耗.综合电耗定额及计算方法(征求意见稿)[2010 年 11 月 26 日]/http://www.czt.gov.cn/lnfo;aspx? id=83068 Model1 d=1.

② 浙江省技术监督局.《普通高等院校单位综合能耗、电耗定额及计算方法》(DB 33/T737-2015).

分析表 6-3 各省区市的用能用水指标形式与定额值,发现主要存在以下几方面的问题。(1)指标形式不尽相同,难以进行对比。例如,北京市高校用能定额指标分为针对综合及理工类高校、文史类高校、单科及其他高校等不同类型,而广西壮族自治区和湖南省则针对不同的校园建筑类型制定定额值。而四川省高校的水电定额不仅根据高校类型进行了分类,还制定了不同建筑类型的定额指标。(2)各地区制定的能耗定额形式或表示方式不尽相同。部分地区的能耗定额用区间表示,如广西壮族自治区的高校建筑单位建筑面积综合能耗小于 $10\text{kgce}/(\text{m}^2 \cdot \text{a})$ 或小于 $7\text{kgce}/(\text{m}^2 \cdot \text{a})$,而部分省市的能耗定额给出一个区间值,如浙江省各类高校建筑的定额值则为 $3\sim6\text{kgce}/(\text{m}^2 \cdot \text{a})$。

6.1.2.3 小结

国内外相关学者对公共建筑能耗定额的指标形式和能耗定额方法进行了大量研究,对校园建筑能耗定额也进行了初步探讨,提出了公共建筑(包括高校建筑)能耗定额的一些方法,并依托部分地区公共建筑及高校建筑能耗数据库,制定了定额限值。但从已有的研究来看,虽然公共建筑能耗定额体系的研究较多且成果也较为丰富,但高校能耗定额研究还存在较多不足,这主要表现在以下几个方面。(1)缺乏科学、统一的高校分类方法及高校建筑分类方法。不同类型的高校能耗特征各不相同,即使同一类型的高校能耗也相差很大;此外,不同类型的高校建筑能耗特征也不一样,能耗相差也很大。这主要是因为高校建筑能耗的影响因素众多,除了当地气候、高校性质、高校规模、学科属性等因素外,也受建筑类型、建筑性能、空调系统形式、使用时间等众多因素影响,因此,对高校及校园建筑进行合理的分类,是开展高校能耗定额制定的基础。(2)当前缺乏科学、合理、统一的高校建筑能耗定额指标体系,各省市、地区、高校间无法进行对比。(3)当前高校能耗定额方法过于简单,需进一步完善。(4)缺乏地区间、高校间建筑能耗数据的共享机制,导致用于校园建筑能耗定额研究的数据不全面,数据质量也有待提升。

6.2 高校建筑能耗影响因素识别

高校建筑用能是一个受多种因素影响的复杂系统,建筑类型多样,用能设备复杂,不同建筑类型用能规律各不相同,其用能情况受当地气象条件、建筑类型、建筑性能、设备性能、运行管理等多种因素的影响。因此,要进行高校建筑能耗定额研究,首先必须理清高校建筑用能的影响因素。本小节基于用能全过程控制的思想,对建筑用能全过程,包括能源采购、设备采购、建筑及设备的运行、维护等各个环节进行梳理,从校园建筑用能结构、建筑性能、用能系统设备性能、建筑及设备运行等方面入手进行分析,梳理并剖析高校校园建筑能源消耗的影响因素。

1. 校园建筑用能结构

不同高校的用能结构因能源政策、能源价格、各地能源资源可及性、终端能耗需求等具体情况的不同而存在差异。我国高校能源类型主要包括电力、天然气、液化石油气、柴油、煤和市政热力等。我国北方地区因冬季进行集中采暖,市政热源多以煤炭和天然气为主,且集中采暖在总能耗中占据较大比例,因此在北方高校中,煤或天然气在能源结构中占据很大比例。而南方高校能源消耗以电力为主。

能源消耗结构受不同的地域资源能源供应条件和政策导向的影响,由此产生的能耗、能源费用、环境污染和碳排放量差别也很大。因此,合理的用能结构是高校节能管理的一项重要因素。地方政府和高校应通过能源审计掌握高校能源结构状况,鼓励其采用环保、高效、经济的能源,大力推进可再生能源利用,进而引导其能源结构向清洁和高效方向发展。

2. 当地气象条件

气象条件是影响建筑能耗的重要因素之一。室外温湿度、风速等都会对建筑能耗产生影响。在这些因素中,以气温对空调能耗的影响最为显著。在进行建筑能耗定额方法制定过程中,进行气象参数,特别是气温参数的修正,是定额方法的重要研究问题之一。

3. 建筑性能

在众多建筑性能参数中,建筑体形系数、围护结构热工性能、窗墙比等参数是进行建筑节能设计需要重点考虑的参数,也是建筑能源审计、能耗定额研究中需要重点考虑的因素。

(1)体形系数。体形系数是影响建筑能耗的重要参数之一。通常在综合传热系数相同的条件下,体形系数越大,说明单位建筑空间的散热面积越大,能耗就越高。研究表明,体形系数每增加 0.01,能耗指标增加 2.5%[1]。高校建筑作为教育类建筑,并不要求建筑体形的标新立异,除一些实验类建筑和场馆类建筑对建筑体形有特殊要求外,其他建筑大多应从降低建筑能耗的角度

---

① 刘雄伟. 夏热冬暖地区公共建筑能耗定额编制方法研究. 重庆大学硕士学位论文,2010.

出发,将体形系数控制在一个合理的水平。

（2）围护结构的热工性能。建筑围护结构的热工性能是影响建筑采暖和空调负荷的重要因素。因此,改善建筑的围护结构性能对降低空调负荷,减少设备装机容量,对降低空调系统运行能耗起着重要作用。高校建筑围护结构材料的传热系数、蓄热性能等参数均需符合国家相关标准。

（3）窗墙比。在建筑围护结构中,窗户的面积大小直接与空调能耗和照明能耗相关。相对于墙体传热系数而言,窗户的传热系数通常较高,因此尽管窗户面积比墙体面积小,但在采暖空调能耗中,因窗户而引起的空调负荷在总负荷中仍占有较大的比重。有研究表明,东、西和北向窗墙比的加大会导致建筑全年供暖、空调总能耗的增加;在夏季采用外窗遮阳和有效夜间通风的条件下,南向窗墙比的加大有利于建筑全年供暖、空调总能耗的降低。① 而对于照明能耗而言,窗户面积较大能有效提高室内照度,有利于降低照明能耗。教学楼、图书馆等高校建筑,对照明需求高,需合理控制窗墙比,以使照明和空调总能耗最小。

4.建筑设备能效

《高等学校校园建筑节能监管系统建设技术导则》将高校建筑分项能耗分为照明插座能耗、空调能耗、动力能耗和特殊设备能耗（如实验设备、炊事设备等）。根据上述分类,本小节分别对照明系统、用能设备（插座用能设备）、空调系统、动力系统和特殊设备用能等的影响因素进行分析。

（1）照明系统

照明能耗除了受到建筑窗墙比等因素的影响,还和照明标准、灯具的效率以及灯具的控制方式直接相关。不同类型的高校建筑,其建筑照明的标准不尽相同。同类建筑中不同功能分区的照明标准也有可能不一样。如表 6-4 所示,教学建筑中,美术教室和普通教室的照度有不同的标准。②

表 6-4　学校建筑照明标准

房间或场所	参考平面及其高度	照度标准值(lx)	UGR	Ra
教室	课桌面	300	19	80
实验室	实验桌面	300	19	80

---

① 廖深瓶,佘乾仲,朱惠英,等.广西国家机关办公建筑能耗定额研究.建筑节能,2012(4).

② 中华人民共和国住房和城乡建设部.《建筑照明设计标准》(GB 50034—2013).北京:中国建筑工业出版社,2013.

续表

房间或场所	参考平面及其高度	照度标准值(lx)	UGR	Ra
美术教室	桌面	500	19	90
多媒体教室	0.75m 水平面	300	19	80
教室黑板	黑板面	500	—	80

注:UGR 为国际照明委员会用于度量处于室内视觉环境中的照明装置发出的光对人眼引起不舒适感主观反映的心理参量;R_a 为照明光源显色指数。

因照明能耗在高校建筑,特别是高校办公建筑、教室、图书馆等类型建筑中的能耗比例较大,因此,注重灯具的效率以及灯具的控制方式就非常重要。当前在各高校的节能改造中,在上述类型建筑中普遍采用节能灯具,并采取房间分区控制、红外感应控制、调光控制等多种控制方式,以实现照明节能。

（2）空调系统

高校建筑中同种类型建筑的空调形式一般都较为接近。例如,宿舍都以分体式空调为主;图书馆以中央空调为主;通常建造年代较早的高校办公建筑多采用分体式空调,而新建的办公建筑以集中式空调为主。

集中式空调系统较为复杂,影响因素较多,系统方案设计的合理程度、主机和水泵等系统设备的效率等都会影响建筑的空调系统能耗,分体式空调主要受性能系数的影响。在高校建筑基本信息统计时,建议统计建筑面积、建筑空调取暖面积、建筑空调类型、空调能效等参数,以便于后续能耗定额分析。

（3）用能设备

此处讨论的用能设备是指经插座取电的用能设备。高校办公楼、科研楼、图书馆、宿舍楼、教学楼的用能设备主要以电脑、打印机、复印机、饮水机、投影仪等为主。学校招待所、宾馆及交流中心的用能设备还包括电视机、小型冰箱等。高校建筑中电脑、打印机等类型用能设备通常使用时间长,待机时间长甚至不关机,因此其能效及待机能耗对总能耗的影响较大。

（4）动力设备

建筑动力设备一般包括水泵、电梯等设备。该部分的能耗除了和设备本身的效率以及控制方式有关,还和建筑本身的设计有关。如,水泵能耗一般与建筑的供水方式和建筑层高有直接关系,电梯能耗一般也与建筑的层高及建筑平面设计(影响电梯安装的数量)有关。

（5）特殊设备

特殊设备一般包括信息中心机房设备、厨房餐厅炊事设备、游泳池热水设备、实验室设备以及大型高能耗密度的科研专用设备等。特殊设备的特点是能耗强度高、能耗占比大。对于科研设备,科研人员及生产厂家往往更多的关注其专业领域的设备性能(如精密度、可靠性等),对其用能强度并不关注,从而导致该部分能耗在校园建筑总能耗中,特别是科研量较大的高校中所占的比重较大。

5. 建筑及设备的运行

(1)建筑内人员移动规律和人员密度

已有研究表明,人员在室内的移动特征、人员密度变化直接影响建筑能耗的变化规律,且建筑人员密度和建筑能耗存在一定的正相关性[①]。

高校建筑类型多样,不同类型高校建筑的人员移动和人员密度等特征也各不相同。而人员在室内移动规律和人员密度大小直接关系建筑供暖空调、照明等能耗,因此掌握各类建筑的人员移动规律及人员密度特征对高校建筑能耗预测和节能运行管理有重要作用。

在各类高校建筑中,对于办公楼,人员移动和人员密度比较容易掌握。而对于高校建筑中占大部分比例的科研楼、教学楼而言,由于存在着无固定使用时段或部分使用的特点,且各房间(空间)人员的随机性很大,因此很难对其各个时间段内的人员密度做出准确估计,必须辅以大量调研掌握其变化特征。或者用一些反映校园建筑使用特征的参数来反映人员在室内的移动规律,例如教学楼可以通过课时量和排课表来间接反映人员移动规律。

(2)建筑及用能设备运行

建筑及用能设备的运行直接影响建筑能耗。建筑设备的用能规律和建筑功能有关,也和建筑使用者的使用习惯有关。不同类型建筑内的用能设备也不一样,其设备的运行规律也不一致。因此,掌握各类高校建筑内用能设备的运行规律,是高校建筑节能运行管理的基础。

(3)舒适度水平

毋庸置疑,室内舒适度水平影响建筑能耗,过高的室内温度需求、新风量需求以及照度需求都会增加能耗。以空调能耗为例,夏季室内设定温度每上调1℃,能节约5%甚至更高的空调能耗[②]。许多省市都出台了相关规定,要求采用集中空调系统的政府办公楼夏季空调温度控制在26℃以上,以此达到节能的目的。

---

① 李骥,邹瑜,魏峥. 建筑能耗模拟软件的特点及应用中存在的问题. 建筑科学,2010,26(2).

② 郭瑞. 公共建筑能耗评价指标体系研究. 湖南大学硕士学位论文,2007.

（4）管理水平

建筑节能的管理主要体现在两方面：一方面是对设备的节能运行操作与维护管理；另一方面是对使用者用能浪费现象的监管。

当建筑投入使用后，用能设备的运行管理会在很大程度上影响建筑能耗。有研究表明，同样一套空调系统，因运行管理水平不同，系统的能耗甚至相差50％以上①。因此，科学的建筑运行调适，对建筑运行节能非常重要。而当前高校后勤人员通常非常缺乏建筑运行调适领域的专业知识，对用能设备性能缺乏了解，设备用能规律也没有掌握，无法对建筑用能设备进行有效调适。

此外，管理者对于能耗浪费现象的监管也十分必要。对于高校类公共建筑，能耗费用通常由学校支付，缺乏日常用能激励制度，因此存在较多的浪费现象。如教学楼是向公众开放多且人员流动性很大的建筑，经常存在人走不关灯、不关空调的情况；部分办公楼或科研楼存在开空调的同时开窗开门现象，而专人巡查可避免该类能耗浪费。对于已安装建筑能耗监测平台或建筑自动化系统的建筑，可以通过平台的智能监控与报警机制，及时发现能耗不合理问题并监督提醒能源浪费现象。

图 6-3 对高校建筑用能的主要影响因素进行了汇总。

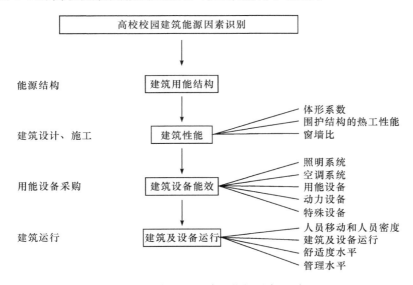

图 6-3　高校校园建筑能耗因素识别

① M. Deru. Energy Savings Modeling and Inspection Guidelines for Commercial Building Federal Tax Deductions［R］. Technical Report NREL/TP-550-40467/［Feb. 01，2007］/http://digital，Cabrary unt. edal ark：/67531/metadc886998/.

6.3 高校能耗定额指标体系的建立

进行高校建筑能耗定额研究,首先需要建立高校校园建筑能耗定额指标体系。科学合理的指标体系,能全面反映不同类型高校以及不同类型高校建筑的能源消费情况、能耗结构等,有助于正确分析其节能潜力,对推进高校开展建筑节能具有重要意义。因理工类、综合类等不同类型高校的校园建筑能耗总量及能耗结构等差异很大,而同一所高校中各类建筑的能耗特征也不尽相同,本节首先建立面向能耗定额的高校分类模型,在此基础上,针对校园和各类典型建筑,分别建立校园综合性能耗指标体系和典型建筑能耗指标体系。

6.3.1 高校能耗定额指标体系的制定原则

1.系统性原则。学校用能定额指标体系是一个复杂的系统,不仅学校所处的地理位置会影响其校内建筑的能耗,高校的属性、科研能力、科研经费投入等也会影响高校建筑的能耗。此外,不同类型的建筑,如办公楼、教学楼等均有各自的能耗特点。因此,首先应将学校作为一个系统进行考虑。能耗指标体系由一定层次结构的指标组成,各指标表达了不同层次指标的从属关系和相互作用关系,全面反映学校的用能特性。

2.科学性原则。高校能耗定额指标体系和指标定额值的设定应科学合理,评价结果具有准确性和可靠性。建筑能耗评价的用途之一就是作为管理部门的工具进行节能监管,能耗指标定额值的设定应当具有引导性和可及性,既能建立各类建筑用能的节能目标,也要确保能有大部分建筑达到目标定额值。

3.多维度、全方位原则。建筑能耗评价体系不仅要包含建筑能耗总量的指标,也要从建筑能效的角度出发,全方位的对能耗进行考量。并且应以发现用能问题为导向,充分发挥能耗监测平台的作用,对建筑分项能耗、分时能耗进行多维度和全方位的评价。

4.可操作性原则。建筑能耗定额指标应具有较强的可操作性,用于统计建筑能耗定额的各项数据来源应易于统计,易于获得;能耗统计的方法和技术应被全国大部分的高校方便采用。

6.3.2 面向能耗定额的高校分类模型

高校能源使用受多种因素的影响。不同气候条件下的高校能耗量和能源结构差异很大。不同类型的高校,如文科类高校、综合类高校等,因其所拥有的学科院系性质不同,日常教学科研工作也有所差别,其能耗量也相差很大,且能耗特征也各不相同。因此,要对校园总能耗进行定额研究,首先需要对各高校进行科学合理分类。

当前已有学者对高校类型研究展开了相关探讨。例如,针对 1978 年以后我国高等教育发展过程中的实际情况,提出了一种新的大学分类标准,提出将大学的类型分成类和型两部分。类反映大学的学科特点,现有大学分为综合类、文理类、理科类、文科类、理学类、工学类、农学类、医学类、法学类、文学类、管理类、体育类、艺术类等 13 类。型表现大学的科研规模,按科研规模的大小,现有大学分为研究型、研究教学型、教学研究型、教学型 4 种。每个大学的类型由上述类和型两部分组成,类在前型在后①。例如:按各学科比例情况,北京大学属于综合类,按科研规模,北京大学属于研究型,故北京大学的类型是综合类研究型,简称综合研究型。再如:按各学科比例情况,清华大学属于工学类,按科研规模,清华属于研究型,故清华大学的类型是工学类研究型,简称工学研究型。

参考上述高校分类方法,结合高校能耗的气候性特点,构建高校分类模型如图 6-4 所示。将高校所处的气候区作为第一级分类依据。依照《公共建筑节能设计标准》(GB50189-2005)中的建筑气候分区,将高校分为严寒地区、寒冷地区、夏热冬冷地区、夏热冬暖地区和温暖地区共五类气候区划下的高校。将学校属性即学科特点作为第二级分类依据,将高校分为综合类院校、文理类院校、理科类院校、文科类院校、理学类院校、工学类院校、农学类院校、医学类院校、法学类院校、文学类院校、管理类院校、体育类院校、艺术类院校等 13 类。将学校的科研规模作为第三级的分类依据,将高校分为研究型院校、研究教学型院校、教学研究型院校和教学型院校 4 类。

按照上述层次结构,可对不同气候区、不同学校属性、不同科研规模的高校进行分类来构建能耗定额指标体系。

6.3.3　校园综合性能耗指标体系

掌握高等学校校园建筑能源消耗的总体情况,并合理限定其消耗总量,符合我国"十三五"期间的节能减排国家战略。对校园总能耗进行研究,建立高等学校校园建筑综合性能耗指标体系,是校园建筑能耗定额的主要研究内容

---

① 武书连. 再探大学分类. 中国高等教育评估,2002(4).

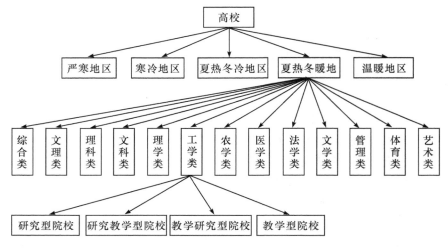

图 6-4　高校分类模型

之一。为了便于比较,建议采用能耗强度来表示各高校的能源消耗水平,目前国内较为主流的综合性能耗强度指标形式主要有以下三种。

一是根据建筑规模制定的能耗强度指标。最常见的指标形式是单位建筑面积能耗指标。由于建筑面积是可以有效获取的基本信息,该指标也是目前使用最广泛的指标形式,可操作性强,具有广泛的适用性。

二是根据建筑服务对象或产生服务数量制定的能耗强度指标,即采用单位服务对象或服务数量能耗指标。最常见的指标形式是人均能耗指标或单位时间能耗指标。不同类型的建筑,服务对象表现形式不同,导致指标形式也有差异。采用单位服务对象能耗指标,可以有效地评价人均建筑能耗消费行为,但对于人数不易统计的建筑而言,此项指标操作性较差。

三是从建筑能源经济效率角度考虑的能耗指标形式,即根据建筑的产值对建筑能耗进行评价。例如,根据宾馆营业额,提出单位营业额的能源消耗。根据高校科研经费,提出单位科研经费能源消耗量,不同类型建筑该项指标的形式差异较大。该指标对经济效益高的单位较有利,反之,对于经济效益低的单位是不利的。

综合高校校园能耗总体特点,本研究将人均年能耗、单位建筑面积年能耗作为高校能耗的基本评价指标。此外,在我国《高等学校校园建筑节能监管系统建设技术导则》中,需要按校园建筑设施中不同用能系统进行分类采集和统计其能耗数据,包括空调用电、照明插座用电、动力用电等,故将其分项能耗的指标值也作为高校用能系统的基本评价指标。高校综合性能耗强度指标体系如表 6-5 所示。按照学校的分类模型分别构建用能指标体系,运用表中的 12 项指标对学校整体用能进行限值规定,便于各高校间进行能耗对比,挖掘高校自身的节能潜力。

表 6-5　校园综合性能耗指标体系

序号	指标名称	指标计算	单位
1	人均年能耗量	全年总能耗量/全年使用人次(人数)	kgce/(人·a)
2	单位建筑面积年能耗量	全年总能耗量/建筑面积	kgce/(m²·a)
3	人均年耗电量	全年总耗电量/全年使用人次(人数)	kW·h/(人·a)
4	单位建筑面积年耗电量	全年总耗电量/建筑面积	kW·h/(m²·a)
5	人均年空调耗电量	全年空调用电量/全年使用人次(人数)	kW·h/(年·人)
6	单位建筑面积年空调耗电量	全年空调用电量/建筑面积	kW·h/(m²·a)
7	人均年照明和插座耗电量	全年照明和插座用电量/全年使用人次(人数)	kW·h/(人·a)
8	单位建筑面积年照明和插座耗电量	全年照明和插座用电量/建筑面积	kW·h/(m²·a)
9	人均年动力耗电量	全年动力用电量/全年使用人次(人数)	kW·h/(人·a)
10	单位建筑面积年动力耗电量	全年动力用电量/建筑面积	kW·h/(m²·a)
11	人均年特殊用电耗电量	全年特殊用电量/全年使用人次(人数)	kW·h/(人·a)
12	单位建筑面积年特殊用电耗电量	全年特殊用电量/建筑面积	kW·h/(m²·a)

6.3.4　高校典型建筑能耗指标体系

不同功能类型的校园建筑,其用能特征不同。因此,如果需要对高校建筑进行更精细化的用能管理,不同功能类型的建筑能耗定额显得尤为重要,校园综合性能耗指标体系用于评价高校总体用能,而不同类型的建筑能耗定额指标,方便校园建筑规划、设计、建设与管理者有针对性地开展校园建筑节能相关工作。

首先,以高校建筑的使用功能作为一级分类依据,根据《高等学校校园节能监管系统建设技术导则》,将高校建筑分为 13 类建筑,分别为:行政办公建筑、图书馆建筑、教学楼建筑、科研楼建筑、综合楼建筑、场馆类建筑、食堂餐厅、学生集中浴室、学生宿舍、大型或特殊实验室、医院、交流中心(包括招待所、宾馆)及其他建筑。

由于人均能耗、单位建筑面积能耗是国内公共建筑常用的能耗指标形式,因此将其作为各类典型高校建筑的基本评价指标。此外,在我国《高等学校校园建筑节能监管系统建设技术导则》中,需要按校园建筑设施中不同用能系统进行分类能耗统计,包括空调用电、照明插座用电、动力用电、特殊用电等,故将上述分项能耗的指标值也作为高校典型建筑的基本能耗指标。但由于不同功能的建筑有各自的用能特征,需要对建筑进行二次分类和细化,建立更为细致、反映不同类型建筑能耗特点的指标体系,本章对主要的几类校园建筑进行具体的指标分析。

1. 行政办公建筑

行政办公建筑是学校机关、院系行政部门办公的场所,由于行政办公楼隶属的层次与机构不同,本章首先根据行政办公建筑的使用单位进行二次分类,主要分为:校级行政机关办公楼、院系行政办公楼及其他办公楼三类。因行政办公楼的用能与人员密度息息相关,而办公人数一般较为稳定,故单位建筑面积能耗采用人均能耗指标形式进行评价;此外,办公楼的用能与办公时间相关联,而办公时间存在明显的寒暑假规律,故将指标细化为月人均能耗,不仅能用于同类建筑能耗对比、相同建筑历史同期能耗对比,同时也利于管理单位评价建筑在总体样本中的能耗水平以及建筑自身节能工作改进空间,更有助于管理单位的细化管理,如及时发现节假日用能浪费现象等。

行政办公建筑的能耗主要包括照明能耗、空调能耗和设备能耗,将这三类分项能耗指标也构建在内,行政办公建筑的能耗指标形式如表 6-6 所示。

表 6-6　行政办公建筑能耗指标形式

分类	指标名称	指标计算	指标单位
校级行政机关办公楼	人均年能耗	全年总能耗/全年使用人次(人数)	kW·h/(人·a)
	人均月能耗	全月能耗/全月使用人次(人数)	kW·h/(月·人)
	人均月照明能耗	全月照明能耗/全月使用人次(人数)	kW·h/(月·人)
	人均月空调能耗	全月空调能耗/全月使用人次(人数)	kW·h/(月·人)
	人均月设备能耗	全月办公设备能耗/全月使用人次(人数)	kW·h/(月·人)
院系行政办公楼	人均年能耗	全年总能耗/全年使用人次(人数)	kW·h/(人·a)
	人均月能耗	全月能耗/全月使用人次(人数)	kW·h/(月·人)
	人均月照明能耗	全月照明能耗/全月使用人次(人数)	kW·h/(月·人)
	人均月空调能耗	全月空调能耗/全月使用人次(人数)	kW·h/(月·人)
	人均月设备能耗	全月办公设备能耗/全月使用人次(人数)	kW·h/(月·人)

续表

分类	指标名称	指标计算	指标单位
其他办公楼	人均年能耗	全年总能耗/全年使用人次（人数）	kW·h/(人·a)
	人均月能耗	全月能耗/全月使用人次（人数）	kW·h/(月·人)
	人均月照明能耗	全月照明能耗/全月使用人次（人数）	kW·h/(月·人)
	人均月空调能耗	全月空调能耗/全月使用人次（人数）	kW·h/(月·人)
	人均月设备能耗	全月办公设备能耗/全月使用人次（人数）	kW·h/(月·人)

2.教学楼建筑

　　教学楼是学生开展教学活动和学生自习的场所。目前，国内大学校园的教室均配置有投影仪、电脑等教学设备,部分高校的教学建筑安装了空调以改善教室内的热湿环境,因此为体现能耗指标的公平性原则,本研究将教学建筑分为安装空调设备的教学楼建筑和未安装空调设备的教学楼建筑两类。

　　教学楼建筑的建筑面积都较易统计,但人数不易统计。因此可采用单位建筑面积指标,教学楼的主要功能是为教学授课服务,因此对于有条件的学校,也可以采用单位课时量指标进行评价。教学楼能耗主要集中在照明能耗和空调能耗上。其中照明和空调虽为个人控制,但是通常教学楼会有人巡查,因此学校节能管理水平对教学楼的能耗影响较大。采用分项能耗指标进行评价有利于学校的用能管理,有利于调节教学楼的照明和空调设备的使用情况。教学建筑的能耗指标形式如表6-7所示。

表6-7　教学建筑能耗指标形式

分类	指标名称	指标计算	指标单位
安装空调设备的教学建筑	单位建筑面积年能耗	全年总能耗/建筑面积	kW·h/(m²·a)
	单位课时量学年能耗	全年总能耗/百课时	kW·h/(百课时·a)
	单位建筑面积年照明插座能耗	全年照明插座总能耗/建筑面积	kW·h/(m²·a)
	单位建筑面积年空调能耗	全年空调总能耗/建筑面积	kW·h/(m²·a)
	单位建筑面积年设备能耗	全年设备总能耗/建筑面积	kW·h/(m²·a)
未安装空调设备的教学建筑	单位建筑面积年能耗	全年总能耗/建筑面积	kW·h/(m²·a)
	单位课时量学年能耗	全年总能耗/百课时	kW·h/(百课时·a)
	单位建筑面积年照明插座能耗	全年照明插座总能耗/建筑面积	kW·h/(m²·a)
	单位建筑面积设备明能耗	全年其他设备总能耗/建筑面积	kW·h/(m²·a)

3.科研楼建筑

科研楼的建筑能耗主要包括:照明、暖通空调、办公设备等日常办公能耗以及科研仪器设备能耗。从科研仪器的配置看,不同学科配置的科研设备差异较大,学科差异大的科研楼不适合直接比较,故此需增加学科属性分类。本研究按学科属性分为五类:人文社科、医学、农学、理学、工学。且医学、农学、工学类科研楼有部分实验用电能耗,故须此类科研楼须增加其他用电能耗指标。此外,科研经费是衡量科研体量的重要指标,也是导致科研能耗产生差异的主要因素,故在基本能耗评价指标的基础上增加单位科研经费指标。具体的指标形式如表6-8所示。

表 6-8　科研楼建筑能耗指标形式

分类	指标名称	指标计算	指标单位
人文社科类科研楼建筑	单位建筑面积年能耗	全年总能耗/建筑面积	kW·h/(m²·a)
	人均年能耗	全年总能耗/全年使用人次(人数)	kW·h/(人·a)
	单位建筑面积年照明和插座能耗	全年照明和插座总能耗/建筑面积	kW·h/(m²·a)
	人均年照明和插座能耗	全年照明和插座总能耗/全年使用人次(人数)	kW·h/(人·a)
	单位建筑面积年空调能耗	全年空调总能耗/建筑面积	kW·h/(m²·a)
	人均年空调能耗	全年空调总能耗/全年使用人次(人数)	kW·h/(人·a)
	单位科研经费年能耗	全年能耗/全年科研经费	kW·h/(年·万元)
	单位科研经费年能耗	全年照明能耗/全年科研经费	kW·h/(年·万元)
	单位科研经费年空调能耗	全年空调能耗/全年科研经费	kW·h/(年·万元)
医学类科研楼建筑	单位建筑面积年能耗	全年总能耗/建筑面积	kW·h/(m²·a)
	人均年能耗	全年总能耗/全年使用人次(人数)	kW·h/(人·a)
	单位建筑面积年照明和插座能耗	全年照明和插座总能耗/建筑面积	kW·h/(m²·a)
	人均年照明和插座能耗	全年照明和插座总能耗/全年使用人次(人数)	kW·h/(人·a)
	单位建筑面积年空调能耗	全年空调总能耗/建筑面积	kW·h/(m²·a)

续表

分类	指标名称	指标计算	指标单位
	人均年空调能耗	全年空调总能耗/全年使用人次（人数）	kW·h/(人·a)
	单位建筑面积年特殊能耗	全年特殊总能耗/建筑面积	kW·h/(m²·a)
	人均年特殊能耗	全年特殊总能耗/全年使用人次（人数）	kW·h/(人·a)
	单位科研经费年能耗	全年能耗量/全年科研经费	kW·h/(年·万元)
	单位科研经费年照明和插座能耗	全年照明和插座能耗/全年科研经费	kW·h/(年·万元)
	单位科研经费年空调耗能	全年暖通空调能耗/全年科研经费	kW·h/(年·万元)
农学类科研楼建筑	单位建筑面积年能耗	全年总能耗/建筑面积	kW·h/(m²·a)
	人均年能耗	全年总能耗/全年使用人次（人数）	kW·h/(人·a)
	单位建筑面积年照明和插座能耗	全年照明和插座总能耗/建筑面积	kW·h/(m²·a)
	人均年照明和插座能耗	全年照明和插座总能耗/全年使用人次（人数）	kW·h/(人·a)
	单位建筑面积年空调能耗	全年空调总能耗/建筑面积	kW·h/(m²·a)
	人均年空调能耗	全年空调总能耗/全年使用人次（人数）	kW·h/(人·a)
	单位建筑面积年特殊能耗	全年特殊总能耗/建筑面积	kW·h/(m²·a)
	人均年特殊能耗	全年特殊总能耗/全年使用人次（人数）	kW·h/(人·a)
	单位建筑科研经费年能耗	全年能耗/全年科研经费	kW·h/(年·万元)
	单位科研经费年照明和插座能耗	全年照明和插座能耗电量/全年科研经费	kW·h/(年·万元)
	单位建筑科研经费年空调能耗	全年暖通空调能耗/全年科研经费	kW·h/(年·万元)
理学类科研楼建筑	单位建筑面积年能耗	全年总能耗/建筑面积	kW·h/(m²·a)
	人均年能耗	全年总能耗/全年使用人次（人数）	kW·h/(人·a)
	单位建筑面积年照明和插座能耗	全年照明和插座总能耗/建筑面积	kW·h/(m²·a)
	人均年照明和插座能耗	全年照明和插座总能耗/全年使用人次（人数）	kW·h/(人·a)

续表

分类	指标名称	指标计算	指标单位
理学类科研楼建筑	单位建筑面积年空调能耗	全年空调总能耗/建筑面积	$kW \cdot h/(m^2 \cdot a)$
	人均年空调能耗	全年空调总能耗/全年使用人次(人数)	$kW \cdot h/(人 \cdot a)$
	单位科研经费年能耗	全年能耗/全年科研经费	$kW \cdot h/(年 \cdot 万元)$
	单位科研经费年照明和插座能耗	全年照明和插座能耗/全年科研经费	$kW \cdot h/(年 \cdot 万元)$
	单位科研经费年空调能耗	全年空调能耗/全年科研经费	$kW \cdot h/(年 \cdot 万元)$
工学类科研楼建筑	单位建筑面积年能耗	全年总能耗/建筑面积	$kW \cdot h/(m^2 \cdot a)$
	人均年能耗	全年总能耗/全年使用人次(人数)	$kW \cdot h/(人 \cdot a)$
	单位建筑面积年照明和插座能耗	全年照明和插座总能耗/建筑面积	$kW \cdot h/(m^2 \cdot a)$
	人均年照明和插座能耗	全年照明和插座总能耗/全年使用人次(人数)	$kW \cdot h/(人 \cdot a)$
	单位建筑面积年空调能耗	全年空调总能耗/建筑面积	$kW \cdot h/(m^2 \cdot a)$
	人均年空调能耗	全年空调总能耗/全年使用人次(人数)	$kW \cdot h/(人 \cdot a)$
	单位建筑面积年特殊能耗	全年特殊总能耗/建筑面积	$kW \cdot h/(m^2 \cdot a)$
	人均年特殊能耗	全年特殊总能耗/全年使用人次(人数)	$kW \cdot h/(人 \cdot a)$
	单位建筑科研经费年能耗	全年能耗量/全年科研经费	$kW \cdot h/(年 \cdot 万元)$
	单位科研经费年照明和插座能耗	全年照明和插座能耗/全年科研经费	$kW \cdot h/(年 \cdot 万元)$
	单位科研经费年暖通空调能耗	全年暖通空调能耗/全年科研经费	$kW \cdot h/(年 \cdot 万元)$

4.宿舍楼建筑

学生宿舍通常为多层建筑,除少数留学生宿舍外,大部分学生宿舍为2～6人集体居住形式。学生宿舍类建筑的建筑面积和人数(即床位数)都较易统计,每学期人数的变化也较小,可采用单位建筑面积和人均能耗的指标形式。学生宿舍能耗主要为宿舍照明、用能设备、空调及生活热水。而大多数高校对本科生、研究生和留学生实行不同的用电管理制度,如本科生宿舍在晚上一般实行熄灯制度保证学生的休息时间,而研究生和留学生宿舍则通宵供电。因此,本研究将宿舍楼建筑用能分为本科生、研究生和留学生三类制定能耗指标体系。具体如表6-9所示。

表6-9 宿舍楼建筑能耗指标形式

分类	指标名称	指标计算	指标单位
本科生宿舍楼	单位建筑面积年能耗	全年总能耗/建筑面积	kW·h/(m²·a)
	人均年能耗	全年总能耗/全年使用人次(人数)	kW·h/(人·a)
	单位建筑面积年照明和插座能耗	全年照明和插座总能耗/建筑面积	kW·h/(m²·a)
	人均年照明和插座能耗	全年照明和插座总能耗/全年使用人次(人数)	kW·h/(人·a)
	单位建筑面积年空调能耗	全年空调总能耗/建筑面积	kW·h/(m²·a)
	人均年空调能耗	全年空调总能耗/全年使用人次(人数)	kW·h/(人·a)
	单位建筑面积热水能耗	全年热水总能耗/建筑面积	kW·h/(m²·a)
	人均热水能耗	全年热水总能耗/全年使用人数	kW·h/(人·a)
研究生宿舍楼	单位建筑面积年能耗	全年总能耗/建筑面积	kW·h/(m²·a)
	人均年能耗	全年总能耗/全年使用人次(人数)	kW·h/(人·a)
	单位建筑面积年照明和插座能耗	全年照明和插座总能耗/建筑面积	kW·h/(m²·a)
	人均年照明和插座能耗	全年照明和插座总能耗/全年使用人次(人数)	kW·h/(人·a)
	单位建筑面积年空调能耗	全年空调总能耗/建筑面积	kW·h/(m²·a)
	人均年空调能耗	全年空调总能耗/全年使用人次(人数)	kW·h/(人·a)
	单位建筑面积热水能耗	全年热水总能耗/建筑面积	kW·h/(m²·a)
	人均热水能耗	全年热水总能耗/全年使用人数	kW·h/(人·a)
留学生宿舍楼	单位建筑面积年能耗	全年总能耗/建筑面积	kW·h/(m²·a)
	人均年能耗	全年总能耗/全年使用人次(人数)	kW·h/(人·a)
	单位建筑面积年照明和插座能耗	全年照明和插座总能耗/建筑面积	kW·h/(m²·a)
	人均年照明和插座能耗	全年照明和插座总能耗/全年使用人次(人数)	kW·h/(人·a)
	单位建筑面积年空调能耗	全年空调总能耗/建筑面积	kW·h/(m²·a)
	人均年空调能耗	全年空调总能耗/全年使用人次(人数)	kW·h/(人·a)
	单位建筑面积热水能耗	全年热水总能耗/建筑面积	kW·h/(m²·a)
	人均热水能耗	全年热水总能耗/全年使用人数	kW·h/(人·a)

5. 图书馆建筑

　　大学校园图书馆是学校的标志性建筑,具有开放时段长、利用率高、对环境品质要求高等特点。图书馆能耗主要集中在照明、空调以及办公设备上。这些设备大多为大楼管理人员控制,能耗水平与管理水平有很大关系。

　　图书馆的建筑面积和使用时间都较易统计,开放时间较为固定且有规律,但人员流动性较大,全年人流量不易统计。可采用单位建筑面积指标能耗指标。图书馆的主要功能是为图书借阅,为学生提供自习和阅读空间,几乎所有图书馆都设置大量的自修与阅读区域,因此也可以单位借阅量和单位自习座位数能耗指标进行评价。具体的指标形式如表 6-10 所示。

表 6-10　图书馆建筑能耗指标形式

指标名称	指标计算	指标单位
单位建筑面积年能耗	全年总能耗/建筑面积	$kW \cdot h/(m^2 \cdot a)$
单位座位年能耗	全年总能耗/座位数	$kW \cdot h/($年·座$)$
单位建筑面积年照明和插座能耗	全年照明和插座总能耗/建筑面积	$kW \cdot h/(m^2 \cdot a)$
单位座位照明和插座年能耗	全年照明和插座总能耗/座位数	$kW \cdot h/($年·座$)$
单位建筑面积年空调能耗	全年空调总能耗/建筑面积	$kW \cdot h/(m^2 \cdot a)$
单位座位空调年能耗	全年空调总能耗/座位数	$kW \cdot h/($年·座$)$

6. 食堂餐厅

　　食堂能耗指标用于评价高校食堂餐厅的用能水平。食堂类建筑的能耗量与其建筑形式、空调类型、营业规模、使用人数和使用强度相关性较强,因此食堂的能耗定额指标选取单位建筑面积,单位就餐人数(人均)和单位营业额指标形式。具体如表 6-11 所示。

表 6-11　食堂餐厅能耗指标体系

指标名称	指标计算	指标单位
单位建筑面积年能耗	全年总能耗/建筑面积	$kW \cdot h/(m^2 \cdot a)$
人均年能耗	全年总能耗/全年使用人次(人数)	$kW \cdot h/($人·a$)$
单位建筑面积年照明和插座能耗	全年照明和插座总能耗/建筑面积	$kW \cdot h/(m^2 \cdot a)$
人均年照明和插座能耗	全年照明和插座总能耗/ 全年使用人次(人数)	$kW \cdot h/($人·a$)$

续表

指标名称	指标计算	指标单位
单位建筑面积年空调能耗	全年空调总能耗/建筑面积	$kW \cdot h/(m^2 \cdot a)$
人均年空调能耗	全年空调总能耗/全年使用人次（人数）	$kW \cdot h/(人 \cdot a)$
人均年特殊能耗	全年特殊总能耗/全年使用人次（人数）	$kW \cdot h/(人 \cdot a)$
单位建筑面积年特殊能耗	全年特殊总能耗/建筑面积	$kW \cdot h/(m^2 \cdot a)$
单位营业额年度能耗	全年能耗/年营业额	$kW \cdot h/(年 \cdot 万元)$
单位营业额年照明能耗	全年照明能耗/年营业额	$kW \cdot h/(年 \cdot 万元)$
单位营业额年空调能耗	全年空调能耗/年营业额	$kW \cdot h/(年 \cdot 万元)$
单位营业额年特殊能耗	全年特殊能耗/年营业额	$kW \cdot h/(年 \cdot 万元)$

6.4　高校建筑能耗定额方法

关于建筑能耗定额方法的建立,已有相关学者和研究机构进行了大量的研究与探索。Sartor 等学者将能耗定额方法分为 4 类,即:统计分析方法、基于分值的评估体系、基于模型的模拟评价和分级末端能耗指标。[①] 曹勇等人提出公共建筑能耗基准的确定方法,从建筑比较的角度考虑可以分为两类:建立在大量能耗统计数据基础之上的多栋建筑的横向比较方法,包括多元线性回归方法、人工智能方法和数据挖掘算法等;应用于单栋建筑的纵向比较方法,包括建筑能耗模拟方法、建筑能耗分值评估方法和用能设备分级末端性能评价方法等。[②] 刘雄伟等人也将公共建筑能耗定额值的方法分为两种:一是基于历史能耗数据的统计分析法(如平均值法、二次平均法、统计趋势法、排序法、回归分析法、定额水平法等);一是基于建筑技术现状与使用现状的技术测算法。[③] 前者得到统计定额值,而后者即为技术定额值(统计定额是指以样本

---

①　Satkartar Kinney，Mary Ann Piette. Development of a California Commercial Building Benchmarking Database. California Energy Commission Public Interest Energy Research Program,2002(5).

②　曹勇,康一亭,曹旭明,等.公共建筑能耗基准确定方法与研究现状.建筑科学,2011(10).

③　刘雄伟.夏热冬暖地区公共建筑能耗定额编制方法研究.重庆大学硕士学位论文,2010.

建筑统计数据为基础,使用统计分析法确定的建筑基本能源需求和高标准能源需求,技术定额是指以标准建筑为基础,使用技术分析法确定的基本和高标准建筑能源需求)。综合当前各类方法,可将建筑能耗定额制定的方法分为应用于多栋建筑的统计分析法和应用于单栋建筑的能耗模拟方法。

6.4.1　应用于多栋建筑的统计分析法

多栋建筑能耗定额的统计分析方法是基于大量能耗统计数据的数理统计分析方法,包括简单的取标准化数值,如取单位建筑面积能耗的平均值或四分位值或二次平均值等作为能耗定额;有根据累计概率分布取值的定额水平法;有复杂的人工智能方法、数据挖掘方法、多元线性回归方法等。

（1）简单的数理方法

其包括平均值法、二次平均法、趋势分析法、排序法。平均值法以样本数据的平均值作为能耗基准。二次平均法建立在平均值法的基础上,采用多次平均的一种统计定额方法。趋势分析法根据建筑能耗的历史数据,分析其随时间的变化规律和发展趋势,从而测算出建筑的能耗基准。排序法是根据建筑能耗统计结果,将各类建筑按能耗强度从低到高的顺序排列,分别找出下四分位数、中位数、上四分位数,并将上四分位数确定为该类建筑的能耗定额值,超过该值 25% 的建筑即为超标建筑[①]。

（2）定额水平法

在统计分析方法中,定额水平是利用数理统计方法对研究对象进行统计分析,确定研究对象的概率分布函数,再根据实际情况确定一个合适的定额水平,以此测算定额水平对应的定额值。根据确定的定额水平的不同,可以得到一组不同的定额值。可见,定额水平法可以根据实际情况适时调整定额水平值,以确定与当地建筑节能技术、经济社会发展水平相适应的建筑能耗定额值。

（3）回归分析法

国内外应用较多的是回归分析法。回归分析法将能耗与其主要影响因素进行归一化处理,是简化了的能耗计算模型,通过选择性地把部分次要能耗影响因素剔除,从而使得主要影响因素的作用能够在能耗回归公式中得到充分

---

① Satkartar Kinney，Mary Ann Piette. Development of a California Commercial Building Benchmarking Database. California Energy Commission Public Interest Energy Research Program，2002(5).

的体现。[①]

基于建筑能耗统计、调查等方式收集得到的建筑能耗样本数据,采用多元线性回归分析方法,建立如下建筑用能定额指标模型:

$$Y_j = \beta_0 + \sum_{j=1}^{n} X_{j,i} \cdot \beta_j \tag{6.1}$$

式中:Y 代表因变量,为建筑能耗;$X_j(j=1,2\cdots n)$ 代表第 j 个自变量,为影响建筑能耗的客观因素;$\beta_j(j=1,2\cdots n)$ 称为偏回归系数,分别代表第 j 个自变量每变化一个单位时,因变量 Y 的平均增量。

为了更直观地表示各个客观因素对建筑能耗的影响,对式(6.1)进行下列变换:

$$Y_i = \sum_{j=1}^{n} (X_{j,i} - \overline{X}_j)\beta_j + Y_0 \tag{6.2}$$

式中,$\overline{X}_j(j=1,2\cdots n)$ 代表自变量的向本平均值,Y_0 代表当影响建筑能耗的各个客观因素取样本平均值时,除客观因素外其他因素引起的建筑能耗的社会平均值。通常采用单位建筑面积能耗指标来表征建筑用能水平,即:

$$EUI(X_i) = Y_i / A_i \tag{6.3}$$

当 X_i 取值为 $\overline{X}_i$,对应的 $EUI(\overline{X}_i)$ 为该类建筑单位建筑面积能耗平均值。

对于任一影响建筑能耗的客观因素 X_j,当其他客观因素取值为样本平均值时,寻求 X_j 在范围 $[X_{jmin},X_{jmax}]$ 内取值使得达到最大。此时,对应的 $max\{EUI(\overline{X}_k)\}$ 与 $EUI(\overline{X}_k)$ 的差值与 $EUI(\overline{X}_k)$ 的比值定义为因素 X_j 的能耗指标修正系数 C_j,即:

$$C_j = max\{EUI(X_j)\} / EUI(\overline{X}_k) - 1 \tag{6.4}$$

$$X_{j_i}[X_j^{max}, X_j^{max}], X_i = j = \overline{X}_{i=j} \tag{6.5}$$

将所考虑的客观因素的修正系数相加,并与 $EUI(\overline{X}k)$ 相乘得到:

$$EUI_b = [\sum_{j=1}^{n} C_i + 1] EUI(\overline{X}_k) \tag{6.6}$$

对于同一类型的建筑,其实际用能水平不应高于考虑到客观因素修正后的最大单位建筑面积能耗值 EUI_b[②]。

(4) 聚类分析法

① 廖深瓶,佘乾仲,朱惠英,等. 广西国家机关办公建筑能耗定额研究. 建筑节能,2012(4).

② Satkartar Kinney, Mary Ann Piette. Development of a California Commercial Building Benchmarking Database. California Energy Commission Public Interest Energy Research Program,2002(5).

聚类分析是研究样本或变量分类的一种多元统计方法。根据高校建筑总能耗量或者是各分项能耗量的大小将各个高校建筑进行聚类,将各高校建筑根据其能耗量大小分成不同的分组。根据各分组建筑的数量及能耗情况,结合当前技术发展水平和节能要求,制定各类建筑总能耗量基准值或各分项能耗量定额值。

其基本思想:我们所研究的样品(建筑)或指标(能耗量)之间存在程度不同的相似性(亲疏关系——以样品间距离衡量),于是根据一批样品的观测指标,具体找出一些能够度量样品或指标之间相似程度的统计量,以这些统计量为划分类型的依据。把一些相似程度较大的样品(或指标)聚合为一类,把另外一些彼此之间相似程度较大的样品(或指标)聚合为另一类,直到把所有的样品(或指标)聚合完毕,这就是分类的基本思想。从统计学的观点看,聚类分析是通过数据建模简化数据的一种方法。传统的统计聚类分析方法包括系统聚类法、分解法、加入法、动态聚类法、有序样品聚类、有重叠聚类和模糊聚类等。采用 k-均值、k-中心点等算法的聚类分析工具已被加入到许多著名的统计分析软件包中,如 SPSS、SAS 等。

(5)其他数据挖掘方法

此外,也有部分学者运用较为复杂的神经网络法、决策树法等数据挖掘方法进行能耗定额的研究。

1. 神经网络法[①]

人工神经网络(ANN)是目前国际上发展迅速的前沿交叉学科,它是模拟生物神经结构的新型理论。ANN 的研究始于 20 世纪 40 年代初,目前已被广泛应用于工程技术的各个领域,如非线性建模、模式识别、自动控制、信号处理、辅助决策、人工智能等等。ANN 具有如下特点:(1)以任意精度逼近任意复杂的非线性函数的特性;(2)具有很强的适应于复杂环境和满足多目标控制要求的自学能力;(3)所有定量或定性信息都分布储存于网络内的各个神经单元,而且每个神经元实际上存储着不同信息的部分内容,即网络有冗余性,从而具有很强的容错性;(4)采用信息的分布式并行处理,可以快速地进行大量计算。

神经元是人工神经网络最基本的组成部分,人工神经网络就是:由大量的、简单的处理单元(或称神经元)广泛地相互连接而形成的复杂网络系统。

①　李国帅.夏热冬暖地区公共建筑能耗定额分类模型及标准建筑的研究.重庆大学硕士学位论文,2010.

它能反映人脑功能的许多基本特征:如学习、归纳和分类等。

基于误差反向传播(Back Propagation)算法的多层前馈网络(简称 BP 神经网络)是目前比较成熟的人工神经网络。误差反向传播算法,即 BP 算法是一种有教师指导的 δ 率学习算法。首先对每一种输入模式设定一个期望输出值,然后对网络输入实际的学习记忆模式,并由输入层经隐含层向输出层传播,此过程称为"模式顺传播"。实际输出与期望输出的差即是误差。按照误差平方最小这一规则,由输出层往隐含层逐层修正连接权值和阈值,此过程称为"误差逆传播"。随着"模式顺传播"和"误差逆传播"过程的交替反复进行,不断调整网络的权值和阈值,使得误差信号最小,最终使网络的实际输出逐渐向各自所对应的期望输出逼近。标准的 BP 神经网络模型由三类神经元组成,即输入层、输出层和隐含层(一个或多个)。图 6-5 反映了 BP 神经网络模型的基本结构。

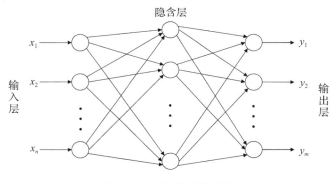

图 6-5　BP 神经网络模型

输入层:输入层的作用是将输入向量导入神经网络。输入层神经元节点的数目通常等于输入向量 $X=[x_1,x_2,\ldots x_n]^T$ 的空间维数 n。这些节点平行排列,每个节点对应于输入向量中的一个元素。在输入层内,各节点之间通常互相独立,不存在联系。但每个节点都与下一层(隐含层)的各个节点相联系。如输入层第 i 个神经元节点与隐含层第 j 个神经元节点之间的权值为 w_{ji}。

隐含层:BP 神经网络隐含层的作用是对输入向量各分量线性求和再进行非线性映射,为输出层提供输入。隐含层内各神经元节点之间一般不存在联系,而每个节点都分别与输入层各节点和输出层各节点发生联系。因而隐含层联系整个网络,在 BP 神经网络中起重要作用。

对于多层前馈型网络来说,隐含层的层数及每个隐含层所包含的神经元数是根据具体问题来确定的,并不是层数越多神经元越多,网络越复杂就越好。在通常情况下,隐含层和每个层的节点数越多,网络逼近复杂函数的能力就越强。但是同时网络的相关系数(包括权值、阈值等参数)的个数也将成倍地增加,导致计算量急剧增大。所以,复杂网络的逼近能力增强的同时伴随着网络训练速度下降、收敛速度减慢。因而,选择何种复杂程度的 BP 神经网络应根据所需解决的具体问题而定,既保证网络有足够准确度又使网络训练和学习不至于过于烦琐。

输出层:输出层的作用是以隐含层输出为输入,经过线性叠加和非线性激励函数的作用,形成 BP 神经网络的输出向量。输出层同样由一些神经元节点并列构成。同一层内的神经元节点之间不存在联系。而每个神经元节点都与隐含层节点存在联系(权值)。输出层神经元节点的个数等于输出向量 $Y = [y_1, y_2, \ldots y_m]^T$ 的维数 m。输出层的传递函数可以是线性的也可以是非线性的。在通常的情况下,使用线性传递函数就可以得到不错的效果。

BP 神经网络采用误差反向传播算法的训练过程,由信息的正向传播和误差的反向传播两个过程组成。输入层各神经元负责接收来自外界的输入信息,并传递给中间层各神经元;中间层是内部信息处理层,负责信息变换,根据信息变化能力的需求,可以设计为单隐含层或者多隐含层结构;最后一个隐含层传递到输出层各神经元的信息,经进一步处理后,完成一次学习的正向传播处理过程,由输出层向外界输出信息处理结果。当实际输出与期望输出不符时,进入误差的反向传播阶段。误差通过输出层,按误差梯度下降的方式修正各层权值,向隐含层、输入层逐层反传。周而复始的信息正向传播和误差反向传播过程,是各层权值不断调整的过程,也是神经网络学习训练的过程,此过程一直持续到网络输出的误差减少到可以接受的程度,或者预先设定的学习次数为止。

2. 决策树①

决策树是一种从无次序、无规则的样本数据集中推理出决策树表示形式的分类规则方法,分类与回归树(classification and regression trees,CART)算法是一种产生二叉决策树的技术。利用历史数据中包含的信息建立决策树,也可利用已经建立的规则对数据进行预测。CART 决策树算法包括以下三个部分:

---

① 刘文凤.数据挖掘在公共建筑能耗分析中的应用研究.重庆大学硕士学位论文,2010.

1)建立决策树。CART 算法对每次样本集的划分计算 Gini 系数,Gini 系数越小分裂越合理。假设样本集 T 中含有 m 类数据,则:

$$Gini(T) = 1 - \sum_{i=1}^{m} p_i^2 \tag{6.7}$$

其中 p_i 为类别 C_i 在 T 中出现的概率。若 T 被划分为 T_1 和 T_2,则此次划分的 Gini 系数为

$$Gini(T_1, T_2) = \frac{T_1}{T} Gini(T_1) + \frac{T_2}{T} Gini(T_2) \tag{6.8}$$

对于候选属性集中的每一个属性,CART 算法计算该属性上每种可能划分的 Gini 系数,并找到最小的 Gini 系数作为该属性上的最佳划分,同时 CART 算法将比较所有候选属性上最佳划分的 Gini 系数,拥有最小划分 Gini 系数的属性成为最终分类的依据与规则。

2)选择最佳决策树。CART 算法先产生最大的决策树,而后采用交叉验证(cross validation)算法对决策树进行剪枝。该方法将训练集分为 N 份,取第 1 份作为测试集,其余 N—1 份作为训练集,经过一次剪枝,得到一棵局部决策树。依此类推,直到整个模型中的 N 份样本集都做一次测试集为止。

3)利用已经建立的决策树分类新的数据。利用已经建立的决策树分类规则,将新观测的自变量的值分配到各个终端节点上,由此预测因变量的值[①]。

6.4.2 应用于单栋建筑的能耗模拟法

单栋建筑能耗定额制定最常用的方法为建筑能耗模拟方法。该方法基于建筑能耗模拟软件,根据相关标准规定的限值或者根据调研的实际情况设置合理的建筑围护结构等参数,在此基础上利用 DOE-2、Energy Plus、TRNSYS 和 DeST 等能耗模拟软件进行能耗分析,根据模拟结果,结合技术发展及实际需要,设置合理的定额值。

国内外政府、专家学者致力于用建筑能耗模拟方法对建筑能耗定额值进行研究[②]。美国政府颁布了《用于减税的公共建筑节能模型及审查规范》(Energy Saving Modeling and Inspection Guidelines for Commercial Building Federal Tax Deductions),该规范通过模拟分析实际建筑的能耗与标准建筑

---

① 刘丹丹,陈启军,森一之,等.基于数据的建筑能耗分析与建模.同济大学学报(自然科学版),2010(12).

② 郭瑞.公共建筑能耗评价指标体系研究.湖南大学硕士学位论文,2007.

能耗的比值,来确定减免税收的多少,其目的是政府审查建筑是否达到减税标准[①]。该规范将建筑分为三种模型:纳税人模型(Taxpayer's Building Model),参考建筑模型(Reference Building Model)和推荐建筑模型(Proposed Building Model)。2002 年 12 月,为了促进各国成员降低能耗和二氧化碳排放量,欧盟等国通过了《建筑能效指令 2002/91/EC》,马素贞、龙惟定等人对该能效指令的执行情况进行分析,并指出该指令对欧盟各国政府的节能措施有一定的激励作用,对我国节能事业有一定的借鉴作用。[②] 文精卫、杨智昌对英国公共建筑能效评估方法做了详细分析,指出英国为了减少建筑整体能耗、减少温室气体排放,根据欧盟建筑能效指令建立了适用于全国的计算方法,应用 Energy Plus 等建筑模拟软件进行建筑能耗模拟,其评估软件以及模拟方法对我国能耗基准建立有一定的参考作用。[③]

国内建筑节能相关标准将建筑节能设计限值分为规定性指标和建筑能耗综合指标。如 2005 年颁布的《公共建筑节能标准》基于建筑能耗模拟方法,提出了节能率达到 50% 的目标。《夏热冬冷地区居住建筑节能设计标准》基于标准建筑的能耗模拟,提出了该气候区设计建筑的夏季空调能耗量限值和冬季采暖能耗量限值。

6.5　高校典型建筑能耗定额研究案例

以夏热冬冷地区某综合性研究型高校为例,根据 2010—2013 年的样本能耗数据,运用定额水平法,对其宿舍楼、教学楼、行政办公楼、科研楼和图书馆等 5 类校园建筑开展定额研究。

6.5.1　定额方法

考虑到能耗定额方法的准确性及可操作性,本研究采用目前国内使用较多的能耗定额水平法确定高校典型建筑的单位建筑面积年能耗值。

① M. Deru. Energy Savings Modeling and Inspection Guidelines for Commercial Building Federal Tax Deductions. Technical Report NREL/TP-550-40467/[Feb. 01. 2007]/http:digited. cabrary. unt. edal. ark:/67531/metad/886998/.

② 马素贞,龙惟定,等. 欧盟建筑能效指令及其在欧洲的实施. 暖通空调,2006(8).

③ 文精卫. 公共建筑能效评估研究. 湖南大学硕士学位论文,2009.

定额水平法的计算公式如下所示：

$$R = \overline{X} + Z_{\sigma} \tag{6.9}$$

式中　R——统计定额值；

　　　$\overline{X}$——样本均值

　　　σ——标准差；

　　　Z_{α}——表示累计概率为$(1-\alpha)$时所对应的标准正态分布概率密度值，与定额水平相对应[①]。

　　采用定额水平法编制公共建筑能耗定额时，确定科学合理的定额水平是非常重要的环节。定额水平的确定应在公共建筑能耗定额编制基本原则的基础上，结合地区社会经济发展现状和未来发展趋势、建筑节能目标，综合考虑几方面的因素：(1)该地区公共建筑的总体能耗水平；(2)公共建筑节能运行管理现状与技术现状；(3)适应于该类公共建筑的各项节能改造措施及进行节能改造后的节能效果和成本投入等。

　　定额水平不宜过低，过低达不到预期节能效果；定额水平也不宜过高，过高将导致大部分建筑无法达到定额标准，增加操作和实施难度；同时应该进行动态调整，在当前建筑节能技术快速发展以及节能工作标准和要求快速推进的形势下，建筑能耗定额标准应进行动态调整；在调整频度与幅度上应该适度，因为建筑节能技术和建筑节能工作效果的实现还需要一定的实践周期，不可能在短时间内立竿见影[②]。

　　根据廖深瓶等人对大型公共建筑执行30％的节能潜力计算，公共建筑的定额水平在0.3左右。为了提高该高校建筑节能执行力度，在该研究中，将各类建筑能耗定额水平为0.3对应的数值作为每类建筑的能耗定额值。[③]

6.5.2　学生宿舍能耗定额

　　本次定额研究统计了该校 9 个学生宿舍建筑组团，统计的建筑面积共30.46 万平方米。经分析，统计的 9 个学生宿舍建筑组团的能耗服从正态分

---

①　Satkartar Kinney, Mary Ann Piette. Development of a California Commercial Building Benchmarking Database. California Energy Commission Public Interest Energy Research Program, 2002(5).

②　孙国林,鹿世华,李奇贺.高校校园建筑能耗定额研究初探.南京工业职业技术学院学报,2011(12).

③　廖深瓶,佘乾仲,朱惠英,等.广西大型公共建筑用能定额的研究.建筑节能,2012,40(10).

布,平均单位建筑面积能耗为 49.89kW・h/(m²・a),最小值为 35.43kW・h/(m²・a),最大值为 79.89kW・h/(m²・a),是最小值的 2 倍多,样本标准差为 12.93kW・h/(m²・a)。根据定额水平法计算公式,可计算得出不同定额水平下的能耗定额值,结果如表 6-12 所示。并将 56.68kW・h/(m²・a)作为其能耗定额值。

表 6-12　学生宿舍的单位建筑面积能耗定额水平表[①]

定额水平	单位建筑面积能耗 [kW・h/(m²・a)]	定额水平	单位建筑面积能耗 [kW・h/(m²・a)]
0.95	28.62	0.45	51.51
0.90	33.31	0.40	53.16
0.85	36.54	0.35	64.87
0.80	39.00	0.30	56.68
0.75	41.16	0.25	58.62
0.70	43.10	0.20	60.78
0.65	44.91	0.15	63.23
0.60	46.62	0.10	66.47
0.55	48.27	0.05	71.16
0.50	49.89	0.00	100.32

6.5.3　教学楼建筑能耗定额

本次共统计了 10 栋教学楼建筑,全年单位建筑面积能耗在 16.44 至 50.94kW・h/(m²・a),平均能耗为 27.16kW・h/(m²・a),样本标准差为 10.75kW・h/(m²・a),其中能耗最高的教学楼比能耗最低的教学楼高出 3 倍左右。这与教学楼建筑的使用人数、使用频率、使用时间、使用设备等都有很大的关系。根据定额水平法计算公式,计算得出不同定额水平下的数值,并将定额水平为 0.3 时所对应的数值 32.80kW・h/(m²・a)作为其能耗定额值。

---

① 胡轩昂.浙江省某高校建筑能耗评价指标及其能耗分析研究.浙江大学硕士学位论文,2014.

6.5.4 行政办公建筑能耗定额

该校 5 栋主要行政办公建筑的全年单位建筑面积能耗在 24.74～54.96kW·h/(m²·a)，平均值为 39.23kW·h/(m²·a)。根据定额水平法计算公式，计算得出不同定额水平下的数值，将定额水平为 0.3 时所对应的数值 45.81kW·h/(m²·a)，作为其能耗定额值。

6.5.5 科研楼建筑能耗定额

学科类别、科研设备及其运行方式存在的差异是科研楼能耗差异的重要影响因素。本次共统计了 19 栋科研楼建筑，总面积达 30.23 万平方米，全年单位建筑面积能耗的平均值为 100.53kW·h/(m²·a)，最小值为 31.67kW·h/(m²·a)，最大值为 189.77kW·h/(m²·a)，标准差为 39.59kW·h/(m²·a)。将定额水平为 0.3 对应的单位建筑面积能耗值 121.31kW·h/(m²·a)定为该类型校园建筑的能耗定额值。

6.5.6 图书馆建筑能耗定额

该校有 6 栋图书馆，建筑面积达 8.8 万平方米，占校园总建筑面积的 4.01%。通常开放时间为 8:00～22:00，每天开放时间达到约 14 小时，寒暑假期间只有部分楼层开放。因此，其开放时间、阅览室座位数等是影响建筑能耗的重要因素。本次统计了 3 栋图书馆的能耗数据，分析得出图书馆平均能耗强度较大，全年单位建筑面积能耗在 73.59～95.88kW·h/(m²·a)，将定额水平为 0.3 对应的单位建筑面积能耗值 90.53kW·h/(m²·a)定为该类型校园建筑的能耗定额值。

图 6-6 汇总了该高校各类典型建筑的能耗定额数据。由图 6-6 可知，不同类型建筑之间的能耗定额差异很大。科研楼建筑全年单位建筑面积能耗定额大，达到 121.31kW·h/(m²·a)，且各科研楼间的能耗差距大，部分科研楼建筑的能耗已经是能耗定额的 1.5 倍，说明部分建筑存在较大的节能空间。部分宿舍楼的建筑能耗也远大于能耗定额。这两种类型建筑在校园建筑中占有很大的比例，应该作为重点约束对象进行节能监测与管理；而教学楼行政办公楼建筑能耗较低，其定额值分别控制在 32.80kW·h/(m²·a)和 45.81kW·h/(m²·a)，可以通过用能管理挖掘一定的节能潜力。

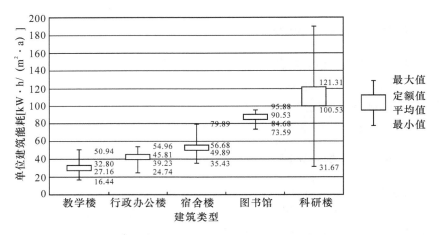

图 6-6　某高校典型建筑能耗定额对比图

6.6　本章小结

本章在总结国内外公共建筑和校园建筑能耗定额研究的基础上,针对我国高校及其典型建筑的能耗特征及其影响,提出了我国高校建筑能耗指标体系,梳理了高校校园建筑能耗定额的测算方法,并运用定额水平法,以典型高校典型建筑为例,计算了各类不同功能建筑的能耗定额值。

1. 面向用能定额的高校分类模型

依据学校所在建筑热工分区、学校属性分别构建分类别、分层次的高校分类模型。其中:将高校所处的建筑热工分区,即严寒地区、寒冷地区、夏热冬冷地区、夏热冬暖地区和温暖地区,作为第一级的高校分类依据。将学校属性作为第二级的分类依据,将高校分为综合类院校、文理类院校、理科类院校、文科类院校、理学类院校、工学类院校、农学类院校、医学类院校、法学类院校、文学类院校、管理类院校、体育类院校、艺术类院校等 13 类。将学校的科研规模作为第三级的分类依据,将高校分为研究型院校、研究教学型院校、教学研究型院校和教学型院校 4 类。按照上述层次结构,可对不同气候区、不同学校属性、不同科研规模的高校进行分类,在此基础上进行高校能耗定额研究。

2. 高校能耗定额指标体系

高校能耗定额指标体系包括校园综合性能耗指标体系和典型建筑能耗指标体系。前者用于衡量高校校园建筑总体用能水平,后者衡量各类不同功能的高校建筑的能耗情况。将人均年能耗、单位建筑面积年能耗、各分项能耗定额等指标为两类指标体系中的基本指标。在典型建筑能耗指标体系中,基于每类典型建筑的影响因素,对建筑进行二次分类,并有针对性地制定不同形式的能耗指标。

3. 归纳梳理当前国内外能耗定额的计算方法

归纳梳理当前国内外能耗定额如计算方法主要包括:应用于多栋建筑的统计方法(简单的数理方法、定额水平法、回归分析法、线性回归法等)、应用于单栋建筑的能耗模拟法。

4. 采用定额水平法

以我国某综合性研究型高校的典型建筑为例,制定了该校各类典型建筑的能耗定额值。不同类型建筑之间的能耗定额差异很大。科研楼建筑全年单位建筑面积能耗定额值最大,达到 $121.31kW \cdot h / (m^2 \cdot a)$,且各科研楼之间的能耗差距大,部分科研楼建筑的能耗已经是能耗定额的 1.5 倍。部分宿舍楼的建筑能耗也远大于规定的能耗定额。这两种类型建筑在校园建筑中占较大的比例,应该作为重点约束对象进行节能监测与管理;而教学楼建筑、行政办公建筑的实际能耗较低,能耗定额值分别为 $32.80kW \cdot h / (m^2 \cdot a)$ 和 $45.81kW \cdot h / (m^2 \cdot a)$,通过加强管理节能尚有一定的节能空间。

▶▶▶ 第 7 章
高校绿色校园适用技术与典型案例

　　我国高校分布地域广泛，建设年代跨度大，从技术层面，高校开展绿色校园建设要因地因校制宜，根据绿色校园建设目标、建设现状、投入水平开展有针对性的校园规划、建设与改造，选择与本地区、本校相适应的技术应用于绿色校园建设与管理。校园毕竟不同于城市，也与组团式或单体建筑有很大差别，因此，适用于绿色校园能源资源节约技术的探讨就显得很有必要。

　　本章总结并探讨了适用于绿色校园建设、管理的能源资源通用技术，主要包括绿色照明、生活热水、北方校园采暖、空调系统、校园节水与水资源综合利用、能耗监管平台、校园生活和餐厨垃圾处理 7 个方面。同时，通过对全国不同气候区、不同类型共 80 余所高校的调研、访问与实地考察，分气候区对高校节能技术的应用现状与效果进行总结与分析，并对部分高校建筑节能技术应用案例进行了分析，以供各高校在绿色校园建设过程中借鉴与参考。

7.1　绿色校园适用技术

7.1.1　绿色照明

　　据统计，照明能耗约占大学校园总能耗的 20%～35% 不等，绿色照明技术的推广与应用不仅可以节约校园能源，还能为师生提供健康舒适的照明环境。绿色照明设计、建设与改造已经成为校园节能的重要内容。据统计，采用通用绿色照明改造技术，校园照明的节能率可达到 20%～35%，节能潜力巨大。

通用的校园绿色照明技术与措施如下：选择优质的电光源与节能型照明电器配件；选择合适的照明控制方式，如声控、光控、红外控制或其组合式开关；选择合适的照明方式；控制合理的照明密度；充分利用自然光；加强照明管理等。

7.1.1.1　电光源及镇流器

1.常用电光源比较与选择

目前，高校校园照明普遍使用的电光源包括荧光灯和 LED 灯，在少部分校园场所还有白炽灯在使用，根据我国 2011 年发布的《关于逐步禁止进口和销售普通照明白炽灯的公告》的规定，2016 年 10 月 1 日起，禁止进口和销售 15 瓦及以上普通照明白炽灯。因此，高校校园照明除在特殊照明要求的场所外，白炽灯将逐步淡出高校校园，取而代之的是更加节能环保的绿色光源。以白炽灯为基础，对荧光灯与 LED 灯的性能的比较如表 7-1 所示。

表 7-1　校园常用照明光源性能比较①

光源性能	100W 白炽灯	24W 荧光灯	7W LED 灯
光通量(%)	100	24	7
寿命(hr)	1500	8400	50000
电量(kW·h/a)（按全年常亮计）	876	210	61

根据高校照明节能改造现状的调查结果发现，几乎所有学校进行了照明节能改造。在照明节能改造中，LED 灯源和荧光灯源使用是校园照明节能的主要措施，LED 灯与荧光灯在不同的使用场所有不同的选择倾向。其中：LED 灯主要应用于校园与楼宇的公共部位照明，例如走道、连廊、室外路灯和地下车库等区域，荧光灯的使用区域主要集中在办公室、教室等室内人员长时间停留的空间。

在灯具布局相同情况下采用荧光灯，特别是采用 T5 荧光灯具时照度相对较高。而灯具总数一致的情况下，T5 荧光灯与 LED 灯的初期投资差别并不大，但是后者的耗电量较低，节电空间更大。在大空间范围内，采用照度感应控制器或者 BA 控制系统来控制区域照明，会增加一定的初期投资，但从长远看节能效果显著。通过应用自然采光，也将大大降低校园照明电量消耗。

---

① 　Comparison between LED and Incandescent Bulb & CFL.

综上所述,在长期需要人员滞留或者有高照度要求的场所,由于照度高,没有蓝光危害,T5荧光灯有比较好的选择优势。在校园公共区域,例如走道、地下车库等照度要求较低,且没有人员长时间滞留的场所可选用LED灯具,以最大程度节省照明能耗。

2. 常用镇流器比较

目前,常用的镇流器有三种,即:传统的电感镇流器、电子镇流器和节能型电感镇流器。它们的主要优、缺点如下:

(1)传统电感镇流器

优点:技术成熟,相对成本低,使用寿命较长。

缺点:功率损耗高,能效比较差,功率因数低,有噪音和频闪。

(2)电子镇流器

优点:功率损耗低,功率因数高,无噪音和频闪。

缺点:价格高,有谐波污染。平均寿命在五年左右。

(3)节能电感镇流器

优点:它是前两者的主要性能(功率损耗、价格、安全可靠等)均适中的产品。平均使用寿命12～20年或更长时间。

以平均每天工作6小时计,节能电感镇流器使用约两年就能以节约的电费来抵消其初次安装比普通电感镇流器多付出的成本,而电子镇流器大部分无法在其有效的使用寿命期内抵消初次安装所付出的成本[1]。

3. 教室照明节能改造案例分析

选取使用状况基本相同的高校教学大楼教室三间,将其中两间教室的T8荧光灯更换为高性能T5荧光灯,另一间作为平行监测教室。通过连续30天的平行监测,得到试验样本教室用电量数据如表7-2所示。

表7-2　测试教室用电量

教室类型	用电量(kW·h)	平均用电量(kW·h)
改造教室1	148.67	152.98
改造教室2	157.29	
平行检测教室	324.06	324.06

---

① 陆刚.照明电器用节能型电感整流器.电子电力,2013(1):19-20.

根据表 7-2 实测数据,经改造后的教室月节约电量为 171.08kW·h,节电率为 52.8%,节能效果显著。

7.1.1.2　照明智能控制

校园建筑为达到室内不同的照明效果与照度要求,室内照明一般实施分级控制,公共场所如教室、图书馆、实验室等室内灯具一般用跷板开关置于入户门口控制,对于面积较大且灯具较多的房间时,室内灯具一般采用双联、三联、四联开关或多个开关控制,也有采用照明配电箱,直接用配电箱内的断路器控制。校园公共空间一般无人按时关灯,尽管双控方式能带来开关灯控制上的便利,但是一般的使用人员很难养成人走关灯的习惯,而值班人员也不可能每天上下楼巡回关灯,公共场所的"长明灯",不仅浪费电能,也降低了灯具的使用寿命。如若考虑应急照明、值班照明,平面布线则更为复杂,当建筑物出入口较多时,即使值班人员每天上下楼巡回关灯,也会经常出现值班人员打着手电找开关的现象。对于大空间的教室、自修室和图书馆阅览室可通过照明智能控制实现有效管理开关灯,节约能源延长灯具的使用寿命。

通过照明智能控制可以实现如下功能:(1)充分利用自然光线,自动调节灯光强弱,达到设定的照度标准;(2)保持室内光线的均匀,通常靠近窗户的位置相对于其他位置的光线较强,通过安装传感器,检测不同位置的光线强弱并进行调节,使得靠窗和非靠窗处具有相同的光照度;(3)不同的时间或场景对照明的要求各有不同,因此可以设定不同的场景选择功能,例如阅览室可以分一般阅览时、清扫工作时等,按照事先设定的相应控制方法可进行智能切换;(4)可以延长光源寿命、节约电能;(5)手动控制与自动控制可以灵活切换,满足现场调节的需要。

如图 7-1 所示[①],某图书馆阅览室面积为 108m²,房间高度为 3.6m。开馆时间为周一至周日每天 8:00～22:00。采用均匀的灯具布置方法,并在图中"·"所示的位置安装传感器,分别检测室外和室内不同位置的光线强弱,调节对应光源的照度。例如,传感器 a 检测的结果会影响周围 1a、2a、3a、4a 号光源的照度调节程度,传感器 b 的检测结果会影响 1b、2b、3b、4b 号光源的照度调节,以此类推。靠近窗户的区域与远离窗户的区域其照度可以实现不同程度的调节。

---

① 戴瑜兴.民用建筑电气设计手册.北京:中国建筑工业出版社,2003.

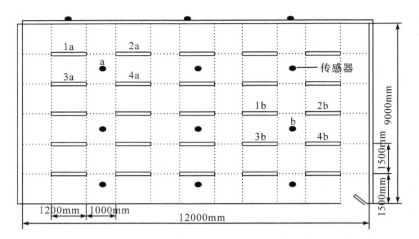

图 7-1　图书馆日光灯传感器分布示意（单位：mm）

这样的控制方式充分利用了室内的自然光，节约了电能，也延长了光源的使用寿命。此外，还可以在不同位置安装一定数量的红外检测器，如果在某一区域若干时间内无人员走动，则关闭相应区域的光源，这一控制方式尤其适用于电子阅览室、教室的照明控制。

经实测，相同面积的图书馆阅览室，选定相同照度标准、光源类型以及相同的灯具布局方案，如果采用传统的照明控制方式，通常光源会全部点亮，耗电量相对较大，全年的耗电量为 1788.5kW·h，而采用智能照明控制方案，可以根据室外自然光线的变化对室内的照度进行动态的调节，光源点亮后不会总保持在最大照度，同时也避免了光源过多造成的电能浪费，其全年的耗电量为 1474.6kW·h，可以节约 313.9kW·h，节电率为 17.5%。从测试结果可以看出：同一标准的照明设计，采用智能照明控制系统能够更有效地节约电能。

7.1.2　生活热水节能

高校各类建筑的卫生热水能耗占校园建筑总能耗的 10%～40% 不等。目前，我国校园卫生热水主要供应洗浴、食堂餐事和实验，热源供应方式主要有燃煤、燃气、电锅炉等。随着高校办学条件的不断改善，对卫生热水需求也不断增加，卫生热水能耗已不可小觑，而卫生热水节能技术的广泛应用较好地解决了这一问题。

7.1.2.1　太阳能热水系统

太阳能热水器是将太阳光能转化为热能来加热水温的装置。太阳能热水器按结构形式分为真空管式太阳能热水器和平板式太阳能热水器，其中以真空管式太阳能热水器为主，约占国内 95% 的市场份额。真空管式家用太阳能热水器是由集热管、储水箱及支架等相关附件组成，把太阳能转换成热能主要依靠集热管，集热管利用冷热水比重差，使水产生微循环而达到循环加热。

太阳能热水器是第三代热水器，在中国的发展和应用是从农村的可再生能源开发起步的，所以目前市场上应用的大部分热水器为适合农村市场应用的整体非承压式太阳能热水器。这种产品的热效率和运行费用都比较低，其外形和水压的使用条件都难以融入现代的城市建筑之中。因此要让太阳能热水器应用到校园，首先要将太阳能热水器系统化，同时再解决太阳能热水系统与校园建筑一体化的问题。太阳能热水系统的优点是利用可再生能源，环保节能，但由于太阳能是一种低密度、不可控的能源，同时夏天热辐射量很大时需热量却很小，造成热水系统温度过高，热量浪费；冬天热辐射量较小时需热量却很大，无法满足使用要求，还需配置辅助加热装置满足生活热水使用的需求，此外诸如"无效冷水"、水压平衡、换热效率等一系列问题尚待解决。

7.1.2.2　空气源热泵热水系统

空气源热泵热水器，是采用制冷原理，从空气中吸收热量来制造热水的"热量搬运"装置。通过让空气不断完成蒸发（吸取环境中的热量）→压缩→冷凝（放出热量）→节流→再蒸发的热力循环过程，从而将环境里的热量转移到水中。

空气源热泵热水器和太阳能热水系统在部分省份均被列为利用可再生能源的产品，空气源热泵技术是相当成熟的技术，但把空气源热泵系统应用到制备生活热水也在近几年才得到大规模推广，推广此类技术的目的是鼓励将传统燃气和电直接加热生活热水系统逐渐替换为更节能环保的可再生能源系统。

相对于太阳能热水系统受气象条件的制约，空气源热泵热水系统是利用逆卡诺循环原理从空气中吸收能量来加热生活热水，可在黑夜和阴雨天正常工作，适应性较太阳能热水系统强。另外，太阳能热水器安装位置受到太阳方位限制，而空气源热水器可任意安装在通风良好的地方，不受楼层和方位限制，其加热环节做到绝对水电分离，是目前较为安全的生活热水系统。空气源热水器由于安全、节能、舒适、方便、省心等优点,已成为我国南方地区可再生能源热水器的主流产品。

7.1.2.3 两类系统的适用性比较与选择

太阳能热水系统和热泵热水系统技术的应用规律既有共性又有个性,其共性是太阳能和热泵系统在冬季需热量最大的时段加热能力最小,夏季则反之;个性的差别主要是热泵在任何时段都有加热能力,且随气候变化而变化,而太阳能热水系统的得热量随机性较大,阴雨天无法集热,故必须有可靠的备用热源才能保证系统的安全使用。因此,合理选择设计参数,合理配置加热能力是太阳能热水和热泵热水系统建设的关键点之一[①]。太阳能热水系统与空气源热泵热水系统性能比较见表7-3。

表7-3 太阳能热水系统与空气源热泵热水系统性能比较

项 目	太阳能	空气源热泵
可再生能源	完全属于	不完全属于
能耗量	零	低耗电量
环境影响	太阳辐照强弱影响	周围气温影响
热水出水	仅有日照情况下出水	出水时间可控

可以看出,太阳能属于清洁能源,在节能效益方面非常突出,由于太阳能"取之不尽,用之不竭",所以是一种非常廉价且优质的能源。但是由于天气的不确定性,太阳能在一定程度上属于不可控能源。同时,夏季太阳辐照最强时期正好是高校的暑期,为校园热水需求量最小的时期。反之,冬季由于太阳高度角的变化使得太阳辐照强度变弱,而热水需求量反而增加,为了保证冬季热水供应的可靠性,均需要配置燃气、电加热等辅助措施。

空气源热泵热水系统不随天气变化出现热水供应不稳定现象,在出水量以及出水温度稳定性上较太阳能热水系统具有明显的优势。但是,空气源热泵热水器在0℃及以下的环境温度下换热器翅片表面容易结霜,此类情况下,不仅降低了换热效率、延长热水制备时间,而且需要消耗电能用于翅片除霜,节能效益在冬季较低,增加制水成本。

在较多的实际案例中,往往将太阳能与空气源热泵热水系统配合使用,通

---

① 陈伟.可再生能源和节能设备加热生活热水系统设计参数探讨.给水排水,2012(9):79-83.

过自动控制设置,在太阳能资源较为充足时,启用太阳能系统,遇阴雨天或需要补充加热时启用空气源热泵热水系统,两种技术的联合应用可提高系统可靠性与出水稳定性,最大程度利用可再生能源,节约能源。

单独使用时,太阳能热水系统较适合于太阳辐照量较大,且日照时间较长的地区。而空气源热泵系统适合于常年温度在 0℃ 以上的地区。

7.1.2.4　典型案例

1.同济大学学生浴室热水系统。同济大学较早将太阳能热水系统及污水源热泵热回收系统综合应用于学生集中浴室并取得较好的经济、环境和社会效益。该项目综合集成了太阳能集热系统、盘管换热初级热回收系统、污水源热泵深度热回收系统和中水回用处理系统,大大削减了原来依赖锅炉单一方式供热能耗,优先使用太阳能集热然后利用污水源热泵技术,从洗浴温排水中回收废热以减少锅炉供热负荷;温排水含有的废热被污水源热泵系统回收并提升至洗浴用水需求的温度,太阳能集热利用及污水源热泵带来的是能源资源的综合高效利用和梯级循环利用效果,具有较好的示范意义和推广价值。该项目初投资与年费用节约比较见表 7-4。

表 7-4　学生浴室节能环保综合改造项目采用的节能技术及效益

节能技术	简　介	投资(万元)	年节约费用(万元)
太阳能热水系统	作为辅助供热系统,减少锅炉用能	52	12
污水源热回收系统	提取浴室的余热为热泵系统热源	180	50
中水回用系统	利用中水回用技术将浴室污水处理后用于灌溉景观,减少水资源消耗	200	22

2.天津大学浅层地热应用。天津大学于 2009 年申请教育部修购专项资金 170 余万元,将地热水引入鹏翔学生公寓替代生活热水。地热水是一种相对清洁、环保的资源,只要合理使用,能够产生非常好的经济效益和环境效益。寒冷地区高校具有比较丰富的地热资源,已应用于学生洗浴、供暖制冷等方面,为更有效地利用地热资源,学校将地热水引入鹏翔公寓 1 斋、2 斋、3 斋、5 斋替代生活热水,并利用水源热泵进行二次加热,提高水温。学生公寓共建有五栋高层,1500 个房间,可容纳学生 9000 人。现生活热水主要由电热水器供应,电热水器为高耗能产品,经测算,公寓 4 栋宿舍楼每年电热水器耗电近 100 万度。引入地热水后可实现年节电 70 余万度,节省自来水 10 余万吨。

7.1.3 采暖节能

7.1.3.1 采暖节能适用技术

北方地区冬季寒冷,冬季采暖能耗占北方高校校园能耗的主要部分[1]。大部分高校校园建筑的建设年代长,建筑围护结构一般采用普通砖墙及单层塑钢窗,保温隔热效果差,导致高校校园建筑采暖能耗增加。此外,因高校校园建筑作息规律不同,学校还有较长时间的寒假,而大部分高校未对供热管网设置分区分时控制装置,造成部分校园建筑无效供热。另外,一般校园范围较大,其供热管路热损较大,也是采暖能耗增加的主要原因。提高建筑围护结构保温隔热性能,同时减少供热管网热损是北方高校采暖节能改造的主要方向。

1. 围护结构保温节能

建筑围护结构、外窗、屋面的保温隔热性能差,造成建筑物向室外散热,围护结构热损失占公共建筑热损失比重大。各高校既有建筑单体的围护结构(包括屋面、外墙、门窗)的保温节能改造可直接降低其冬季采暖耗热量,进而降低了既定数量的建筑单体所需的总供热量[2]。常见的措施有加强外墙、楼地面及屋面的保温,更换节能门窗以提供保温性能。

(1)屋面常用节能改造措施。通常,北方既有建筑的屋面多采用卷材防水平屋顶屋面,卷材防水层使用寿命短、耐久性能差,即使原有的保温层做得很可靠,也会因为防水层的破坏而引起屋顶保温层失效,可采用平改坡及夹层、架空平屋面和屋面干铺保温材料等改造技术方案来改善屋面保温效果。

(2)墙体常用节能改造措施。通过严格控制建筑体形系数减少传热面积和提高墙体性能降低墙体的传热系数的方法可以有效减少外墙传热,从而达到节能要求。考虑到改造体型系数工程量大且造价高,一般通过增加外墙保温技术措施来实现。节能改造中可以采用的外墙保温技术有外保温、内保温和自保温,使用最多的是外保温技术。

为了不破坏原有墙体,可以将外保温系统(如复合 EPS 板外保温系统、XPS 板外保温系统、PU 硬质泡沫外保温系统、岩棉板外墙保温系统等)直接粘贴或钉在基层墙体上。此类外保温技术,适用于在严寒或寒冷地区,特别是需要进

---

[1] 范彬.天津高校建筑能耗现状分析及节能对策.洁净与空调技术,2013(1).

[2] 徐刚.北方城市民用建筑系统节能改造决策方法研究.哈尔滨工业大学管理学博士学位论文,2007.

行外立面改造或进行外装饰的既有建筑,具体构造见图 7-2[①]。但要注意外保温体系的耐火等级及安全性能,确保外保温系统的牢固性,防止意外脱落。

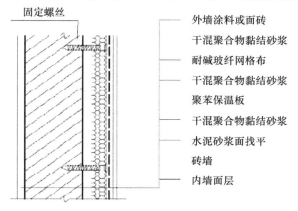

图 7-2　墙面外保温结构

在改造过程中需要拆除原有墙体的框架结构建筑,可以利用蒸压加气混凝土砌块等自保温系统,或对蒸压加气混凝土砌块和无机轻集料保温砂浆的外保温与自保温相结合的复合保温体系进行节能改造,从而提高外墙的保温性能。

内保温技术更适宜用于外立面基本不进行改造的建筑,可配合建筑内部装饰,将内保温系统(如无机轻集料保温砂浆等材料)直接附和在墙体内表面。但在内保温技术应用中,需要特别注意对冷热桥节点工艺的处理,防止出现结露和发霉现象。

(3)外门窗常用节能改造措施。针对围护结构的保温薄弱环节外门窗,可以采用保温性好的断热金属型材中空玻璃替代原有的塑钢单层玻璃窗。同时加强门窗的气密性等级,以减少冷风渗透导致的采暖负荷增加的能耗。

2.供热管网节能措施

北方地区高校冬季采暖热源的主要方法一般采用由市政集中供热或学校燃气(煤)锅炉房提供。校舍建筑面积大,供热半径大,供暖管线长,为保证供暖,一般高校都存在供暖循环泵功率、扬程偏大的问题,进而导致热损失增加。同时,大部分高校建筑分布并不集中,导致校区供暖热源较为分散,一个高校通常设有多个锅炉房,容易出现供热失衡。除此之外,大部分高校采用的是锅

① 田国华.基于绿色校园标准的高校校园节能改造策略研究.建筑节能,2014(1).

炉一次水直供,很少采用二次板式换热器供热,容易出现"远冷近热,下冷上热"的热力失调问题。而教学楼、图书馆、办公楼、公寓、餐厅等公共建筑,人员流动相对固定,各建筑的供暖时段却并不相同,存在不同的供暖间歇期,而调节装置的缺乏,很难做到分时、分区、分温控制楼宇内部供暖管路的开启,也导致不必要的能源浪费①。校园供热管网的节能措施如下:

(1)明确热能需求量。针对北方地区高校供暖系统现阶段普遍存在的供暖区域大、管网复杂、运行调节盲目性大、供暖间歇性强且有固定假期等现象,需要进一步计算热能的需求量,适当增加热源供给量或调整热源供给区域。

(2)提高热源的效率。目前,采暖锅炉的热效率普遍较低,造成了大量的能源浪费,燃煤锅炉房的锅炉热效率平均在50%,燃气锅炉房的热效率普遍在80%左右运行,能源利用率均有较大的提升空间,尤其是燃煤锅炉房的改造势在必行。同时,针对大部分高校燃气锅炉效率偏低现象,可采用烟气冷凝热回收技术,这是一项利用烟气冷凝回收装置使温度较高的锅炉排烟与温度较低的供暖系统回水进行热交换,实现锅炉排烟余热的回收,节省锅炉燃料消耗量、提高锅炉实际的运行效率的节能技术措施。

(3)保证供热管网正常运行,确保管道保温状态良好。调整系统水力平衡,消除热网水平失调。减少管网热损失,主要包括管网散热损失、管网水力失衡热损失、失水热损失等。

(4)分区分时供暖,减少无效热损。针对具有很强间歇性的分时段供暖的公共建筑,可安装分时分温控制器、室内温度采集器、气候补偿器、热源综合控制器等自动调节装置,实时监测用能及能源供应进而调整供暖周期,从而节约不必要的能源消耗,见图7-3。

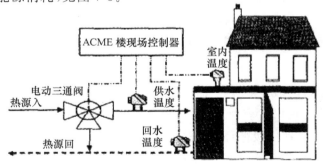

图7-3 现场控制器系统原理图

---

① 刘立云.节能技术在高校供暖中的应用.山西建筑,2011(33).

（5）采用能耗监测及计量系统。实行供暖系统分楼分户计量，按功能分区控制，对热源供应与运作实施自动化控制。

7.1.3.2　采暖节能技术应用

本案例为地处西安某高校学生公寓围护结构改造[①]，该学生公寓为 5 层砖混结构，总建筑面积约为 5000m²。该公寓外墙采用 20 世纪 90 年代高校学生宿舍的常见做法，为 20 厚混合砂浆＋240 厚实心砖墙＋20 厚水泥砂浆，未采用保温措施。经分析外墙传热系数为 2.02 W/m²·k，大于建筑节能标准限值，外墙热损较大。改造后，在砖墙外增加 50 厚泡沫玻璃（墙体由内到外构造由基层、黏结层、泡沫玻璃、保温层、抹面层、饰面层组成），有效减小外墙传热系数，降低冬季采暖能耗负荷。改造前，外窗采用铝合金推拉窗，宿舍内门采用普通木门，此类门窗保温隔热效果差，且气密性等级较低，冷风渗透现象严重。改造后采用了断桥隔热铝合金双层玻璃窗及钢制保温门，以减小冬季室内热损耗。

经实测，改造前后，整个采暖期（五个月）平均节能率达到 63.3%。

7.1.4　空调节能

7.1.4.1　空调节能技术概述

随着办公学习环境的不断改善，空调设备已经成为大多数高校在新建校园或改造既有建筑时的标配。不同功能类型的校园建筑由于使用功能需求、使用频率及对室内环境品质的要求不同，所采用的空调系统形式也不同，常见的校园建筑的空调形式有中央空调系统、VRF 多联机系统和分体式空调，部分有特殊环境需求的实验室如信息中心机房、洁净室、实验动物中心等还会采用特殊工艺性空调。在夏热冬冷地区和温暖地区的校园建筑中，空调能耗占校园建筑总能耗的 50%～ 60%[②]，校园空调系统的节能潜力较大。分析空调能效不高的原因，主要有以下三方面：（1）早期高校建筑强调建筑通风性能，较多采用大面积玻璃窗户设计形式，导致围护结构保温性能差，直接增加空调能耗负荷；（2）校园建筑特别是校园公共建筑的人员流动性大，空调实际运行工况下人员密度波动幅度大，设计工况下计算负荷与实际工况相差较大，设备低

① 赵敬源.寒地高校学生公寓节能技术改造分析.低温建筑技术，2012(11).
② 江亿.我国建筑耗能状况及其有效的节能途径.暖通空调，2005(5).

负载运行时间较长,造成无效能源浪费;(3)空调运行管理分散,未进行集中控制,在无人时系统依旧运行,造成能耗浪费,且部分高校缺乏专业的空调运行管理人员,多数空调系统基本没有维护保养,导致空调的损坏以及运行效率下降。因此,空调系统节能不仅要改善高校建筑的围护结构保温隔热性能,还应从系统设计与管理本身改进提高。校园建筑空调节能措施如下。

(1)优化空调系统设计。由于各高校建筑类型和功能不同,在空调系统设计时应考虑优化机组选型、降低主机空载能耗;优化集中设计中央空调的管路,减少循环水泵的能耗,降低输配系统的能耗;优化空调系统的分区设计,提高空调系统的控制水平;据测算,空调设定温度在夏季每提高1℃或冬季每降低1℃,用电负荷可降低7%~10%[①],空调运行时,在不影响室内舒适度的情况下,适当选择节能的室内运行工况;针对图书馆、办公楼等校园公共建筑,在过渡季节可加大新风量,在冬夏季可减小新风量,以适当降低新风能耗。

(2)制定空调节能运行策略。根据高校建筑功能特性,针对不同建筑功能制定空调节能运行策略。包括:根据外界温湿度设置合理的室内温度,根据作息时间设定合理的开关机时间,限制无人的房间或不必要的末端系统的开启,保证空调主机以最少的台数、最小的功率维持最低限度的运行;对教学楼空调实行集中控制与管理,与教学排课表联动的空调开关控制,根据自习人数逐步开放教室等措施,会取得较好的空调节电效果;学生宿舍楼选用能效等级较高的房间空气调节器,并实施用电计量与定额收费,通过行为约束节约空调用电;应用空调群控与末端控制系统,可有效实现空调系统冷热源、输配系统和末端联动,监测空调系统运行状态和参数,通过设置合理的空调运行参数,可提高空调系统能效。

(3)加强空调用能管理和定期维护。大部分高校的图书馆、教学大楼、食堂等建筑较多采用中央空调系统或 VRF 系统,在节假日期间只有部分空间开放时,空调系统存在"大马拉小车"现象,应加强与空调使用部门的沟通,根据开放时段与开放空间合理规划主机开机台数与开机时间;在过渡季节,可在建筑启用前提早开启新风引入室外冷负荷以降低空调主机能耗,VRF 主机即使没有运行,在通电状态下有较高的待机能耗,在过渡季节应安排切断 VRF 主机电源以节约待机能耗;应有专业的维保机构对空调系统的设备系统、控制系统进行定期维护和保养,保证系统处于最佳运行状态。

(4)地(水)源热泵系统应用。地表浅层土壤、地下或地表水的温度一年四

---

① 杨文辉.公共建筑空调系统综合节能运行模式研究.重庆大学博士学位论文,2008.

季相对稳定,冬季比环境空气温度高,夏季比环境空气温度低,是很好的热泵热源和空调冷源,这种温度特性使得地源热泵比传统空调系统运行效率要高40％左右。地(水)源热泵系统就是利用浅层土壤、地下或地表水温度相对稳定的特点,通过地下埋管封闭循环水进行热量交换,依靠消耗少量的电力驱动热泵机组完成制冷或供热循环。冬季通过热泵把大地中的热量提出并对建筑供热,同时使地下温度降低并蓄存冷量,可供夏季使用;夏季通过热泵把建筑物中的热量传输给大地,对建筑物降温,同时大地蓄存热量以供冬季使用,从而实现制冷供暖或制备卫生热水的需求。

一般地源热泵的适宜性需根据高校所在地区的水文地质环境和浅层地热能状况经评估后决定,需从地区资源性条件、节能效益、经济效益和环境效益四方面因素进行综合评价。目前较为常用的地源热泵系统主要有地源热泵系统、水源热泵(地下水源、地表水源)以及与太阳能、天然气或冰蓄冷相结合的复合式地源热泵。

我国高校分布地域广阔,从东到西、从南到北的气候条件差异很大,由此高校建筑的冷热负荷需求相差很大,各地的地质条件、常规能源价格、电力价格因素是影响地源热泵适用性的主要因素[①],因此,对地源热泵系统的高效选用应因地制宜开展技术经济性评估。地源热泵系统的应用以及地源热泵运行费用低,但初投资偏高,如何在初投资与运行费用间取得平衡是地源热泵系统在应用中需要考虑的问题。

7.1.4.2　空调节能技术应用

1. 地源热泵建筑空调应用

天津大学公共教学楼建筑面积 14892m²,设计冷负荷 2100kW,设计热负荷 695kW。根据学校的使用特点和学校现有能源结构,结合学校整体发展规划及当前国家的能源战略,根据公共教学楼冷热负荷的特点和使用规律,地源热泵系统采用以冬季热负荷为设计参数,夏季配冷却塔调峰的能源形式,该系统形式既解决了地下土壤的冷热平衡问题又节省了大量的前期工程投资,为合理利用地下土壤能源和系统的可持续运营创造了良好的条件。

室外土壤换热器采用井深 120m,管径为 dn32 的双 U 形管,钻孔孔径150～200mm 的布置方案。竖直地埋管采用聚乙烯 PE100 SDR11 管,水平地

---

① 中国建筑节能协会.中国建筑节能现状与发展报告(2013—2014).北京:中国建筑工业出版社,2015.

埋管采用 PE100 SDR17 聚乙烯管,选择水为传热介质。室外管路设有防冻检测及防冻自动运行功能。竖直地埋管换热器采用膨润土、水泥、细砂和水组成的混合物进行灌浆,其中膨润土.水泥.细砂所占比例分别为 5%、5%、25%,其余部分为水和原浆。换热井间距为 4m×4m。负荷侧夏季供回水温差为 7~12℃冷水,冬季供回水温差为 40~45℃热水,夏季换热井温差为 30~35℃,冬季换热井温差为 5~10℃。按冬季热负荷计算共需土壤换热器 220 个。土壤换热器布置在教学楼周边停车场、绿地及楼间辅道上,室外土壤换热器按组团布置与地源热泵机组相对应,土壤换热器室外管网采用异程式管路系统配动态流量平衡阀的布置形式,每 30~40 个土壤换热器为一个小组团,每个小组团均设阀门检查井,井内设置阀门、过滤器、温度计、压力表、旁通管及平衡阀等设施。地埋管换热系统工作压力为 1.6MPa,实验压力为 2.1MPa。

根据公共教学楼冷热负荷的特点和使用规律及部分负荷使用情况,地源热泵主机采用 2 台调节性好的螺杆式地源热泵机组(冬季使用一台)。2 台螺杆式地源热泵机组为同一型号互为备用。由于系统的冷热负荷相差较大,为合理利用地下土壤能源和维持系统的可持续发展,保证地下土壤温度的冷热平衡,空调系统采用冷却塔调峰系统,设一台冷却塔系统在满负荷运行时投入使用。通过系统管路的调整,保证每台热泵机组均能在使用土壤换热器和冷却塔降温系统中进行灵活切换,由此保证了空调系统均能在多种负荷变化时优先使用高效、环保、清洁的可再生能源。室内系统均设有温控系统。地源热泵机组夏季制冷能效比大于 5.32。地源热泵机组冬季制热能效比大于 4.61。空调系统夏季设计能效比大于 3.79。空调系统冬季设计能效比大于 3.22(一台主机提供的热量)。系统节能率大于 50%。(见图 7-4)

图 7-4　地源热泵在建筑空调的应用

2. 校园科研楼空调系统节能改造①

某高校纳米中心研究大楼,建筑面积为 13000m²,根据超净实验室对恒温恒湿室内环境的特殊要求,利用基于溶液调湿技术的温湿度独立控制空调系统(溶液调湿空调系统),取代加湿困难、能耗较高的常规空调系统。

改造的空调系统,有效避免了常规空调系统因冷凝除湿—再热造成的能耗浪费;降低了加湿能耗;合理利用能源品位,冷机供回水温度由 5～10℃ 提高到 13～18℃,提高冷机制冷效率 30% 以上;简化水系统,取消为换热而设置的板换,减少水系统输配能耗。从经济性角度分析,溶液调湿新风机组运行费用仅为常规机组的 34.8%,每年可节约电耗约 90 万千瓦时。

7.1.5　校园太阳能综合利用

太阳能是各种可再生能源中最基本的能源,生物质、太阳能、海洋能、水能等都来自太阳,广义地说,太阳能包含以上各种可再生能源。现代建筑学对太阳能的解释是:经过良好的设计,达到优化利用太阳能这一预期目标的建筑,即用太阳能替代部分常规能源,为建筑提供热水、空调、照明等系列功能,最大限度地实现在建筑使用过程中对能源的节约与利用②。在校园建筑中充分重视太阳能等可再生能源技术的应用,不仅可以节约能源,也是绿色校园建设的重要内容。

结合校园所在的区域特征、建筑特性与建筑用能规律,太阳能在校园建筑中应用非常广泛,包括太阳能光热技术应用如太阳能热水、太阳能采暖、太阳能通风等;太阳能光伏发电技术包括利用校园屋面的太阳能发电系统或局部的太阳能路灯系统等。上述技术可以单项或一体化的形式应用于校园建筑中。因本章已对太阳能热水技术进行概述,此处对太阳能光伏技术作介绍。

1. 太阳能光伏发电技术概述

太阳能发电是通过光电器件将太阳能直接转换为电能,较常规发电,太阳能发电具有以下优点:(1)安全可靠,无噪音,无污染;(2)所需能量随处可得,无须消耗燃料,无机械转运部分,维护简单,寿命长;(3)建设周期短,规模大小随意;(4)可实现无人值守,方便管理与维护;(5)太阳能光电设备还可方便实现与建筑结合,有利于建筑装配一体化。

---

①　沈启. 北方高校校园节能减排实践案例分析. 建设科技,2013(12).

②　王崇杰,薛一冰,等. 绿色大学校园. 北京:中国建筑工业出版社,2012.

2. 太阳能光伏技术应用

(1)同济大学办公楼太阳能光伏建筑一体化(BIPV)示范项目①。见图 7-5。

屋顶光伏系统　　　　　　　立面非晶薄膜光伏系统（兼遮阳功能）

屋顶光伏组件：单晶硅　　　　　　多晶硅　　　　　　　非晶薄膜

图 7-5　光伏建筑一体化 BIPV

该办公楼由一大型停车场改建而成,综合应用了建筑光伏一体化等多项节能技术,其中光伏一体化系统总装机容量约 630kWp,太阳能板安装面积约为 6901 平方米,包含屋顶光伏子系统、光伏遮阳板子系统和光伏幕墙子系统 3 个部分,根据建筑的不同部位和功能需要,分别采用了单晶硅、多晶硅、非晶薄膜多样化产品,是国家级太阳能光伏建筑一体化应用示范项目。计算该示范项目的节能效益与环境效益如下:25 年项目生命周期内,总发电量约为 13565109kW·h,相当于减排二氧化碳 14368t,二氧化硫 46t,氮氧化物 40t。

(2)山东建筑大学太阳能路灯系统。

山东建筑大学改造太阳能路灯 61 组,太阳能组件峰值输出功率为 90Wp,面积约为 0.6 平方米,白天太阳能电池板接收太阳辐射并转化为电能输出,经过充放电控制器储存在蓄电池中,夜晚当照度降低至 10Lx 左右,太阳能路灯光电板开路电压为 4.5V 左右时,蓄电池对灯头放电,进行夜间道路照明。太阳能路灯灯头选用 LED 25W 冷光光源灯,按每天工作 8h 计算,该太阳能路灯系统全年可节约能源约 4.45 万千瓦/时,可节约费用约 2.23 万

---

① 同济大学节能办.同济大学节约型校园建设总结材料,2013.

元,按系统寿命 15 年计算,可节约费用约 30 万元,具有很好的经济效益和社会效益,见图 7-6。

图 7-6　太阳能路灯系统

7.1.6　校园节水与水资源综合利用

7.1.6.1　校园节水与水资源综合利用概述

　　校园水环境由校园给水、排水、污水处理、中水、雨水和景观用水等子系统组成。在绿色校园建设过程中,要以生态可持续发展理念为指导,在规划设计和建设管理中充分融入生态与环保思想,坚持节水和减少环境污染,尽可能节约、回收、循环使用水资源,提高水资源循环利用率,减少市政供水量和污水排放量,实现水资源系统的可持续利用和发展。

1. 污水资源的再生利用

　　"中水"是指介于"上水"(自来水)和"下水"(由排水管道排出的污水)之间一切可利用的水,目前主要是指城市污水或生活污水经过处理达到一定水质标准可在一定范围使用的非饮用水。随着水资源危机日趋严重,污水再生利用成为解决水资源危机、改善生态环境的一项重要措施[①]。在高校校园内建设中水回用系统是节约水资源和实现污水重复利用的重要技术措施。

　　中水回用的关键是处理技术,中水处理技术按其机理可分为生物法、物理化学法等。目前常用的是耗氧生物处理(如生物接触氧化法、活性污泥法、生物膜法等)。此外,膜技术因其技术先进、管理简单、占地小等优势备受关注。校园内中水处理工艺的选定应根据中水原水的水量、水质和回用要求的中水

---

　　① 王玲玲,沈熠. 国内外雨水、污水和中水在城市绿地系统中的应用进展及发展现状. 环境科学与管理,2008(3):45-47.

水量、水质与当地的自然环境条件适应情况，经过技术经济比较确定。表 7-5 所示为我国部分高校已建及拟建中水工程所使用的处理技术。

表 7-5　部分高校中水工程处理技术

高校	原水	采用的处理工艺
山东师范大学	洗浴废水、洗涤废水	生物接触氧化法
大连信息学院学生公寓	冲厕污水、粪便、洗浴、洗衣废水	三段生物接触氧化法
中央民族大学	洗浴污水	生物接触氧化法
天津某高校	学生公寓盥洗污水	淹没复合式膜生物反应器
山西某大学	洗浴废水、校园生活污水	生物接触氧化＋膜生物反应器

中水回用主要用作校园冲厕、道路清扫、校园绿化等杂用水及校园景观等环境用水，其水质应达到国家现行相关水质标准的要求。鉴于校园活动集中，学生集聚，在进行中水回用时，应在经济、简单、便捷的基础上，重点加强安全、卫生条件的控制。特别是中水作为校园内宿舍区和教学区的冲厕用水时，需加强水质监测及安全风险性分析；作为校园景观用水水源时，需控制水体富营养化。

2. 雨水的资源化利用

雨水资源化是水资源开源节流的一条有效途径，对生态环境的改善、水污染的控制等均具有重大意义。校园雨水资源化利用就是收集处理校园雨水，通过适当的处理使之成为回用水水源或水源补充的过程。

校园空间雨水分布较为固定，易于分区收集，且导致雨水水质变差的污染源较少，产生的污染项较简单，这些特征使得校园雨水利用的后续处理简单易行。结合绿色校园建设，以保护生态环境、节约水资源、减少雨水污染为出发点，对校园区域雨水资源进行生态设计和管理，从而使雨水资源的有效利用显得经济可行，特别是少雨地区，雨水利用也为校园规划中水体景观的实现提供可能[①]。在工程技术应用上，可通过屋顶绿化、低洼绿地、渗透性辅面等措施强化雨水的储蓄和下渗以减少雨水径流，通过景观水体的调蓄削减外排雨水量，通过地下雨水调蓄池等措施提高雨水利用，最终实现雨水资源利用、洪涝预防、环境改善等多功能的融合，满足绿色校园环境保护与生态建设的实际需求。

---

① 汤惠君. 绿色生态住宅小区水环境生态化问题的探讨. 生态环境, 2004, 13(2): 281-283.

3. 校园供水系统节水措施

校园作为用水大户,在开发利用非传统水资源的同时必须重视节水工作。在技术上,一方面,根据用途区分,实施高质高用、低质低用。如生活中对水质要求高的区域,如宿舍区洗漱、洗衣用水及食堂餐饮用水等采用自来水厂提供的优质水,而建筑内冲厕、校园绿化、道路市政用水及景观补充水等可采用回用水,减少对新鲜自来水的需求量;另一方面,校园内应普及节水设备及器具。如在宿舍楼、教学楼等建筑内可使用红外线节水控制器和脚踏冲洗阀等节水卫生器具。浴池可采用 IC 卡智能洗浴设备,同时改善供水系统的工况避免超压出流。校园绿化可采用微喷系统,杜绝大水漫灌现象。在管理上,应加强以水系统为对象的水量平衡监测工作,通过水量平衡分析,找出校园各用水环节的节水潜力,制定合理的用水技术改造方案,提高用水效率。加强对办公楼、实验楼、教学楼和学生宿舍的用水管理,开展管网测漏,降低管网漏损率,提高有效供水率。

7.1.6.2　校园节水与水资源综合利用典型案例

1. 浙江大学水资源综合利用①

(1) 雨水利用。浙江大学在教学楼改造过程中,利用雨水收集系统收集建筑屋面的雨水,通过微孔过滤与消毒净化水质并储存。收集的雨水用于绿化浇灌与景观水的补水。屋面雨水通过虹吸屋面雨水排放收集系统进行收集,经雨水初期弃流装置弃流后进入 PP 模块组合式一体化雨水利用建筑物内。杭州 24 小时降雨量为 57.5mm(一年重现期),初期雨水采用流量型弃流方式,初期雨水弃流厚度为 2mm,雨水收集处理后用于教学楼周边绿地浇洒与景观水补水使用。雨水收集系统工艺流程见图 7-7 所示。

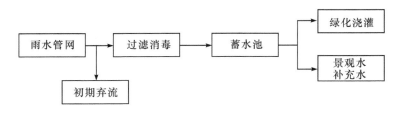

图 7-7　雨水收集系统工艺流程

---

① 　Wang Xiaohong. Practice and Analysis of Recycling the non-drinking Water from Air-condition and Reverse-Osmosis system into Rainwater Collection System. Journal of southeast university,2014,30:169-174.

（2）空调凝结水回用。项目设计考虑了空调凝结水的综合利用,目前大部分建筑的空调凝结水的处置方式为室外排放。空调凝结水是由空气当中的水蒸气经冷凝形成,理论上属于纯净水,回收利用空调凝结水,无论从环境效益,还是经济效益出发都是有利的。同时,此教学楼经改造后作为办公科研楼使用,每层的公共茶水间的直饮水系统均采用反渗透系统作为净水装置,而反渗透系统的浓水也是有利用价值的水源。由于饮用净水是每天必需的水源,反渗透浓水每天的出水量相对比较稳定。

经检测,此项目收集的水质完全达到国家杂用水使用标准,且水量可观。项目建筑占地面积为1461.2平方米,总建筑面积为6946平方米。常驻人员约300人,建筑屋面面积为1223平方米,绿化面积2343平方米,水景面积122平方米。夏天一天进入蓄水池蓄水总量约6吨。此项目可以完全保证建筑周边的绿化浇灌以及景观水补水量的需求。

2. 同济大学洗浴水处理循环利用

同济大学四平路校区学生集中浴室排放的洗浴废水,其水质水量均较为稳定,污染程度不重,设计水量为300~360m³/d。洗浴水处理工艺流程图见图 7-8。

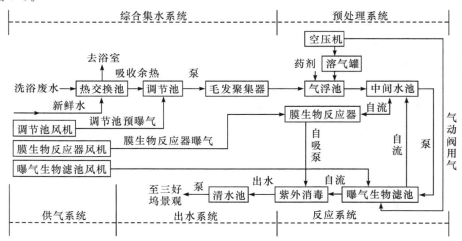

图 7-8 洗浴水处理工艺流程

首先洗浴废水出水流入热交换池（由热交换盘管吸收余热后对浴室冷水升温,由温度测控器实时监测进出水温度,传入中央工控机）,之后经过格栅进入调节池。调节池设有曝气管以平衡水质,并对废水进行预曝气。调节池内设超声波液位控制器,对水位进行实时监测,由中心工控机控制潜污泵的启停,低水位停泵,中水位启泵,高水位报警。流量为 240～300m³/d。

调节池废水被潜污泵提升经毛发聚集器进入气浮池,通过向洗浴废水中加入混凝剂聚合氯化铝铁(PAFC)进行破乳和混凝气浮,可降低水中的洗涤剂、悬浮物、胶体等污染物的含量。气浮出水进入中间水池(缺氧池)。

中间水池出水为两路,由在线氨氮、总磷等自动控制仪表监测,若水质较好,则由曝气生物滤池处理后直接排入中水池;若水质一般,则不经曝气生物滤池直接流入膜反应池,经自吸泵抽吸进入中水池;若水质较差,则由曝气生物滤池处理后再行排入中间水池,之后流入膜反应池。

曝气生物滤池的控制由中心工控机通过电磁阀箱对气动阀门进行自动调控。曝气生物滤池滤料粒径为 3～5mm;最佳水力负荷为 1.5m³/m² · h;最佳容积负荷为 2kgCOD/m³ · d;最佳水力停留时间(HRT)为 0.4h;正常运行 48h 后反冲洗 10min;HRT 时间为 0.5～2h。

膜生物反应器通过自吸泵抽吸作用出水,出水采用间歇出水方式,出水 12min,停止 3min;HRT 为 2～4h;污泥停留时间(SRT)为 60d;污泥浓度为 3000～4000mg/L。当反应器的水位到达超低水位或中水池水位达到高水位时,反应器停止出水。膜生物反应器用在线清洗和离线清洗两种方式进行清洗。膜生物反应器运行约 3 个月进行一次在线清洗,运行约 6 个月进行一次离线清洗,清洗用药剂为次氯酸钠,活性氯浓度约为 3000mg/L,在线清洗药液量为 2L/m² 膜,离线清洗药液量以可以浸没膜组件为止。

反应器的出水经在线紫外消毒器消毒后进入清水池(中水池),由潜水泵送入校园景观系统,再流入学校水体进行水源补给。

7.1.7　校园节能监管平台

高校校园节能监管平台是开展绿色校园能源节约管理的基础技术手段,根据校园能源监测和管理需要,高校校园节能监管平台一般由建筑能耗监测、供水管网监测和环境监测等子系统构成。节能监管平台基于互联网和物联网,通过分布于校园各用能用水节点的水、电、环境测量传感设备,将能耗、水耗和环境参数通过互联网上传到节能监管平台,实现校园能耗水耗数据的实时采集、监测与分析,从而最大程度掌握校园用能用水特征,为开展绿色校园节能节水管理提供数据支撑与管理依据。

校园节能监管平台的主要功能是通过对校园建筑能耗数据的分类、分项、分户与用水数据的实时监测计量与统计分析,实现校园能耗数据实时监测、图表显示、自动统计、节能分析、数据存储、报表管理和指标比对等功能。节能监测平台使校园建筑能耗和水耗从无形到有形,实现管理者对校园能耗水耗的实时感知,对校园节能成果进行定量评估,为学校节能改造提供量化工具以及参考决策依据,使学校节能工作从粗放管理向精细化管理过渡,为学校进一步实施能源使用定额管理提供了数据支持和管理平台。

7.2 我国高校建筑节能改造适用技术应用现状调研

根据《民用建筑热工设计规范》(GB 50176—2016),将我国建筑热工气候分区分为严寒、寒冷、夏热冬冷、夏热冬暖及温和五个建筑热工气候分区。建筑用能与建筑所在的气候关系密切,中国高校分布地域广泛,本节对不同气候区域的高校校园建筑节能改造过程中采用的主要技术措施进行调研与分析,从建筑节能技术气候适用性出发,对不同气候区的高校节能改造过程中的节能技术应用现状进行了探讨。由于温和地区所在区域范围较小,且该地区本次调研的样本高校较少,不具有代表性,因此,在本节中温和地区的高校节能改造适用技术不做讨论。

7.2.1 严寒地区高校

1.气候特性及建筑特点

严寒地区冬季漫长而寒冷,夏季短而温热,降水集中。春季干旱多风,秋季日光充足,凉爽而短促。气温日较差和年较差大,冷暖变化剧烈,无霜期较短,降水少且集中,气候干燥。严寒地区建筑设计的主要矛盾是建筑的防寒问题。建筑防寒包括采暖与保温两个方面,要使室内具有合乎卫生标准的室温就必须采暖,但如何使建筑热损耗的控制取得经济、合理的效果并不单纯是建筑围护结构的热工学问题,建筑设计方案的优劣对防寒的功能也会有影响。必须充分满足冬季保温要求,一般可不考虑夏季防热问题。

2.建筑节能技术应用现状

通过对严寒地区 8 所高校样本进行调研,并对部分高校进行了现场走访,总结出各高校在建筑节能改造过程中所采用的建筑节能技术措施如表 7-6 所示。

表 7-6　严寒地区高校节能改造技术措施应用现状

节能措施		A	B	C	D	E	F	G	H
节水及水资源利用	节水器具改造		√	√		√		√	
	中水、雨水利用		√	√			√		√
	水平衡测试								√
	其他节水措施	√		√				√	
既有校园建筑节能改造	围护结构改造					√		√	
	锅炉节能改造	√		√					
	采暖系统节能改造	√						√	√
	空调系统节能改造								
	灶具节能改造					√			
可再生能源综合利用	太阳能热水		√		√	√		√	
	空气源热泵热水系统								
	地水源热泵								
	余热废热利用				√				
	太阳能光伏					√			
建筑节能专项技术	浴室计量收费系统						√		
	节能灯具改造	√		√		√	√	√	√
	能耗监测平台建设	√	√		√		√		
	智能控制	√		√	√		√		√
	其他节能措施						√	√	√

　　从上述 8 所高校采用的校园节能改造技术来看,大多数高校对楼宇实施了节能灯具更换,建设了校园节能监管平台;严寒地区日照资源丰富,有 50% 的高校采用太阳能热水系统取代原有的燃煤锅炉供应生活热水,同时,对已有的供暖系统进行计量及用能监测,采取优化供暖系统管线等综合节能措施。

　　严寒地区高校较注重校园节水与水资源综合利用改造,有 4 所高校开展了节水器具改造,有 4 所高校开展了雨水与中水回用,如东北农业大学采用合同能源方式建设了校园中水回用工程,一期工程实现了 21 栋楼宇的中水冲厕,满负荷工作时,每天回用的中水量在 1800～2500 吨;内蒙古工业大学对男生宿舍卫生间小便冲槽进行节水改造,使用节水型远红外感应小便斗后年节水量为 30 万吨,对校园楼宇卫生间内用水设备进行改造,年节水达 20 万吨,节水效果明显。

7.2.2 寒冷地区高校

1.气候特性及建筑特点

我国寒冷地区的冬季较长且寒冷干燥,夏季炎热湿润,降水量相对集中。春秋季短促,气温变化剧烈,春季雨雪稀少,多大风风沙天气,夏季多冰雹和雷暴。气温年较差大,日照丰富。冬季各主要城市月平均温度基本都在0℃以下。寒冷地区特别是冬季既有采暖要求,部分地区要兼顾夏季防热降温要求。

2.建筑节能技术应用现状

从我国教育资源分布来看众多高校位于寒冷地区。本书通过对寒冷地区16所高校在建筑节能改造过程中采用的主要节能技术措施进行调研与分析。调研分析结果如表7-7所示。

表 7-7 寒冷地区高校节能改造技术措施应用现状

技术措施		A	B	C	D	E	F	G	H	I	J	K	L	M	N	O	P
节水及水资源利用	节水器具改造	✓	✓	✓					✓		✓	✓				✓	
	中水、雨水利用	✓	✓	✓	✓	✓	✓		✓	✓							✓
	水平衡测试					✓	✓		✓	✓				✓	✓		
	其他节水措施	✓	✓	✓	✓		✓		✓	✓		✓		✓	✓	✓	✓
既有校园建筑节能改造	围护结构改造		✓						✓								
	锅炉节能改造		✓						✓			✓				✓	
	采暖系统节能改造			✓		✓	✓		✓			✓					✓
	空调系统节能改造	✓						✓					✓				
	灶具节能改造		✓		✓						✓						
可再生能源综合利用	太阳能热水	✓		✓					✓		✓					✓	
	空气源热泵热水系统							✓			✓						
	地源水源热泵	✓	✓							✓			✓	✓			
	余热废热利用			✓										✓			
	太阳能光伏					✓			✓		✓						

续表

技术措施		A	B	C	D	E	F	G	H	I	J	K	L	M	N	O	P
建筑节能专项技术	浴室计量收费系统		√			√	√		√					√			√
	节能灯具改造	√	√	√	√		√		√	√	√	√		√			√
	能耗监测平台建设	√	√			√			√			√		√	√		√
	智能控制	√	√		√	√		√	√		√	√	√	√			√
	其他节能措施	√		√	√	√	√		√	√	√	√	√	√	√		√

　　寒冷地区高校基本位于缺水区域,因此,各高校在节水与水资源综合利用方面的投入较大。和严寒地区类似,大部分高校都采取了更换节水器具等技改措施,与传统的用水器具相比,每年大约可为学校节约 20% 的自来水;大部分高校采用了校内绿地的灌溉微喷灌设备,有些高校还建设改造了中水和雨水收集浇灌系统,有效节约水资源。除对用水设施进行节水改造和采取水资源综合利用措施以外,有部分高校还定期开展校园水平衡测试工作,对校园用水合理性进行分析,对地下供水管网进行漏损分析与检测,有效控制地下管网渗漏。

　　在建筑节能的专项技术应用上,大部分高校采取了照明节能灯具改造,部分实施了油式变压器更换为干式变压器等供配电设施改造,以提高用电设施能效与可靠性,超过一半的高校建立了建筑节能监管平台,对教学、办公楼、学生公寓、食堂、科研楼等节能潜力大的楼宇进行分类、分项、分户能耗和水耗计量,实现了对学校供水管网和供电、供暖网络的实时监测,为学校开展节能管理、节能改造和能耗定额制定等提供了有效手段。

　　寒冷地区冬季与严寒地区气候条件相似,冬季寒冷,供暖能耗较大,寒冷地区的部分高校开展了提高建筑墙体保温性能的围护结构改造,同时还对已有的供暖系统进行分栋分户计量改造及用能检测,通过优化供暖系统分区、分时控制调节等手段提高供暖能效。

　　少部分高校对食堂进行燃气灶具的改造,有效减少餐事燃气的消耗量。部分高校还对既有建筑的中央空调系统进行节能改造。例如,清华大学,对学校第六教学楼、信息机房中央空调进行了节能改造,每年可节电 30 万 kW·h;北京大学采用合同能源管理方式对东校区的锅炉进行空气源和烟气源热泵改造,不仅减少了燃煤锅炉对空气的污染,同时还达到了节能的目的。

　　寒冷地区的部分高校处于地热能丰富区域,有些寒冷地区的高校梯级利用地热水挖掘了地热能的资源供应量,已应用于学生洗浴、供暖等能源供应,是可再生能源利用的较好案例。

7.2.3　夏热冬冷地区高校

1.气候特性及建筑特点

夏热冬冷地区夏季闷热,冬季湿冷,气温日较差小。年降水量大,日照时数偏少。春末夏初为长江中下游地区的梅雨期,多阴雨天气,常有大雨和暴雨天气出现。沿海及长江中下游地区夏秋常受热带风暴及台风袭击,易有暴雨天气。必须满足夏季防热要求,适当兼顾冬季保温。

我国东部经济发达城市高校众多,这些地区大多位于夏热冬冷地区。通过对夏热冬冷地区 24 所高校进行调研,各高校主要采用的节能措施如表 7-8。

表 7-8　夏热冬冷地区高校节能改造技术措施应用现状

技术措施		A	B	C	D	E	F	G	H	I	I	K	L
节水及水资源利用	节水器具改造	√		√		√		√				√	√
	中水、雨水利用	√	√			√							√
	水平衡测试			√	√								
	其他节水措施	√	√	√	√	√	√	√			√	√	√
既有校园建筑节能改造	太阳能热水	√							√	√			
	空气源热泵热水系统	√		√	√								√
	地源水源热泵			√		√							
	余热废热利用					√							
	太阳能光伏			√		√					√		
建筑节能专项技术	浴室计量收费系统	√		√		√							
	节能灯具改造	√	√	√	√	√	√	√			√		√
	能耗监测平台建设	√	√	√		√		√	√			√	√
	智能控制	√		√		√					√		√
	其他节能措施	√	√	√	√		√	√	√		√	√	√

续表

学校名称		M	N	O	P	Q	R	S	T	U	V	W	X
节水及水资源利用	节水器具改造	✓					✓		✓	✓	✓		
	中水、雨水利用	✓		✓				✓					
	水平衡测试								✓	✓	✓		
	其他节水措施	✓	✓				✓	✓					
既有校园建筑节能改造	围护结构改造												
	锅炉节能改造		✓										
	采暖系统节能改造		✓										
	空调系统节能改造										✓		
	灶具节能改造	✓	✓										
可再生能源综合利用	太阳能热水			✓		✓	✓	✓					✓
	空气源热泵热水系统	✓		✓	✓	✓					✓		
	地源水源热泵			✓									
	余热废热利用												
	太阳能光伏			✓				✓					
建筑节能专项技术	浴室计量收费系统						✓						
	节能灯具改造	✓	✓	✓	✓			✓	✓				✓
	能耗监测平台建设	✓			✓	✓	✓			✓			
	智能控制	✓	✓							✓			
	其他节能措施		✓		✓		✓	✓	✓				✓

　　夏热冬冷地区虽然位于我国的丰水区,但该地区仍然属于水质性缺水地区。各高校在节水与水资源综合利用方面均采取了综合性措施,部分高校校园绿化用水已经采用喷灌、滴灌技术,并按照植物特点和气候变化灵活调整喷灌时间频度和长度,从而达到节水的目的;部分高校还对校园内的传统用水器具进行更换,采用节水型龙头或者远红外控制的节水器具,从而有效节约公共卫生间等场所的用水;充分利用雨水收集系统,部分高校节水率可以达到 30%。

夏热冬冷地区气候由于冬季寒冷夏季炎热,空调能耗占校园能耗的比例较大,因此,提高围护结构的保温隔热性能是减少空调能耗的有效措施。部分高校新建校园规划和新建建筑已经注重对保温隔热措施的应用,而已建的老校区大部分窗户、外墙等均不符合建筑节能保温隔热相关措施,如选用的窗户均是普通的单层玻璃,保温隔热性能较弱,在节能改造过程中部分夏热冬冷地区高校对既有建筑进行节能改造改用双层玻璃,对建筑外墙进行隔热改造,从而有效减少空调冷热负荷能耗。

考虑到夏热冬冷地区的气候特点,空气源热泵热水系统全年的 COP 大约在 2.5,能有效地降低能耗,达到节能的目的,该地区高校已经广泛采用该项技术,并与太阳能热水系统相结合,取得了较好的效果。

夏热冬冷地区大多数高校建立了能耗监管平台,在能耗监管平台基础上,较多的高校实现了校园能耗监测向校园能耗智能控制的平台升级,包括空调、照明的智能控制等。

7.2.4 夏热冬暖地区高校

1. 气候特性及建筑特点

夏热冬暖地区气候特征为:夏季炎热,冬季温暖,湿度大,气温年较差和日较差均小,降雨量大,大陆沿海及台湾、海南诸岛多热带风暴及台风袭击,常伴有狂风暴雨。太阳辐射强,日照丰富。建筑围护结构设计必须满足夏季防热要求,一般可不考虑冬季保温。该地区调研样本高校采用的节能措施见表7-9。

表 7-9　夏热冬暖地区高校节能改造技术措施应用现状

技术措施		A	B	C
节水及水资源利用	节水器具改造	√		
	中水、雨水利用		√	√
	水平衡测试			√
	其他节水措施		√	√
既有校园建筑节能改造	围护结构改造			
	锅炉节能改造			
	采暖系统节能改造			
	空调系统节能改造			
	灶具节能改造	√	√	

技术措施		A	B	C
可再生能源综合利用	太阳能热水	√	√	
	空气源热泵热水系统	√	√	√
	地源水源热泵			
	余热废热利用			
	太阳能光伏	√		
建筑节能专项技术	浴室计量收费系统			
	节能灯具改造	√	√	√
	能耗监测平台建设	√	√	√
	智能控制	√	√	√
	其他节能措施	√	√	√

夏热冬暖地区高校相比于寒冷及夏热冬冷地区,数量相对较少,且冬季气候条件相对较好,主要是夏季比较炎热。因此高校建筑节能改造时主要考虑夏季通风及遮阳隔热措施。分析该地区 3 所样本高校在建筑节能改造时所采取的节能技术措施,主要采用了节能灯具改造以及中水回用和雨水利用等主要节能节水措施,且均设置了建筑节能监管平台。

7.2.5　小结

通过对不同气候区 50 余所高校的调研,就高校校园节能改造过程中所采用的节能技术总结如下。

高校校园节水与水资源综合利用。大部分高校通过更换节水器具,采用微喷灌、滴灌设备对校内绿地进行灌溉,部分高校特别是北方地区高校因处于缺水地区,有 50% 以上的高校在校园内建立了中水处理站或雨水收集系统,以加强水资源的二次回用,有效节约水资源;部分高校还通过水平衡测试等技术手段,加强校园节水的日常管理,有效控制校园地下管网漏水,避免水资源浪费。

绿色照明与电气节电、能耗监管平台建设。在教学大楼、图书馆等区域普遍进行了节能灯具更换,在照明节能改造中,一般都会选择较现有灯具更高能效的 T5 荧光灯或 LED 光源;对水泵和风机进行变频改造,部分高校还对变压器等设备设施进行改造,如油式变压器更换为干式变压器;大部分高校建设了能耗监管平台,对校园建筑用能实施分类分项分户计量,对学校供水管网的用水量实施水量实时监测。

校园供暖和空调节能改造。严寒及寒冷地区由于供暖能耗占校园总能耗的较大比例,部分高校通过加强建筑围护结构保温措施提升供暖效果,同时对已有的供暖系统进行计量及用能监测,优化供暖系统运行;而夏热冬暖地区,更侧重于建筑隔热,通过外窗改造提升建筑围护结构的隔热效果,空调能耗是夏热冬冷地区高校的主要建筑能耗,这些高校更注重对空调系统的调适,加强系统智能控制与优化,实现空调系统的整体节能。

校园卫生热水制备。调研高校较多地应用太阳能和地热资源提供成本低廉的生活热水,北方高校日照丰富,较多采用太阳能热水系统、地热资源相对丰富的北方高校还利用浅层地热加热生活热水;夏热冬冷地区和夏热冬暖地区高校较多应用空气源热泵热水系统或与太阳能热水系统的组合应用技术。在高校卫生热水的节能改造过程中,较多的高校还通过合同能源管理模式实施节能改造,运用专业力量和社会资金为校园节能服务,是高校通过合同能源模式推动节约型校园建设的成功案例。

针对不同地区的社会经济水平、气候特点和高校校园建筑特性,各地区的高校在实施建筑节能改造过程中各有侧重点,技术选用也与当地的气候状况、地质条件、一次能源价格和社会经济水平相适应。在建筑节能技术选用上,夏热冬冷和夏热冬暖地区的高校建筑更注重建筑遮阳、隔热和通风,而严寒和寒冷地区的高校建筑更注重防寒和保温,建设资源节约型和环境友好型校园是高校开展绿色校园建设的方向,中国高校地域分布广阔,在南方高校适应的节能技术并不适用于北方高校,各高校在建筑节能改造和新建建筑节能规划中,应仔细分析需求,因地因校制宜,采用适当的节能技术和有效的管理优化措施,才有可能在校园能效管理中取得较好的效果。

7.3　高校建筑节能改造典型案例

7.3.1　浙江大学学生生活区供热系统节能改造

7.3.1.1　供热系统概况

1. 项目基本情况

本项目位于浙江省杭州市浙江大学紫金港校区的学生生活区,生活区主要为学校近 2.3 万余名学生提供住宿和餐饮服务,主要建筑为学生宿舍和食堂。其中学生宿舍分 7 个学园,共 35 幢学生宿舍楼,建筑面积为 27.12 万平方米。食堂提供校区师生日常就餐,日就餐人次约 5 万余人次,食堂建筑面积为 2.67 万平方米。

2. 生活区总体能耗分析

　　浙江大学紫金港校区学生生活区的能源消耗主要分为两部分:学生宿舍生活能耗和食堂餐事能耗,本项目于 2011 年开始实施,根据浙江大学能耗监管平台监测结果,项目改造前的 2010 年,生活区用电总量为 1124 万千瓦时,集中蒸汽消耗量为 91831 吉焦,天然气耗量 70 万立方米,折合标煤为 8105tce,生活区单位建筑面积能耗为 29.89 kgce/m²,其中电力、蒸汽、天然气分别占总能耗的 50%、39% 和 11%,见图 7-9。

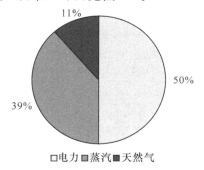

图 7-9　浙大紫金港校区生活区能耗比例

3. 供热系统现状与节能潜力分析

　　本次改造主要针对生活区供热系统,该供热系统的热源在 2009 年 3 月前采用杭州市热电厂供应的余热蒸汽,主要用于学生宿舍生活热水和食堂餐事用热如蒸煮、消毒和洗碗热水,年用蒸汽量 91831 吉焦,市政蒸汽价格为 48 元/吉焦;2009 年 3 月以后,由于城市规划的调整,杭州市政热网停止供热,改由学校自建燃气锅炉房供应蒸汽,锅炉房出口的蒸汽价格为 93 元/吉焦。同时,由于蒸汽管线长、保温层年久失效、蒸汽供应连续运行和间歇性用热造成冷凝损耗巨大,根据学校委托浙江大学热工与动力系统研究所的监测结果,学校蒸汽管网热损达 50% 以上。如果能对食堂和学生宿舍供热系统进行节能改造,最终停止生活区蒸汽管网供热,将是学校消除能耗"黑洞"的有效节能举措。

7.3.1.2 学生公寓生活热水节能改造

1. 学生公寓生活热水系统概况

浙江大学紫金港校区学生宿舍于 2002 年建成,共分 7 个学园,热水系统设计为分学园建筑组团设热交换机房,利用蒸汽加热生活热水后采用全循环热水管网,24 小时集中供应热水,服务学生人数为 23000 余人。热水给水系统给水竖向分两个区,架空层至二层为直供区,三层及三层以上为加压区,热水机房根据各学园建筑组团的空间特点设于宿舍架空层或地下室。各组团建筑面积和服务人数见表 7-10。

表 7-10 浙江大学紫金港校区学生公寓建筑及生活热水服务规模

序号	学园名称	住宿人数(人)	建筑面积(m²)
1	白沙学园	2712	29643
2	翠柏学园	2864	39656
3	青溪学园	2929	37536
4	丹阳学园	3427	33686
5	紫云学园	2520	26077
6	碧峰学园	2520	26392
7	蓝田学园	6490	78178
8	合计	23462	271168

2. 节能改造方案

根据原有机房的条件采用两种改造方案:方案一为能源塔热泵热水系统,方案二为空气源热泵辅助电加热系统。分别根据现场实施条件及用能需求情况有针对性地选择上述两种方案。

(1)学生公寓能源塔热泵热水系统

能源塔热泵是利用太阳辐射给地球反辐射给大气的低温位热能资源,通过输入少量的高位电能,实现低位热能向高位热能转移的一种为建筑物提供冷暖空调、生活热水的可再生能源技术。其工作原理是利用水源热泵机组的冷凝侧加热生活用水,蒸发侧的低温水通过能源塔热交换从空气中吸收热量。根据外界温、湿度不同,本项目中的能源塔热泵系统分为三种工况运行。

夏季工况:能源塔热泵系统在夏季时实现制冷、制热双工况运行,在制取生活热水的同时,利用蒸发侧冷冻水向外界的吸热过程提供冷量,在本方案采取"以热定冷"方式,在制取生活热水过程中,通过安装于就地的风机盘管向学生公寓大厅、值班房、附属用房提供空调冷量,实现冷热量的双向使用。

过渡季工况:能源塔热泵系统在过渡季节实行单制热水工况。利用热泵机组的冷凝侧加热生活用水,蒸发侧的低温水通过能源塔热交换从空气中吸收低品位热能。过渡季制取热水时相当于空气源热泵,其制热性能和效率与空气源热泵相当,但能源塔可以取得较好的环境效益,如环境噪声低于 50 分贝。

冬季工况:能源塔热泵系统在冬季工况下能实现较高的能源效率,其主机效率在 2.8 以上。在冬季极端温度(0~-4℃)下利用冰点低于 0℃ 的载体介质,高效提取低温环境下空气中的低温位热能资源,通过能源塔水源热泵机组输入少量电能,实现低温环境下热能向高温环境的传递,达到制取热水的目的,冬季极端温度下热水系统 COP 值大于 2.2。(见图 7-10)

图 7-10　能源塔热泵系统:室外能源塔和室内水源热泵主机

(2)空气源热泵辅助电加热系统

空气源热泵热水系统是继燃气热水器、电热水器、太阳能热水器之后,在我国长江流域以南地区广泛使用的第四代热水设备,这种新型热泵热水系统由热泵主机和大容量承压保温水箱组成,广泛应用于学生公寓、医院、宾馆等集中热水供应系统。空气源热泵热水系统利用空气的低品位能源,用热泵循环提高其能源品位后用于加热生活热水,在标准工况下,由于使用 1 份电能可吸收近 3 份空气能,从而供应 4 份热能加热热水系统,空气源热泵热水系统是一项极具开发和应用潜力的节能、环保新技术,目前在我国长江以南地区得到广泛应用。(见图 7-11)

图 7-11　空气源热泵辅助电加热系统:室外主机和室内热水机房

7.3.1.3　食堂供热系统节能改造

1.食堂供热系统概况

食堂位于紫金港校区学生生活区南侧,食堂建筑面积为 2.67 万平方米,地上三层,地下局部一层。一层为 1 个风味餐厅和 1 个自选餐厅,二层为 2 个大众餐厅,三层为接待餐厅和办公区,食堂可同时满足 2 万名师生用餐,日用餐人次达到 5 万余人次。

本项目主要对食堂蒸汽系统进行综合节能改造,食堂用蒸汽主要涉及两大系统,分别为碗碟清洗消毒系统和主食生产加工系统。本次改造采用分散式供热改造的原则,用天然气、电力、太阳能等热源系统替代原有以蒸汽为热源的生产设备,改造完成后的食堂用能设备,将不再由学校主供汽管网供应蒸汽,结合前面学生公寓生活热水系统节能改造,整个学生生活区将停运校区集中蒸汽管网供应蒸汽,在提高末端能效的同时,杜绝了生活区 1200 米长,供汽管径为 DN330 的管网热损,从而提高生活区供热系统的整体供热效率。

2.节能改造方案

食堂供热系统节能改造内容包括两部分,即主食生产加工系统和碗碟清洗消毒系统,具体的改造内容为两项:一是主食生产加工系统。主要包括稀饭、馒头、菜肴等各类蒸煮设备更新,将原有的蒸煮热源蒸汽系统改为天然气、小部分的电煮设备;二是碗碟清洗消毒系统。选用具备节能环保、水循环使用、余热回收等节能措施的高效率洗碗设备,替换原有的以蒸汽供热为主的低效率、环境影响差的洗碗消毒设备,减少蒸汽与热水消耗,提高工作效率,降低能耗成本;同时配备空气源热泵辅助太阳能热水制备系统,补充碗碟清洗系统用热水,最大程度节约热水制备能耗。

(1)主食生产加工系统

根据食堂每日供应和主食数量及相应规格,主食蒸煮加工设计参数如表 7-11 所示。

表 7-11　主食蒸煮设备加工设计参数

产品类型/规格	每小时产量	加工总量
稀饭	525 kg	800 kg
豆浆	600 kg	800 kg
包子/ 75 克	1290 只	4500 只

续表

产品类型/规格	每小时产量	加工总量
刀切/100 克	960 只	300 只
大包/100 克	960 只	800 只
菜包	480 只	200 只
其他主食	900 只	800 只
糕团	150 只	200 只

根据上述参数,将以使用蒸汽作为加工能源的主食蒸煮设备改为以电能或天然气作为能源的主食蒸煮设备,在不改变目前加工场地布局的情况下,以新设备替换原有设备。具体设备清单见表 7-12。

表 7-12　主食蒸煮设备节能改造清单

设备名称	型号/规格	数量	用途
全钢可倾燃气式汤锅	规格:1485×925×103;容积 200L;燃气量:40000KCAL/h	6	稀饭、豆浆
双眼鼓风蒸灶	规格:2000×1000×(800+300);电量:550W/1PH/220V	2	蒸团
燃气蒸饭车(双门)	电量:2×12kW/3PH/380V;容量:100kG;	2	包子、蒸菜

(2)碗碟清洗消毒系统

碗碟清洗系统采用德国 MEIKO 公司的餐具清洗整体解决方案,主要改造内容包括餐具传送系统、餐具洗涤系统、餐厨垃圾处理系统和餐具收集系统;洗涤热水采用空气源热泵辅助太阳能热水制备系统,见图 7-12。碗碟清洗系统的具体改造需求和设备配置清单见表 7-13。

表 7-13　碗碟清洗量和清洗设备参数

餐厅位置	最大清洗量（碟/餐）	清洗时间要求	设备配置（套）	配置清单
一楼餐厅 1	14500	即时清洗	1	MEIKO 传送带装置 A、B 各 1 条;BA124 PG-CSS TOP 清洗系统 1 套、BTA240 清洗系统 1 套、托盘自动叠放装置 4 套、叠放车 2 辆、AZP80 食物残渣处理机及水流系统各 1 套

续表

餐厅位置	最大清洗量（碟/餐）	清洗时间要求	设备配置（套）	配置清单
一楼餐厅2	13500	高峰结束后30分钟内完成	1	国产传送带A、B各1条、喷水装置1套、食物残渣投放收集装置1套、浸泡储存水池1套、B690·VAP CSS TOP、清洗系统各1套
二楼餐厅1	12500	营业结束后30分钟内完成	1	
二楼餐厅2	12500	营业结束后30分钟内完成	1	

图 7-12　碗碟清洗系统和餐厨垃圾处理系统

空气源热泵辅助太阳能热水制备系统，设计日产水量不少于30吨，水温55℃，主要用于蔬菜、碗碟的清洗等，主要设备配置见表7-14。

表 7-14　热水供应系统节能改造设备配置表

分项内容	规格	数量
太阳能集热器	Φ58×1800－40支横插式	72组
水泵	PH－401E	2台
	PH－2200Q	2台
变频控制器	德力西3700W	1套
30吨保温水箱	304全不锈钢方型保温水箱	1只
10吨保温水箱	304全不锈钢圆桶保温水箱	1只
空气源热泵	输入功率15P	4台

7.3.1.4　项目效益分析

1.节能效益。项目改造前后的节能量分析见表7-15。项目改造前以蒸汽供热为主，供热系统用能总量为3164 tce，节能改造后实测供热系统用能总量为1207tce，项目总体节能1957tce，节能改造后生活区整体节能率可达24%，供热系统的总节能率为62%。

表 7-15　紫金港校区学生生活区蒸汽系统节能改造节能效益测算表

一、改造前年用能量			
项目	用量	折标系数	折标煤（tce/a）
蒸汽消耗量	91831GJ	0.03412 tce/GJ	3133
电力消耗量	100358 kW·h	0.000308 tce/kW·h	31
小计			3164
二、改造后年用能量			
项目	用量	折标系数	折标煤（tce/a）
电力消耗	3001776 kW·h	0.000308 tce/kW·h	925
天然气消耗	212445 m³	0.00133 tce / m³	283
小计			1207
三、年节能率测算			
年节约标煤（tce/a）	3164－1207＝1957	1957	
供热项目总节能率	1957/3164＝62％	62％	
生活区总节能率	1957/8105＝24％	24％	

2.经济效益。学生生活区供热系统节能改造示范项目共分为两个子项目，其中学生公寓生活热水项目节能改造投入为 3313 万元，食堂综合节能改造示范项目投入 1088 万元，两项共计投资 4401 万元。整体节能改造后，紫金港校区蒸汽管网生活线全部停运，蒸汽系统节能改造方案的经济效益体现在三个方面：一是降低管网热损失节约能耗经费，二是采用高效能用能设备直接减少能耗费，三是管网维修和管理成本的节约。根据改造前后运行数据，节能经济效益测算数据见表 7-16，项目年节约费用为 705 万元，静态投资回收期 6.24 年。

表 7-16　紫金港校区生活区蒸汽管网节能改造经济效益测算表

一、改造前成本		
项目	计算明细	金额（万元）
直接能耗费	（1）生活线蒸汽费支出 91831 吉焦/年×93 元/吉焦＝854(万元) （2）食堂电费成本：100358×0.558 元/ 千瓦时＝5.6(万元) （3）食堂水费成本：63656×1.85 元/ 吨＝12(万元)	872
主管网维修费	（1）蒸汽管网投入使用后的管网维修费均摊为 1030 万元/10 年＝103（万元/年）	103
管理人工费	（1）食堂热力机房管理人工：16 万元/年 （2）学生村热水机房管理人工：59 万元/年	75
小　计		1050

二、改造后成本		
直接能耗费	(1)学生公寓热水成本 410 万千瓦时×0.558 元/吨＝229(万元) (2)食堂电费成本：748737×0.558 元/千瓦时＝41(万元) (3)食堂水费成本：7443×1.85 元/吨＝1.4(万元) (4)食堂天然气成本：212445×2.4 元/立方米＝51(万元)	321
管理人工	(1)热水机房管理人员 4 人×6 万/人＝24(万元)	24
小计		345
三、年节约费用及投资回收期		
年节约费用	1050－345＝885(万元)	885
静态投资回收期	4401/705＝6.24(年)	6.24

7.3.1.5　项目总结

本节能改造项目在校区建设时采用热电厂余热蒸汽集中供热,解决食堂餐事和学生生活热水供热问题,在项目建设初期因建设投资省、余热成本低、供热可靠性好等优点,项目设置有其合理性,但随着国家对地方节能减排目标考核倒逼机制出台,城市热电厂关停后需要学校自建锅炉房,随之能源利用效率低和能耗费用高等矛盾日益突出,本项目正是基于上述原因对学生生活区供热系统实施的综合节能,应该说,在全国各高校的生活园区供热改造过程中项目具有代表性,其采用的改造方案及技术实现途径具有示范性和可借鉴性。

本项目仅为浙江大学建筑节能改造示范的内容之一,总结学校整个项目示范建设与管理过程,作者认为,高校建筑节能改造示范建设应重点关注以下五个方面:一是项目规划应以项目效益为目标,只有节能效益和经济效益双赢的项目才能体现建筑节能改造示范的真正意义,因此,在项目实施前应进行全面的技术方案调研与可行性论证;二是因地制宜,采用成熟可靠的节能改造技术方案;三是注重项目的后续管理,在规划设计时就要充分考虑后续运行与管理,把全生命周期理念融入项目管理全过程,真正发挥节能改造项目的持续节能性;四是注重项目评估,把项目跟踪与评估的结果作为改进节能运行管理和校园类似的节能改造项目优化的依据;五是资金使用要严格规范并且符合程序。节能改造项目一般由国家财政资金和学校自筹资金建设,在项目建设过程中要严格执行财政资金使用规定,特别是一些专有技术,由于竞争性不强往往采用单一来源采购等方式,应注重采购程序和规范,做到合理合规使用资金。

7.3.2　浙江大学办公科研楼绿建示范

7.3.2.1　项目概况

本项目为浙江大学西溪校区东一东二教学楼改造,项目改造后作为浙江大学建筑设计研究院的办公及科研用房。改造前,东一教学楼总建筑面积为 6946平方米,东二教学楼建筑面积为 3850 平方米,改造后建筑面积为 11000 平方米。

7.3.2.2　改造技术方案

1. 围护结构节能改造

东一教学楼外墙无保温隔热措施,屋顶只设置了通风隔层,不能满足现有节能技术规定。工程节能改造方案需参照国家标准《公共建筑节能设计标准》设计。

(1)屋面。改造项目地处夏热冬冷地区,屋面为不上人屋面,建筑屋面拟采用的构造做法见表 7-17。

表 7-17　屋面 K 值计算

构造做法	导热系数 λ $[W/(m^2 \cdot k)]$	厚度 d(mm)	修正系数 α	传热阻 R $[(m^2 \cdot k)/W]$
C20 细石砼(双向配筋)	1.74	40	1.0	0.023
干铺无纺聚酯纤维布	—	—	—	—
挤塑聚苯板	0.03	60	1.1	1.82
专用防护膜	—	—	—	—
高分子卷材防水卷材	—	—	—	—
1:3 水泥砂浆找平	0.93	20	1.0	0.022
1:8 水泥加气混凝土找坡	0.36	30	1.0	0.08
预制钢筋砼屋面板	1.74	120	1.0	0.07
内表面换热阻				0.110
外表面换热阻				0.040
总传热阻($R_0 = \sum R$)				2.17
总传热系数($K_0 = 1/R_0$)				0.46

（2）外墙。教学楼外墙为普通黏土砖墙,墙体厚度有240毫米与370毫米两部分,将采用外贴挤塑聚苯板的做法对外墙进行改造,外墙保温的基本节能构造做法如表7-18所示。

表7-18　外墙 K 值计算

构造做法	导热系数 λ [W/(m² · k)]	厚度 d(mm)	修正系数 α	传热阻 R [(m² · k)/W]
混合砂浆	0.87	20	1.0	0.022
基层墙体(实心黏土砖)	0.81	240(370)	1.0	0.30 0.457
原水泥砂浆抹面层	0.93	20	1.0	0.021
粘接层	—	—	—	—
挤塑聚苯板	0.03	40	1.1	1.21
抗裂砂浆(网格布)	0.93	5	1.0	0.01
陶土板(水泥压力板)	—	—	—	—
内表面换热阻	0.110			
外表面换热阻	0.040			
总传热阻($R_0 = \sum R$)	1.72 (1.87)			
总传热系数($K_0 = 1/R_0$)	0.58 (0.53)			

针对教学楼所处环境的特点,不同立面的构造做法在此基础上也各有差异。针对杭州夏季炎热的特点,建筑立面还考虑夏季的自然通风与遮阳,对于西侧南立面,在外保温的基础上采用了透空的点支式玻璃隔墙,内设可移动遮阳百叶系统,玻璃隔墙沿外墙向外悬挑60厘米,四面侧边开敞,每块玻璃纵向间设有5厘米缝隙,横向间设有5厘米、30厘米缝隙。在夏季,通过空气热压所产生的空气流动效应,利用较低温度空气将太阳辐射到墙体以及玻璃上的热量带走,减小了围护结构的换热量。在玻璃隔墙内侧设置了可移动的遮阳百叶,随着不同时段太阳光照强度的变化,遮阳百叶自动调节,控制太阳光的射入量。在夏季有效地减少建筑因太阳辐射得热和室外空气温度通过围护结构的传导得热,在冬季又可以让阳光进入室内,从而营造良好的室内物理环境,降低了建筑运行的能耗。结合建筑的外立面造型采取合理的外遮阳措施,形成整体有效的外遮阳系统对于建筑节能及创造适宜的室内环境具有重要的意义。建筑的北立面、东立面与西立面主要采用了陶土板与水泥压力板干挂。

针对西晒的影响,西立面也设计了固定的遮阳系统。(见图 7-13,图 7-14,图 7-15,图 7-16)

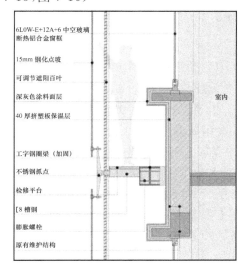

图 7-13　西侧南立面外墙构造详图图

7-14　西侧南立面外遮阳示意图图

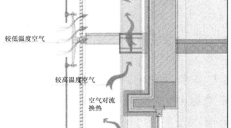

图 7-15　西侧南立面空气流动换热示意图

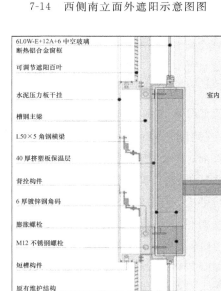

7-16　西立面墙体构造详图

(3)外窗。更换教学楼的原有外窗。东、西、南、北向的窗墙比分别为0.17、0.18、0.32、0.31,对应的东西向外窗采用断热铝合金单框普通中空玻璃窗(6 透明+12 空气+6 透明),传热系数为 3.2,南北向外窗采用断热铝合金单框低辐射中空玻璃窗(6 中透光 LowE+12 空气+6 透明),传热系数为 2.4,南立面遮阳系数冬季为 0.38,夏季为 0.35(有可移动百叶进行调节)。

2. 采暖空调系统改造

(1)冷热源设计。行政办公及晒图复印后勤区域采用土壤源热泵,通过埋设在土壤中的热交换器与土壤进行热交换,热交换器中的水进入热泵机组,作为机组运行的水源。设置 1 台制冷量为 60kW 的水源冷热水机组和三台共 64 匹水冷 VRF 机组,其中水源冷热水机组提供行政办公空调负荷,水冷 VRF 机组提供晒图复印室空调负荷,晒图复印室和信息中心主机房工作时间与行政办公区不一致,且室内负荷大,设置水冷 VRF 系统,用水冷的室外主机取代常规的风冷室外主机,可以大大提高系统的能效比,同时避免冬季外机结霜问题。考虑冬夏负荷不平衡性,为防止土壤温度逐年升高,土壤换热器按冬季热负荷设计,夏季峰值冷负荷采用并联的冷却塔散热。

受室外埋管面积限制,三楼以上采用空气源热泵,按各设计所单独设计 VRF 系统,也便于计量。室外机放在屋顶,共 736 匹 VRF 机组。

(2)末端系统。二楼行政办公采用温湿度独立控制系统。室内显热负荷由干式风机盘管带走,盘管在干工况下运行,不产生凝结水,杜绝霉菌的产生及漏水的危险。室内湿负荷由溶液除湿新风机带走,温湿度独立控制系统可以充分利用高温冷源,采用高温水源热泵机组,高温水源热泵机组能效比高。

3. 节水及水资源利用

(1)同层排水系统。由于大楼原为公共教室,卫生间的使用年限较长,设备陈旧,节水效益较差。本项目对卫生间和洁具布置实施全面更新改造,使节水器具的使用率达到 100%,节水率可以达到 30%。为减少对改造建筑楼面板的影响,采用墙壁式同层排水系统,厕位全部采用可换垫纸(手动)的挂厕,以兼顾舒适性和卫生感官要求。(见图 7-17)

(2)雨水收集系统。为节约水资源,考虑水资源的开发利用,本项目设计雨水收集系统,对屋面和部分场地雨水实施收集、简单处理后回用于景观用水补充水、绿化用水;室外硬地坪铺装选用透水性好的材料增加雨水就地回渗率,径流系数选 0.30;本项目非传统水源的利用率可达到 25%。(见图 7-18)

图 7-17　挂壁式同层排水系统图

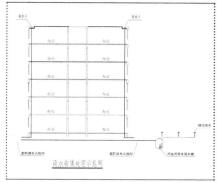

7-18　雨水收集系统示意图

(3)其他节水措施。给水管采用优质管材,用薄壁不锈钢管卡压式连接。同时采用合理的施工方案,避免管网渗漏;绿化灌溉采用喷灌、微灌等高效节水的灌溉方式。

4.太阳能综合利用

(1)太阳能热水系统。东一教学楼项目本身没有大量卫生热水需求,只有每层的卫生间设置了一个淋浴间。东二教学楼改造项目的健身房中有淋浴热水需求。本着节约能源和尽量利用可再生能源的原则,本项目改造统一考虑利用东一教学楼屋面布置太阳能集热器,供东二教学楼的健身房淋浴用水。屋面的集热板布置形式力争与屋面完美结合,成为太阳能热水系统与建筑相结合的示范。卫生间、淋浴间热水采用非承压式太阳能热水系统,集热面积为110 平方米。太阳能集热系统采用循环加热的非承压式系统,换热采用间接换热的承压系统,同时在储热水箱中增设一组换热盘管接地源热泵系统,利用地源热泵系统的冷凝热作为太阳能不足时的热量补充。用煤气热水器作为最终的辅助热源。(见图 7-19)

(2)太阳能光伏发电系统。太阳能光伏发电的能量来源于取之不尽,用之不竭的太阳能,且在太阳能光伏发电的过程中,不会给空气带来污染,不破坏生态,是一种清洁安全的能源,同时又具有在自然界不断生成、并有规律得到补充的特点,所以称得上可再生的清洁能源。本项目采用光伏并网发电系统,该系统设计发电峰值 10kW,屋面太阳能光伏板的面积 100 平方米。主要为走道、公共场所等负荷供电。(见图 7-20)

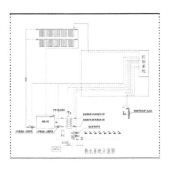

图 7-19　太阳能热水系统示意图　　　　　图 7-20　屋顶太阳能光伏系统

5.照明系统

尽可能利用自然采光,减少白天对人工照明的依赖;室内装饰材料、家具尽量采用浅色,墙壁顶棚采用白色涂料。各设计所的照明功率密度值小于《建筑照明设计标准》(GB 50034－2004)规定的目标值 500lx,15W/m²。在采购光源、灯具及灯具附件时严格把关,确保产品的技术指标达到设计要求。

照明控制采用智能照明总线制系统。照明系统是楼宇能源消耗的一个重要方面,采用智能照明系统可以节约 50％左右能源,大楼智能照明系统可达到以下灵活的控制方式:会议室不同场景模式,如讲座,讨论,休息等场景模式;办公室会客、办公、休息、清扫等场景模式;大设计室采用光照传感器与人体红外传感器相结合探测器。灯具使用 T5 节能灯,安装防眩光、漫反射板,采用全数字调光镇流器,数控功率调节。可以使自然光加上灯光后保证桌面500lx 的需要。白天采用恒照度控制(当室外灯光充足照度传感器达到 500lx时可以不开灯、当小于 500lx 时逐渐开灯)、夜晚采用人体红外感应探测控制(当夜间加班时,人体红外探测器仅控制加班人周围的灯亮)。(见图 7-21)

图 7-21　感应式照明系统

7.3.2.3　项目效益分析

1.节能改造投资

　　本项目改造内容涉及结构改造,室内环境改造,设备改造和节能改造四个部分。尽管结构改造,室内环境改造和设备改造的大部分内容与建筑能耗的节约没有直接的相关性,但是结构改造,室内环境改造和设备改造在改变使用功能、改善办公科研条件、提高建筑环境舒适度等方面具有明显的作用。本项目直接用于建筑节能改造的项目投资约 970 万元,节能改造投资额见表 7-19。

表 7-19　浙江大学西溪校区东一东二教学楼节能改造投资额

序号	项目	单价	数量	总价(万元)
1	同层排水系统	34 万元	1 套	34
2	雨水收集系统	26 万元	1 套	26
3	太阳能光伏系统	6 万元/千瓦	10 千瓦	60
4	太阳能光热系统	3000 元/平方米	200 平方米	30
5	地源热泵机组	30 万元/台	1 台	30
6	地埋管	1 万元/根	68 根	68
7	智能照明系统	109 万元	1 套	109
8	建筑外保温	115 元/平方米	3500 m²	40.25
		110 元/平方米	1600 m²	17.6
9	门窗	1100 元/平方米	1800 m²	198
		800 元/平方米	700 m²	56
10	电动窗	3 万元/扇	7 扇	21
11	遮阳百叶	600 元/平方米	500 m²	30
12	BA 系统(与节能相关的控制系统)	250 万元	1 套	250
总　价				969.85 万元

2.效益分析

　　因本项目为建筑功能转换后既有建筑改造,无法与建筑改造前的用能量进行对比来测算实际的节能量。因此,需通过相应的模拟软件来模拟计算改造前后该项目的用能量,从而计算项目的节能率。根据设计配置,改造前的全年冷热负荷为 2877958kW·h/a。经模拟计算,围护结构改造后全年冷热负荷为 1512693 kW·h/a,通过围护结构改造可节约能耗量 1365265kW·h/a,节能率 52.6%。地源热泵系统,太阳能热水系统,太阳能光伏系统和智能照明系统全年总节能量为 215816 kW·h/a,折合成围护结构改造节能量单位建筑面积节能率为 7.5%。因此项目改造后年总节能量为 1581081 kW·h/a,折标煤为 569.2 吨,单位建筑面积总节能率为 55%(见表 7-20)。通过节能改造后的年节约费用约为 144 万元,建筑节能投入增量部分的静态投资回收期为 6.74 年。

表 7-20 浙江大学西溪校区东一东二教学楼改造节能统计表

项 目	节能量 (kW·h/a)	折合标煤 (tce)	折合二氧化碳 排放量(t)	单位建筑面积节能量 [kW·h/(m²·a)]
围护结构	1365265	491.5	1065.0	137.52
地源热泵系统	52423	18.9	40.9	4.77
太阳能热水系统	53193	19.1	41.5	4.84
太阳能光伏系统	10000	3.6	7.8	0.91
智能照明系统	100200	36.1	78.2	9.11
合 计	1581081	569.2	1233.4	157.15

7.4 绿色校园建设典型案例

浙江大学国际校区位于浙江省海宁市,距位于浙江杭州的主校区约 50 公里,国际校区校园占地 66.6 万平方米,总建筑面积 39.93 万平米,校区分两期建设,一期项目于 2016 年 9 月建成启用,2017 年 10 月二期项目建成后整体校园启用。浙江大学国际校区作为浙江省重点工程,其规划与建筑设计基于我国高等教育国际化和开放合作办学的背景,以教育理念的发展与创新驱动校园整体规划与建筑设计。

7.4.1 绿色校园总体建设思路

国际校区在整体规划建设中坚持遵循绿色可持续理念,着力打造我国中外合作办学示范性绿色校园。校区选址海宁城市东侧的湿地区域,校区北侧为徐志摩湿地公园,南侧为鹃湖湿地公园,北湿地南鹃湖是本项目用地自然环境的两大核心。总体规划中以一条贯穿校园方院广场、学术大讲堂、中心湖面的生态主轴架构起校区整体布局,校区的东西河道绿带及穿越校区的湿地、中心湖面串联起南北两大湿地资源,整个校区处于湿地与湖景之中。

校区以西方传统的"书院"制为基本型制,采用"书院＋教学服务综合体＋公共科研平台"的功能结构,提出复合型功能模式,形成以住宿为主的书院综合体、以学术大讲堂为核心的学科群综合体、以图书馆为核心的教学生活综合体。建筑风格选取新古典主义中英式风格为样本,延续浙江大学玉泉校区、之江校区的建筑风格,融合红砖、朴素、学术气息较浓厚的风格基因。

国际校区在绿色校园建设中在绿色交通、海绵校园、可再生能源规划及绿色建筑关键技术应用等方面均进行了很好的实践,为我国高校新校区绿色校园建设提供借鉴和参考。图 7-22 和图 7-23 为国际校区区位图和校区鸟瞰图。

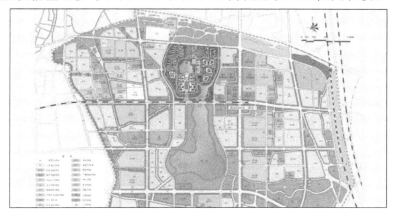

图 7-22　国际校区校园区位图

图 7-23　国际校区校园鸟瞰图

7.4.2 绿色校园整体规划及建设策略

7.4.2.1 绿色交通规划设计

1. 校园车辆入口、道路与泊车规划

国际校区共设置 5 个车行出入口，南向设置主入口，在东西两侧设置 2 个次入口，北侧设置 2 个出入口，其中一个出入口兼顾体育馆向市民开放时服务。校园各出入口均有城市公交站点设置，在主入口东侧有杭海城铁起点站，将国际校区与杭州的紫金港校区实现城际无缝对接。

环校园设置了 8 米宽主机动车道，在主机动车道两侧各设置 2 米宽的人行和非机动车合用道。在南北教学区、湖东综合体、西区书院设置地下室机动车停放位约 800 余个，校区访客和教职工车辆可就近停入地库，校区停车以地下为主地上为辅。

沿中心湖面设置步行系统，路宽 4 米，可兼自行车道，东岸、南岸是学生主要的步行区域，道路以步行广场的形式设置。沿东西外侧河道景观带设置步行系统，连接机动车道，形成安全、人性化的道路体系，便于校区开展交通组织与机动车泊车管理。（见图 7-24）

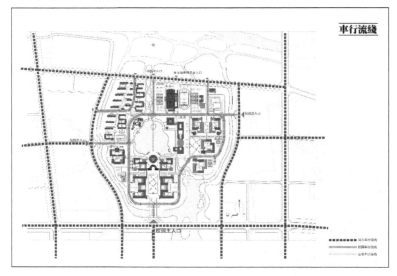

图 7-24　国际校区入口与车行流线

2.便捷安全的步行交通体系

　　整个校区构建了便捷的步行交通体系,以湖东综合体为中心,校园核心区300 米步行距离步行时间 5 分钟可达,校整体 600 米步行距离 10 分钟可达。为缓解上下课高峰时的人流交通压力,南部的教学区与湖东综合体、图书信息中心、书院生活区之间学生来往最密切的区域之间设置了多条路线,学生上下课、活动、就餐等,均可通过步行快捷方便地到达校园的各功能区域。

　　从位于校区东北侧的校医院开始至教学南区,由一条长约 1500 米长的风雨长廊连接,国际校区的师生可免受日晒雨淋自由地在校区穿行,部分风雨连廊的顶面设置了太阳能光伏膜,日间发电经并网后用于校区照明。(见图 7-25)

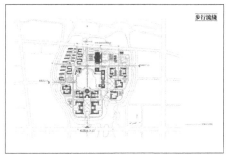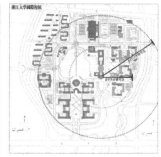

图 7-25　国际校区步行流线和半径分析

7.4.2.2　可再生能源规划与应用

　　国际校区在校园规划与设计过程中,根据不同的建筑功能类型,针对性地设置可再生能源应用系统,采用了包括太阳能光伏系统、太阳能光热系统、地源热泵系统和空气源热泵及其组合的可再生能源系统。在校区室内泳池水再热与保温系统采用太阳能光热系统,在校区五个书院、教师公寓生活热水、体育馆洗浴热水和餐饮中心的洗涤系统均采用空气源热泵热水系统,在学术大讲堂、教工俱乐部空调系统采用地源热泵,在部分建筑中应用太阳能光伏发电系统等。

　　校区可再生能源应用的系统设置如下图,校区的可再生能源设计应用总量 669 万 kW・h/a,实际设置容量是浙江省民用建筑可再生能源设置标准的3.23 倍。(见图 7-26,图 7-27)

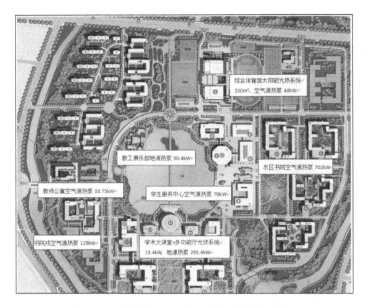

综合体育馆太阳能光热系统
320m²，空气源热泵 44kW

教工俱乐部地源热泵 50.4kW

东区书院空气源热泵 702kW

教师公寓空气源热泵 33.75kW

学生服务中心空气源热泵 70kW

书院式空气源热泵 129kW

学术大讲堂+多功能厅光伏系统
19.4kW，地源热泵 295.4kW

图 7-26　国际校区可再生能源应用分布平面

图 7-27　设置于学术大讲堂的太阳能光伏系统

7.4.2.3　海绵校园规划建设

"海绵城市"的概念是指城市像海绵一样，在适应环境变化和应对自然灾害等方面具有良好的"弹性",下雨时吸水、蓄水、渗水、净水,需要时将蓄存的水"释放"并加以利用。国际校区地处江浙富水地区,校区规模较大且内部水资源丰富,在设计过程中将"海绵城市"的概念引入校区整体规划。校区规划设计与建设遵循生态优先的原则,将自然途径与人工措施相结合,在确保城市排水防涝安全的前提下,最大限度地实现雨水在城市区域的积存、渗透和净化,促进雨水资源的利用和生态环境保护。

整体设计中主要包括:水系排涝能力的合理控制、生物滞留带与下洼绿地设计、透水性铺装材料使用和雨水收集系统和非传统水源的利用。

1.雨洪分级管理系统设计。校内的雨水系统均排入校区的内部水系,避免其直接进入外围市政雨水管渠,同时通过南北两处闸门和泵站灵活控制内部水系水位,从而降低洪峰流量、提高防涝能力的同时减少外排污染物负荷。当校区内水位较高时,雨水从北闸门泄流。当降雨强度超过一定程度,通过自排水无法及时排除时,通过设置在北闸门附近的排涝泵站以强排的方式将校区内雨水排至北侧湿地内,最终经湿地公园预处理后,沿两侧城市河道再与鹃湖相连。

校区中心湖是校区内部主要的雨水储蓄区,中心湖的常水位标高 2.7 米,中心湖面积约 6.8 万平方米,校区其余面积约 60 万平方米,地块径流系数按 0.65 计算,中心湖湖水水位每调蓄 0.44 米,即可缓解校区 50mm 的暴雨量。

2.生物滞留带与下洼地。内主环路 3—3 断面的机非隔离带位置设置生物滞留带,每隔 30 米左右设置雨水口。下雨时,雨水首先进入生物滞留带下渗到土壤,待土壤饱和后再进入雨水口至市政雨水系统。校区设计中加入了下洼绿地内容。为了让校园内的雨水不流入护校河,沿着道路外围的绿地竖向起坡高于道路标高,道路内侧绿地下凹。

3.透水铺装。大面积铺装及园路采用透水混凝土和透水砖等透水材料。通过设置渗透式铺装渗透层,降雨时雨水可以通过透水铺装渗透至地下,补充地下水,减小径流系数,削减洪峰流量。人行道铺装面层采用透水砖,透水系数大于 0.1mm/s;人行道基层采用 C 20 透水混凝土,透水系数大于 0.5mm/s。

4.非传统水源利用。通过收集校区屋面以及道路雨水,经过初期雨水弃流与过滤,将雨水排至校区中心湖内,将校区中心湖作为蓄水系统,避免雨水直接进入外围市政雨水管渠,同时通过闸门和泵站灵活控制水位,从而降低洪峰流量、提高防涝能力的同时减少外排污染物负荷。通过水泵将中心湖水抽至位于湖东综合体地下室的雨水收集机房,经过净化处理后分两套系统分别输送至教学北区卫生间冲厕以及室外绿化浇灌。其中:雨水、湖水经处理后用于绿化浇洒和道路冲洗,绿化及道路浇洒日用水量为 $237m^3/d$,教学北区卫生间冲厕日用水量为 $41m^3/d$,非传统水源日回用总量约为 $278m^3/d$,非传统水源利用率达 15%。(见图 7-28,图 7-29)

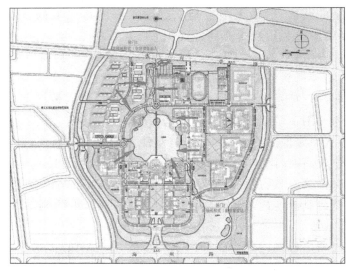

图 7-28　国际校区雨水汇水示意图

图 7-29　收集校区雨水作水主要水源的中心湖

7.4.3　绿色建筑关键技术集成

7.4.3.1　高效空调系统

1. 空调系统分类设置及末端系统细化设置。根据校区建筑功能与室内环境要求,按照满足功能,经济适用,方便管理的设计原则,对校区进行空调系统分类设置,在学生中心、图书馆、公共教学楼、体育馆、学校大讲堂和学术交流中心等建筑设置中央空调系统,在研究楼、办公楼等设置 VRF 系统方便控制和管理,在书院、信息机房等设置分体机以灵活控制和费用结算。对大空间的空调系统末端采用全空气一闪回风低速变频送风系统,全空气系统可实现全新风工况运行,小空间采用风机盘管加新风系统设置。

2. 能量回收系统。建筑部分区域采用板翅式全热回收装置回收排风中的低品位热能,其中制冷时冷量回收率不低于 55%,制热时热回收率不低于 60%。

3. 空调系统智能控制。中央空调系统通过中央控制站、冷热源群控、空调机房和风机盘管末端控制系统组成。中央空调控制站采用面向暖通空调系统的智能组态技术,将空调系统技术和控制技术无缝融合,实现对中央空调系统的集中管理、控制与经济运行;中央空调冷热源群控系统实现对中央空调主机、锅炉、水泵、冷却塔等参数监测与模糊控制,实现方便管理与节能运行的目的,末端的风机盘管采用三档调节,盘管水路设置温控二能阀,根据回风温度调节冷热水阀启闭。

7.4.3.2　自然通风

自然通风是在压差推动下的空气流动,是有效的建筑节能方式之一。自然通风的效果不仅与开口面积与地板面积之比有关,还与通风开口之间的相对位置密切相关。在国际校区建筑设计过程中充分考虑了可开启门窗的面积及通风口的位置,使之形成"穿堂风"。根据模拟结果,整个校园需要自然通风的建筑,80% 的功能房间的自然通风能够达到规范要求。

7.4.3.3　绿色照明

1. 绿色照明细化设计。在校区各主要场所,照度标准及 LPD 值按现行国家标准的目标值执行。光源选用以高效和节能为原则,在走道、前厅、楼梯间等公共场所以节能灯为主要光源;汽车库、教室、实验室等以直管荧光灯(T5

管)为主要光源;有装修要求的场所视装修要求商定,但其照度及功率密度值(LPD)要求符合相关要求;室外照明采用高光效金属卤化物灯。所有镇流器均符合该产品的国家能效标准,并要求格栅型荧光灯灯具及格栅型气体放电灯灯具效率不低于65%,开敞式荧光灯和气体放电灯灯具效率不低于75%。

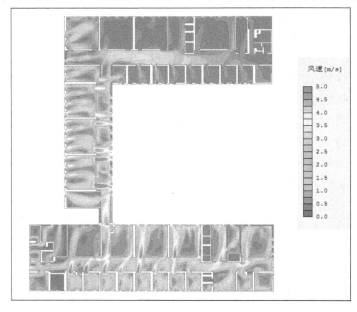

图 7-30 建筑自然通风模拟

2.照明控制分区分时节能设计。教室、讨论室及机房等处的照明采用就地设置照明开关控制;大型会议厅等照明要求较高的场所根据要求采用智能照明控制系统;走道、电梯厅、门厅等公共场所的照明采用照明配电箱就地控制并纳入建筑设备监控系统统一管理;对楼梯间采用延时自熄开关或采用带人体红外感应自动开关控制。道路照明采用集中控制,除采用光控、程控、时间控制等控制方式外,还具有手动控制功能。景观照明采用集中控制系统,并根据使用情况设置一般、节日、重大庆典等不同开灯方案。除采用光控、程控、时间控制等智能控制方式外,的还具有手动控制功能,同时设有深夜减光控制,及分区或分组节能控制。

7.4.3.4 能耗监测系统

根据《节约型校园建筑节能监管体系建设技术导则》和公共建筑节能设计相关标准与规范,浙江大学国际校区在设计建设中充分考虑了校园能耗分类分项分户全面计量与实时监测需求。对校区水、电、冷热量按照节能管理、指标考核与分户核算的要求进行全计量全监测。电力计量范围按配电干线、楼宇总电量、楼层总电量、分项用电量、分户用电量进行电量实时采集,校园供水范围按供水总表、区域总表、楼宇总表、楼层总表进行分层分级装表并实现远程实时采集,根据中央空调系统分区域、分楼宇对冷热量进行计量。书院(学生宿舍)分室采集实时抄表,并可实现在线查询、充值提醒和在线充值等管理。

基于全面计量与实时监测的水、电、冷热量海量能耗数据,通过能耗数据统计、分析,不仅可实时掌握各楼宇、重点用能用水设备的能耗实时数据,还可为校区节能精细化管理提供有力的支撑手段。

▶▶▶ 第8章

绿色校园建设能力现状、问题与策略

8.1 绿色校园建设能力实证调研与评价

自 2007 年开始，住房和城乡建设部、教育部、财政部以推进"节约型校园建筑节能监管体系"建设为切入点，通过综合应用制定政策、建立标准、财政扶持和示范引导等手段积极推进节约型校园建设。到 2012 年止，全国已有 210 所高校获得"高等学校节约型校园监管体系示范项目"的财政支持。高等学校节约型校园建设需要各高等学校的持续推进，为较为全面地分析各高校的绿色校园建设能力现状，评估近几年绿色校园建设效果，本书通过调研全国具有代表性的 72 所高校，对我国高校绿色校园建设现状和效果进行综合评价。

8.1.1 实证研究设计

8.1.1.1 问卷指标体系设计

采用问卷调研的方式，选取全国具有代表性的高校展开调查，从组织体系、制度体系、目标体系、基础条件、能源费用核算、支撑保障体系、节能改造 7 个方面展开调研，共设置 7 个一级指标，并在每个一级指标项下设置若干项二级、三级指标，每项指标根据调研需要设计若干个调查题项，问卷设计详见表 8-1。

表 8-1　高等院校绿色校园建设能力评价指标体系

序号	调研目的	一级指标	二级指标	三级指标
1	调研高校绿色校园建设组织体系的设置情况和完善程度	组织体系	学校层面	总体协调组织
				校级管理组织
			基层组织	二级管理组织
				基层执行组织
2	从宏观、中观与微观三个层面考察高校绿色校园建设制度体系完备及执行程度	制度体系	指导性文件	指导性文件
				年度计划
				中长期规划
			执行性制度	管理制度
				运行规程
				节能培训制度
				奖惩激励制度
				能效公示制度
			专业性节能管理与技术措施	空调节能
				照明节能
				校园节水
				大功率设备节能
				行为节能
3	从长期目标、年度目标考察各高校的绿色校园目标设置及分解情况	目标体系	长期目标	长期目标
			年度目标	年度目标
			目标分解	目标分解
4	调研学校计量表具完备程度及节能节水设备的设置情况	基础设施	计量表具安装情况	水表计量
				电表计量
				集中供热供冷计量
			节水型设备	节水设备设施调查
			绿色照明	节能型照明设备设施
5	调研学校能耗指标化管理与部门能源费核算情况	核算体系	分户计量核算	分用户类别核算的范围
			分户收取费用范围	能源费核算范围
			学校预算占总能耗比例	二级部门能源费承担情况
6	调研学校资金、技术支撑现状	保障支撑体系	资金投入	日常经费投入
				节能专项投入
			技术支撑	专家委员会建设
				与学科的结合程度
7	调研节能改造的内容、资金投入及来源等情况	节能改造	改造内容及资金来源	分专业领域的改造类型
				节能改造资金来源
			合同能源应用	是否采用
				涉及改造领域
				合同能源方式

8.1.1.2 抽样范围确定

1.抽样原则。本次抽样范围面向全国各普通高等院校,在地区属性上要求高校样本范围覆盖所有建筑热工分区,满足全国各个省份、自治区至少有一所高校,在高校属性上既有部属院校也有省属院校,在高校分类上既有普通本科院校也有综合性研究型大学。

2.有效样本情况。调研问卷面向全国高校节能或后勤管理部门,共向 83 所高校发放调查问卷,收回有效问卷 72 份。在收回的有效问卷中,部属院校(教育部或其他部委)占 62.5%,省属院校占 37.5%。被调查高校的在校生人数占当年全国高校在校生人数的 9.4%,教职工人数占当年全国高校教职工人数的 12.7%,被调查高校房产面积占当年全国高校房产面积的 10.2%,调研问卷样本具有一定的代表性。

8.1.2 调查结果分析

8.1.2.1 组织体系建设

根据表 8-2 调研结果分析,大部分高校绿色校园建设管理组织体系较为健全,有 94.44% 的高校成立了节能管理的总体协调组织如校级层面的节能委员会或节能减排工作领导小组;有 90.28% 的高校成立了节能管理办公室;有 97.22% 的高校有负责节能运行与管线设备维护、表具安装与收费核算等具体操作的能源中心;作为执行学校节能管理相应规定,具体在基层开展节能管理的专职或兼职的院系、机关部门的节能管理人和联系人的建立情况还不够完善,仅占被调查高校的 63.89%。

表 8-2 组织体系建设调研结果

组织层次	组织机构	有	没有	筹备中
总体协调组织	学校节能委员会 (或节能减排工作领导小组)	94.44%	1.39%	4.17%
校级管理组织	节约型校园管理机构 (如节能管理办公室)	90.28%	1.39%	8.33%
二级管理组织	院系、部门节能管理组织	63.89%	12.50%	23.61%
基层执行组织	能源中心等操作执行组织	97.22%	1.39%	1.39%

8.1.2.2　制度体系建设

制度体系建设是绿色校园建设的基础,完备的制度可以引导各级组织有效推进绿色校园建设。本次调研从宏观、中观与微观三个层面对高校的绿色校园建设制度体系开展调研,分别为指导性制度建设情况、执行性制度建设情况和专业性管理措施配套建设情况。结果分析见表 8-3 至表 8-5。

1. 指导性制度建设情况

表 8-3　指导性制度建设调查结果

制度类别	有	没有
指导绿色校园建设的纲领性文件	76.39%	23.41%
中长期(如五年规划)绿色校园建设规划	73.61%	26.39%
绿色校园(或学校节能减排)工作年度计划	93.06%	6.94%

从调研结果来看,大多数高校有较好的宏观制度基础,特别是各高校均能对学校的绿色校园建设做出年度计划,当然,绿色校园建设也需要学校从更长远的角度来进行总体规划,有 26.39% 的高校未做出中长期的宏观规划,23.41% 的高校没有指导性的绿色校园建设纲领性文件。

2. 执行性制度建设情况

表 8-4　执行性制度建设情况调查结果

制度类别	调查结果		
管理性制度	有,且较完善:38.89%	有,需要完善:55.56%	没有:5.56%
操作运行规程	有:38.89%	有,需要完善:50%	没有:11.11%
节能培训制度	有:50%	部分培训:43.06%	没有:6.94%
奖惩激励制度	有:63.89%	—	没有:36.11%
能效公示制度	有并实施:41.67%	有,但未实施:36.11%	没有:22.22%

绿色校园的有效推进需要有可靠可执行的管理和操作制度,在调研的 72 所高校中,执行性制度的建设完善情况不容乐观,仅有 38.89% 的学校有较为完善的管理性制度和操作运行制度,绿色校园的有效推进缺乏扎实的制度基础;有 6.94% 的高校尚未进行节能管理人员培训,而 43.06% 的学校仅开展了部分人员的培训,节能管理人员的专业化培训制度建立与执行情况需要加强;节能奖惩措施与能效公示制度可以激发用能主体和各具体操作人员的工作积

极性,有利于在全校深入开展节能工作,有 63.89％的高校建立了奖惩制度,仅有 41.67％的高校建立了能效公示制度并开始执行。

3. 专业性管理技术措施建设情况

表 8-5　专业性管理技术措施建设调研结果

措施类别	调查结果(高校采用的居前 3 位的措施)		
空调暖通节能	专业维保	定期巡查督促	末端温度设定控制
照明节能	节能灯具	充分利用自然光	公共部位智能控制
校园节水	采用节水型器具	定期巡查监督	完备的计量体系
大功率设备节能	单独装表	节能采购	设备节能评估审查
行为节能	教育引导宣传	定期巡查监督	具体的管理制度

分专业对校园主要用能用水设施的专业性管理技术措施的完备与执行情况进行了调研,上表列出了各高校选择的居前三位的专业性管理技术措施,从表 8-5 的调研结果可以看出,分专业的节能管理技术措施目前停留在巡查督促、更换节能灯具和节水设备和教育引导等方式上,较少采用专业化手段来进一步挖掘现有节能潜力。

8.1.2.3　目标体系

从表 8-6 绿色校园目标体系建设调研结果来看,有 74％的高校有五年或长期的绿色校园建设目标,83.37％的高校有年度节能目标,不过,要达到节能目标需要学校各院系和二级部门的共同配合推进,制定年度目标并且将节能目标分解到各部门的高校仅占调研高校的 38.89％,高校节能工作需要建立完备的目标管理体系,在确立长期目标并且制定年度目标的同时,需要细化分解落实目标。

表 8-6　高校绿色校园目标体系建设调研结果

目标类别	有	没有
长期目标	74％	25％
年度目标	83.37％	16.67％
有年度目标且分解到二级部门	38.89％	61.11％

8.1.2.4　基础设施

开展绿色校园建设的基础手段是能源计量和用水计量到位,以及节能节水型设备设施安装到位。本次调研选取上述两项作为衡量绿色校园建设的基础设施情况展开调研。从计量表具安装情况来看,电表计量较为到位,每所高校除重点设备的电表计量率稍低,为77.78%外,其他的校园配电总表、楼宇总表和分户计量表具均达到了80%以上,为学校开展节能管理、节能改造等具体绿色校园措施的推行提供了较好的基础手段,采用集中供热的北方高校的热计量总表到位率达到100%,楼宇计量和学生宿舍的热计量率达到了75%和55.16%,仍有58.34%的高校采用按面积分摊的方式实施用热费用结算,没有热计量表计的高校还有19.44%。计量表具安装情况见表8-7。

1.计量表具安装情况

表8-7 计量表具安装情况调研结果

计量表计类型情况	调研结果				
	总表	区域表	楼宇表	重点设备	分户表
水表计量	93.06%	62.5%	84.72%	50%	50%
电表计量	93.06%	91.67%	80.56%	77.78%	84.72%
集中供热计量	总表	楼宇表	学生宿舍	按面积分摊	无计量表
	100%	75%	55.16%	58.34%	19.44%

2.节水型设备与绿色照明情况

　　节水型校园建设是绿色校园建设的主要内容,而节水型校园建设主要的评价指标是校园节水设施设备的安装到位情况,从本次调研结果来看,尚有37.5%的高校节水设备设施覆盖率在90%以下;高校作为近年来国家绿色照明计划的重点领域,国家和地方通过财政补贴方式开展了节能灯具更换活动,目前,还有22.22%的高校的节能照明覆盖率在90%以下,高校的教学楼、图书馆等是照明灯具功率密度大、照明节能潜力大的主要建筑,应作为绿色照明普及的重点区域。具体调研结果见表8-8。

表8-8 节能节水设施普及情况调研结果

设备类型	100%覆盖	90%～100%覆盖	90%以下覆盖
节水型设备覆盖范围	11.11%	51.39%	37.5%
节能型照明覆盖范围	11.11%	66.67%	22.22%

8.1.2.5　能源经费核算体系

1.分类计量与能源经费核算情况

受传统计划经济影响,囿于高校能源经费预算制的传统,大部分高校除了产业经营、学生宿舍外,其他的教学、科研及行政机关的能源费一般均由学校买单,导致了用能主体节能意识与成本意识淡薄,用水用电浪费现象严重。把高校用能主体分成学生宿舍、外供水电、学院系所、机关部处、后勤部门、产业部门和基建水电进行调研,分户计量率最低的是机关部处和学院系所,分别为50%和58.33%。安装计量表计后真正实施能源费核算并收取能源费的机关部处仅为18.06%,学院系所仅为43.06%,学院和机关部处作为学校用能量占比最大的主体,未有效开展用能核算等经济制约手段,详情见表8-9。

表8-9　分类计量与能源费核算情况调研结果

用户类型	安装计量器具的高校比例(%)	实施能源费核算的高校比例(%)
外供水电	79.17	84.72
学生宿舍	88.89	86.11
学院系所	58.33	43.06
机关部处	50.00	18.06
后勤部门	72.22	62.50
产业部门	76.39	70.83
基建水电	90.28	79.17

2.年度能源费预算支出情况

表8-10是关于学校年度能源费预算占学校能源经费总支出(因有回收,故年度能源费预算理论上小于学校能源经费总支出)的调研结果分析,仅有9.73%的高校的能源预算小于全校能源经费总支出的40%,有63.89%的高校的能源经费年度预算占学校能源经费总支出大于60%。

表8-10　年度能源费预算情况调研结果

年度能源费预算占能源费总额比例(%)	高校比例(%)
80～100	34.72
60～80	29.17
40～60	26.39
20～40	4.17
20以下	5.56

8.1.2.6　保障支撑体系

从资金投入和技术支撑保障两个方面调研绿色校园建设的保障支撑体系。

1. 节能资金投入情况

节能资金投入主要分为节能日常经费投入与专项投入,日常经费投入主要用于计量表具维护与检测、漏水修复和节能宣传经费等,专项经费用于专项建设如节能信息化项目和节能改造项目等。从调研结果分析,近年来各高校的节能日常经费和专项经费的维护投入量实现了从无到有的实质性进步,但相对学校规模投入量还是相对有限,有 48.61% 的高校日常维护经费在 100 万元以上,有 69.44% 的高校节能专项经费达到 500 万元以上。具体调研结果见表 8-11。

表 8-11　节能资金投入情况调研结果

经费类型	调研结果			
日常经费投入	0~20 万元	20 万~50 万元	50 万~100 万元	100 万元以上
	22.22%	16.67%	12.5%	48.61%
节能专项投入	0~100 万元	100 万~200 万元	200 万~500 万元	500 万元以上
	6.94%	11.11%	12.5%	69.44%

2. 绿色校园建设技术支撑

与一般的公共机构相比,高校能较好地利用学校学科、专家优势服务绿色校园建设,从绿色校园建设技术支撑组织建设情况和相关学科如建筑、能源、材料、电气、信息等参与学校绿色校园建设调研情况来看,有一半的高校利用学校专家资源建立了本校的绿色校园建设技术支撑组织,但只有 9.72% 的高校的相关学科全面参与了学校的绿色校园建设工作,有 70.83% 的高校有局部或少量参与,见表 8-12。

表 8-12　绿色校园建设技术支撑情况调研结果

设备类型	调研结果		
绿色校园建设技术支撑组织	有	没有	筹备中
	50%	26.39%	23.61%
绿色校园建设相关技术领域学科参与程度	全面参与	局部参与	没有参与
	9.72%	70.83%	19.44%

8.1.2.7　节能改造

1.节能改造的主要内容

近年来,通过财政节能专项支持、学校专项投入和通过合同能源管理等多种方式,各高校均实施了较多的节能节水改造项目,从本次调研来看,有95.83%的高校实施了照明系统改造,有91.67%的高校实施了节水改造,有86.11%的高校实施了生活热水节能改造。而节能空间更大的围护结构、空调暖通以及信息机房等因受改造成本、技术等因素影响,在未来还有更大的节能潜力和市场空间。具体调研数据见表8-13。

表 8-13　学校节能改造的重点领域调研结果

节能改造领域	节能改造的高校比例(%)
围护结构	50.00
供暖、空调系统	79.17
照明系统	95.83
信息机房	36.11
生活热水	86.11
节水改造	91.67
可再生能源利用	63.89
其他建筑设备系统	30.56

2.节能改造资金来源情况

从节能改造资金来源分析,学校自筹资金投入节能改造的高校比例最高,其他来自财政支持的如教育部修购专项投入或政府节能专项财政投入分别达到了70.83%和80.56%。目前,正积极推行的合同能源管理方式在高校的接受度并不是很大,仅37.5%的高校实施了合同能源改造项目。在这些提供合同能源管理的项目中,改造比例最高的是学生宿舍生活热水改造项目,其他如空调、照明等项目也有涉及,但响应的高校并不多,仅占18%左右;而在采用的合同能源的具体方式上,节能效益分享型、节能量保证型、能源托管型高校分别为61.54%、7.69%和30.77%,更多地高校还是青睐于有一定节能效益分享的项目,如生活热水项目便于计量,热水费收入可以服务费的方式与高校分享,便于项目的实施和推行。(见表8-14,表8-15,表8-16)

表 8-14 学校节能改造资金来源调研结果

节能改造资金来源	高校比例（%）
财政投入的修购专项	70.83
学校自筹资金	84.72
政府节能专项补助	80.56
合同能源管理方式	37.50

表 8-15 合同能源投资的主要节能改造领域调研结果

节能改造领域	采用合同能源的高校比例（%）
围护结构	2.78
供暖、空调系统	18.06
照明系统	18.06
信息机房	5.56
洗澡热水	31.94
节水改造	12.50
其他建筑设备系统	13.89
可再生能源利用	18.06
无改造内容	34.72

表 8-16 合同能源提供的主要方式调研结果

合同能源方式	采用该方式的高校比例（%）
节能效益分享型	61.54
能源托管型	30.77
节能量保证型	7.69

8.1.3 调研结论

通过设定具有针对性的评价指标，从组织体系、制度体系、目标体系、基础设施、能源经费核算体系、保障支撑体系和节能改造 7 个方面对我国高等院校绿色校园建设能力进行综合评定，得出如下结论。

1. 体制机制相对健全，但目标分解落实不够。在各级政府和社会全力推进和倡导节能减排的大背景下，高校均较为重视绿色校园组织与制度建设，体制机制较为健全；大部分高校也制定了年度的工作目标，但将年度目标分解落实的高校却不多,说明高校节能工作更多停留在校级规划层面,真正落实还需要有更细化的目标分解及配套措施。

2.分户计量设施不全,缺少能源费核算与定额管理等手段。大多数高校分户计量表计不全,无法分清各用能单位和个人的用能责任,九成以上的高校年度能源经费预算占高校能源总经费的比例高于40%,由于计量不到位,无法进行能源费独立核算,也不能对部门采取定额用能管理,高校能效管理"大锅饭"现象依然存在,学校能源费大多还是由学校公共预算买单。

3.节能资金投入有限且资金来源渠道单一。高校的节能资金投入实现了从无到有的实质性提升,但节能日常经费和节能改造专项资金与学校建筑规模相比还是相对有限。从资金来源来看,更多地还是来源于学校自筹、政府财政性资金支持,较少采用社会力量来筹集节能资金服务节能改造。

4.高校相关学科参与绿色校园建设的力度有待加强。大多数高校拥有绿色校园建设相关学科支撑的能力,但很多高校有"墙内开花墙外香"的现象,各级专家未积极参与到学校的绿色校园建设中来,各种绿色技术未能先行在高校的校园建设中得到实践应用,需要高校积极引导,发挥学科、专家等技术力量推动绿色校园建设。

5.节能改造仍停留于技术起步阶段。大多数高校的节能改造停留于更换节能灯具、更换节水设备等技术起步阶段,而由于学校节能管理部门技术力量缺乏,节能项目投资回收期长等原因,对于系统性强、节能空间大的空调暖通系统、围护结构和新能源应用等较少涉及改造。

8.2 大学生环境行为能力现状调研与评价

在高等院校积极建设绿色校园的过程中,政府主管部门和高校较多聚焦于绿色校园技术设施的硬件投入及校园管理制度的规划设计,较少关注学生节约意识及环境行为能力的教育培养。大学生环境行为能力是高等教育可持续人才培养的重要内容,绿色校园的建设成效很大程度体现在大学生的日常环境行为是否符合可持续理念的内涵要求。本调研报告对国内高校在校大学生的环境意识和环境行为能力现状进行调研,对高校绿色教育的共性问题进行梳理和分析,为高等院校开展绿色校园建设和可持续人才培养提供决策依据。

8.2.1　调研设计

8.2.1.1　调研方法与主要内容

1.调研方法。本次调研选择抽样调查中的随机抽样方法,主要采用问卷调查和实地访谈相结合的方式。

2.主要内容。分环境忧患与责任意识、能源资源常识及法规认知、学生节约意识培养及行为引导规范、大学生日常环境行为到位情况四个方面展开调研,对我国在校大学生环境行为能力进行综合评价,剖析目前大学生环境行为能力的现存状况,分析环境行为能力不足的问题根源。

8.2.1.2　问卷指标体系设计

采用专家咨询法确定大学生环境行为能力评价指标体系,通过匿名方式向专家征询指标设计的意见,对每一轮意见进行汇总整理后,作为下一轮参考资料再发给每位专家,供专家们分析判断,提出新的论证意见,如此反复论证,最后得到较为一致的本次问卷调查指标体系。

大学生环境行为能力评价指标体系分环境忧患与责任意识、能源资源常识及法规认知、学生节约意识培养及行为引导规范、大学生日常环境行为到位情况四个一级指标,并在每个一级指标项下设若干项二级、三级指标,每个三级指标根据研究目的需要设计若干个调查题项,问卷设计详见表8-17。

表 8-17　大学生环境行为能力评价指标体系

一级指标	二级指标	三级指标	问卷题目
环境忧患与责任意识	责任忧患	责任意识	对最能影响个人的节约意识的因素的调研
		能源忧患	我国石油对外依存度(进口石油占比)认知程度
		资源常识	对人均水资源量的认知程度
	环境关注度	节能视野	相关概念名词(碳交易、页岩气革命、标准煤、节约型校园)认知程度
		环保关注度	大学生对所在城市的空气质量关注程度
		环保节日	对世界环境日常识的认知程度
能源资源常识及法规认知	资源常识	可再生能源	对可再生能源常识的认知程度
		垃圾回收	对可回收垃圾常识的认知程度
		再生资源	对再生水常识的认知程度

续表

一级指标	二级指标	三级指标	问卷题目
能源资源常识及法规认知	能源常识	待机能耗	普通液晶台式电脑每小时的待机能耗考察
		能效常识	一度电折合等价标准煤的考察
	节能法规	节能标识	相关环保、节能、循环等标识的含义
		节能法规	公共建筑夏季空调温度设置要求
		行业规范	我国市场上空调冰箱的平均能效水平
学生节约意识培养及行为引导规范	制度建设	普及状况	是否了解学校关于空调照明的节能制度及规定
		密集度	学校目前实行的节能相关制度情况
		能源收费制度	学校是否向学生收取寝室水费、电费
	校园绿色氛围营造	节能氛围	学校张贴"随手关灯""节约用水"类似的标识标语情况
		能效公示	学生所在学校是否发布能源消费总量等能耗信息
		绿色设施	学生所在学校的宿舍楼垃圾箱是否分类
	绿色教育及社团活动	宣传频度	学校开展节能环保宣传活动的时间与频度
		绿色课程	大学期间选修能源资源、环境保护类的课程情况
		绿色社团	所在学校成立的绿色社团和环保组织数量
		活动参与度	绿色宣传或节能环保活动的参考程度
大学生日常环境行为到位情况	待机能耗行为	公共电器待机	公共电脑待机行为处理方式
		个人电器待机	个人电脑待机行为处理方式
		能效认知	购买电脑时对节能的考虑程度
	寝室节能行为	寝室节能	寝室内饮水机的开启方式
		空调暖气节能	冬季寝室暖气片阀门开度选择
			夏天寝室空调温度选择范围
	公共场合节能行为	节能行为	平时上下楼层间（三层内）的上楼方式选择
		公共电器节能	英语视听课结束时对视听设备电源开关处理方式
		公共设施报修	对公共洗手间的水龙头损坏的处理方式
		能源共享意识	自习室上座率（人数与座位数之比）的理解
	节粮节材行为	节粮行为	对学校食堂实行"光盘行动"的效果评价
			对剩菜的处理方式

续表

一级指标	二级指标	三级指标	问卷题目
大学生日常环境行为到位情况	节粮节材行为	节材行为	考试结束后复习资料的处理方式
		节水行为	班级活动或会议时饮用水的解决方式
	能源使用及价格敏感度	能源消费强度	学生所在宿舍 2013 全年人均用电量
		价格敏感度	对学生宿舍即将实行新的电价收费方案的选择
大学生对绿色校园建设的综合评判	1. 对学生目前所读学校的节能工作总体评价		
	2. 选择造成校园能源浪费的主要原因		
	3. 对绿色大学的总体理解		

8.2.1.3　调研对象确定

调查问卷面向全国各省市高校在校大学生,共调查 16 个省市高校,发放问卷 300 份,收回有效问卷 218 份。被调查高校中普通本科院校占 85.32%,高职(专科)院校占 11.47%,民办及其他院校占 3.21%,被调查学生中理学类专业的专业的占 15.14%,工学类占 31.65%,农学类占 4.13%,医学类占 5.50%,人文社科类占 43.58%,问卷的调查样本分布见表 8-18。

表 8-18　大学生环境行为能力调查样本总体情况

序号	项目	统计结果(%)	
1	高校类别	本科院校	85.32
		高职(专科)院校	11.47
		成人高等学校	1.38
		民办高等教育机构	1.83
2	专业类别	理学类	15.14
		工学类	31.65
		农学类	4.13
		医学类	5.50
		人文社科类	43.58
3	性别	男	45.41
		女	54.59

续表

序号	项目	统计结果（%）	
4	年级	全日制本科生	80.28
		硕士研究生	5.05
		博士研究生	0.92
		专科生	13.76

8.2.1.4　资源忧患意识与环境责任

能源资源忧患意识是影响学生环境意识形成的重要因素，从表 8-19 可以看到，被调查大学生中知道世界环境日、我国石油对外依存度、我国人均水资源量与世界平均水平之比分别为 47.25%、37.61%、32.57%，反映出不少大学生能源资源忧患意识比较模糊，同时环境行为能力的认知基础也处于较低水平；就大学生对能源、资源与环境保护的关注程度，对绿色校园、标准煤、页岩气革命、碳交易等基本概念或常识有了解的学生比例分别为 79.82%、39.91%、32.57%、20.18%，呈现出明显的随能源、资源的专业视野及范围的扩大而认知递减的趋势；另外对环境有一定关注度的大学生占 85.32%，从不关注环境的同学仅占 14.68%，同时 67.89% 的大学生赞同教育水平最能影响个人的环保和节约意识，反映出多数大学生具有较强的环境责任意识。

表 8-19　大学生资源忧患意识与责任调查结果

指标	问卷题目	统计结果（%）	
能源资源忧患与责任意识	你认为下列哪项最能影响个人的节约意识？	A. 性别年龄	4.13
		B. 家庭收入	24.31
		C. 社会地位	3.67
		D. 教育水平	67.89
	2013 年我国石油对外依存度（进口石油占比）最接近下列哪项？	A. 40%	18.81
		B. 50%	19.72
		C. 60%	37.61
		D. 70%	23.85
	我国人均水资源量是世界人均水资源量的？	A. 1/2	5.96
		B. 1/3	27.06
		C. 1/4	32.57
		D. 1/5	34.40

续表

指标	问卷题目	统计结果（%）	
能源资源及环境保护的关注度	你听说过以下哪些概念名词？	A. 碳交易	20.18
		B. 页岩气革命	32.57
		C. 标准煤	39.91
		D. 绿色校园	79.82
	你平时是否关注自己城市空气质量？	A. 经常关注	22.48
		B. 偶尔关注	62.84
		C. 从不关注	14.68
	世界环境日是哪一天？	A. 5 月 15 日	17.43
		B. 6 月 5 日	47.25
		C. 6 月 25 日	27.06
		D. 7 月 5 日	8.26

8.2.1.5　能源资源认知度

从表 8-20 中可以看到,资源、能源的认知程度是大学生环境意识的柔性组成部分,间接反映出大学生环境行为能力水平状态。大学生对可再生能源、垃圾回收、再生水的认知情况分别为 66.97%、50.92%、38.53%,整体达到一定的认知水平,但在能源常识方面的定量考察如"普通液晶台式电脑每小时的待机能耗",能回答正确的同学只有 21.1%,"对一度电折合多少千克等价标准煤"的问题,能回答正确的仅为 15.6%,大学生群体普遍呈现出"定性认知高,定量认知低"的特点;而对于与日常生活密切相关的宏观层面用能法规、行业规范和制度的认知水平普遍偏低,能对法规和制度有清晰认识的仅占调查对象的 50% 左右。

表 8-20　能源资源认知度调查结果

指标	问卷题目	统计结果（%）	
资源认知度	下列哪项是可再生能源？	A. 化学能	8.72
		B. 生物质能（正确）	66.97
		C. 原子能	8.26
		D. 天然气	16.06
	下列哪项是可回收垃圾？	A. 湿纸巾	32.11
		B. 瓜皮果壳	10.55
		C. 塑料饭盒（正确）	50.92
		D. 用剩的化妆品	6.42

续表

指标	问卷题目	统计结果（%）	
再生水是指？	A. 自来水	11.01	
	B. 中水（正确）	38.53	
	C. 下水	12.84	
	D. 雨水	37.61	
能源认知度	普通液晶台式电脑每小时的待机能耗为？	A. 100 瓦	12.84
		B. 50 瓦	23.39
		C. 25 瓦（正确）	21.10
		D. 不知道	42.66
	一度电折合多少千克等价标准煤？	A. 0.4 千克（正确）	15.60
		B. 0.5 千克	18.35
		C. 0.6 千克	9.17
		D. 不知道	56.88
法规制度等宏观认知度	你知道所示图标的含义是？	A. 能源之星	7.80
		B. 中国节能认证（正确）	64.22
		C. 节能惠民工程	16.97
		D. 能效标识	11.01
	根据国家规定，公共建筑夏季空调温度不得低于多少度？	A. 28℃	9.63
		B. 26℃（正确）	50.46
		C. 24℃	20.64
		D. 22℃	19.27

8.2.1.6　节约意识与行为引导现状

表 8-21　学生节约意识培养及行为引导现状调查结果

指标	问卷题目	统计结果（%）	
校园节能制度状况	学校目前实行的节能相关制度（如《寝室节水守则》）有几个？	A. 3 个以上	22.94
		B. 2~3 个	42.20
		C. 1 个	16.97
		D. 无	17.89
	是否了解学校关于空调、照明的节能制度及规定？	A. 有制度，比较了解	11.93
		B. 有制度，了解一点	42.66
		C. 无此类制度	7.80
		D. 没注意过	37.61
	除住宿费外，学校是否向学生收取寝室水费、电费？	A. 水电费均收取	59.17
		B. 只收取电费	28.44
		C. 均未收取	10.55
		D. 即将收取	1.83

续表

指标	问卷题目	统计结果（%）	
校园节能氛围营造	学校哪些场所贴有"随手关灯""节约用水"类似的标识标语？	A. 图书馆	77.06
		B. 教学楼	83.49
		C. 食堂	62.39
		D. 宿舍楼	76.15
		E. 实验室	52.29
		F. 办公楼	57.34
	学校是否在校内网站上或纸质形式发布过能源消费总量等能耗信息？	A. 网站上和纸质均发布	27.98
		B. 网站上发布	32.11
		C. 纸质发布	13.30
		D. 没发布过	26.61
	你们宿舍楼下的垃圾箱分为哪几类？	A. 没有进行分类	29.36
		B. 分为可回收垃圾、不可回收垃圾	46.79
		C. 分为有害垃圾、不可回收垃圾、可回收垃圾	6.88
		D. 分为餐厨垃圾、有害垃圾、其他垃圾、可回收垃圾	16.97
	你印象中上一次学校开展节能环保宣传活动是在什么时候？	A. 半年前	11.93
		B. 一学期前	11.93
		C. 一个月前	30.28
		D. 不记得	45.87
绿色教育及社团活动	大学期间选修过几门能源资源、环境保护类的课程？	A. 3 门以上	6.42
		B. 2～3 门	17.89
		C. 1 门	22.02
		D. 没有	53.67
	你们学校成立的绿色社团和环保组织目前有？	A. 5 个以上	16.97
		B. 3～5 个	42.20
		C. 1～2 个	32.57
		D. 没有	8.26
	你参加过多少次校内的绿色宣传或节能环保活动？	A. 5 次以上	14.68
		B. 3～5 次	17.89
		C. 1～2 次	35.78
		D. 没参加过	31.65

学校的环境宣传教育对学生环境意识培养与行为能力的养成具有引导与规范作用。在校园节能制度建设方面，被调研高校中有 82.11% 的高校出台过至少一个或一个以上的与学生学习生活相关的校园节能制度，其中有超过

一半的高校出台过 2 个以上的相关制度,但是从制度普及状况的调查结果来看,仅有 11.93％的学生比较关注学校出台的相关节能制度,42.66％的学生仅有一点了解,37.61％的学生没注意过学校有此类制度规定,说明学校在向师生节能管理制度和信息的传播渠道建设上不够畅通,相关节能制度和规定未得到学生应有的重视,传统的节能制度宣传模式面临着有效性不足的困境。

能源费成本补偿或经济手段是提高节能意识,加强节能管理的有效手段,在学生宿舍能源收费制度方面,有 10.55％的调研高校未予实行,另外 28.44％的学校只收取电费。能源收费制度作为学生用能行为刚性约束的管理手段,可以促使学生对自身用能行为的合理性进行分析评价,同时增加学生的能源概念认知和潜在的节能动力。

从能耗信息公示情况来看,27.98％的学校在纸质和网站上进行发布能耗信息,32.11％的学校只在网站上发布,13.30％的高校以纸质形式发布,依然有 26.61％的高校未进行发布。

校园节能氛围和绿色设施也是影响学生环境行为能力养成的重要因素,调查结果显示,超过一半的学校在各场所均贴有节能相关的标识标语,其中教学楼、宿舍楼标识覆盖率均达到 70％以上;在垃圾分类的推广程度上,没有进行垃圾分类的高校占 29.36％;从学校开展节能环保宣传活动的频率来看,45.87％的大学生对学校开展的节能宣传活动没有印象,频率维持在一学期一次的高校占 42.13％。

在"大学期间选修过能源资源、环境保护类的课程"的调查中,53.67％的大学生没有接受过有关绿色课程教育,22.02％的大学生只学习过一门绿色相关的课程,反映出高校在有关绿色宣传教育工作方面还有较大改进空间,如何提高大学通识教育中绿色课程的比例和学生绿色教育普及率是高校需要考虑的新问题。

学生绿色社团是学生进行自我教育、自我管理、自我宣传的重要组织形式,在传播绿色文化、引领绿色文明、倡导绿色生活中起着不可或缺的作用,是建设绿色校园的的有机组成,91.74％的高校成立了绿色社团,超过半数的学校有 3 家以上绿色社团,但是从学生活动参与率来看,依然存在 31.65％的大学生没有参加过校内的相关节能环保宣传活动,35.78％的学生仅参加过一两次绿色活动,剩下 32.57％的学生多次参与过相关绿色活动,说明多数高校的绿色社团尚未形成足够的知名度与影响力,在校大学生对于绿色环保社团活动热情程度不高。

8.2.1.7　日常环境行为

对学生日常环境行为的考量从四个方面,即:对待待机能耗的行为表现、公共场所的节能行为、私人场所的节能行为和节粮节材行为四个二级指标进行调研。调研结果见表 8-22。

表 8-22　大学生日常环境行为调查结果

指标	调研题目	调研结果(%)	
对待待机能耗行为	你购买电脑时最注重哪个方面?	A. 外观	9.63
		B. 功能	68.81
		C. 节能	8.72
		D. 价格	12.84
	假如你在学校计算机房上课,临时有事外出,会将电脑?	A. 继续运行	22.02
		B. 待机状态	50.00
		C. 关闭电源	25.69
		D. 不知道	2.29
	中午离开寝室外出用餐时,你一般选择将电脑?	A. 继续下载	18.81
		B. 待机状态	50.00
		C. 关闭电源	30.28
		D. 不知道	0.92
公共场所节能行为	平时你在图书馆去往上下楼层间(三层内)会选择?	A. 多数坐电梯	13.30
		B. 多数步行	78.90
		C. 不确定	7.80
	英语视听课结束后,同学们离开教室时通常?	A. 直接走人	32.57
		B. 多数人会关多媒体	35.32
		C. 少数人会关多媒体	19.27
		D. 没关注过	12.84
	当你发现公共洗手间的水龙头关不上时,会选择?	A. 马上报修	45.87
		B. 等物业来报修	17.89
		C. 不知道怎么报修	27.98
		D. 无所谓	8.26
	你觉得自习室上座率(人数与座位数之比)在多少范围合适?	A. 25%以内	9.17
		B. 25%~50%	32.57
		C. 50%~75%	43.12
		D. 75%以上	15.14
寝室(私人场所)节能行为	冬季寝室暖气片你习惯将阀门开到什么位置?	A. 全开	10.55
		B. 一小半	19.72
		C. 一大半	5.50
		D. 没使用过	64.22

续表

指标	调研题目	调研结果（%）	
节粮、节材行为	夏天你习惯把寝室空调开到几度？	A. 22℃以下	7.80
		B. 22～26℃	53.21
		C. 26℃以上	33.03
		D. 没注意过	5.96
	你寝室内的饮水机一般在何时开启？	A. 一直开启	19.27
		B. 使用时开启	52.29
		C. 白天开启	14.22
		D. 没关注过	14.22
	你如何评价学校食堂实行"光盘行动"后的效果？	A. 多数人响应	45.41
		B. 少数人响应	37.61
		C. 基本没响应	7.80
		D. 没实行过	9.17
	你和同学在校外聚餐结束时，有几盘菜没吃完，你会选择？	A. 打包带走	30.73
		B. 再努力吃掉一些	41.28
		C. 无所谓，饱了就行	8.72
		D. 下次少点一些	19.27
	考试结束后同学们如何处理之前的复习资料？	A. 翻面打印	12.39
		B. 直接扔掉	16.51
		C. 用作草稿纸	54.59
		D. 不知道	16.51
	假如你负责组织班级会议，会如何解决大家的饮用水？	A. 采用矿泉水	32.57
		B. 通知大家自带水杯	52.29
		C. 开水加纸杯	15.14
能源消费与价格敏感度	你所在宿舍 2013 全年人均用电量大概为？	A. 300℃以内	25.69
		B. 300～600℃	29.36
		C. 600℃以上	5.96
		D. 不知道	38.99
	假如学生宿舍即将实行新的电价收费方案，你赞成下列哪种方案？	A. 保持现有价格不变	16.97
		B. 定额电量，超出部分加价	56.42
		C. 现有价格较高，希望降低一点	21.10
		D. 尚未收取的电费	5.50

1. 对待机能耗的行为现状分析

待机能耗和电器能效是学生环境认识和节能行为的薄弱环节。从结果可见，多数学生基本不关注日常电器使用时的节能性能，仅有 8.72% 的大学生电器采购时优先考虑产品节能特性。同时多数在校大学生对待机能耗的理性认识不足产生的能源浪费行为普遍存在,调查结果显示,74.31%的大学生在公共电器使用过程中不采取任何措施降低待机能耗,由此产生能源浪费的情况普遍存在,仅有25.69%的大学生在学校公共电器使用时采取有效行动减少待机能耗。相比之下,个人电器使用时待机能耗的节能行为情况略优于公共电器,有30.28%的大学生在个人电器使用时有效应对待机能耗。

2. 公共场所行为节能的情况

从上座率的调查情况来看,超过一半的大学生具有较高的能源共享意识和行为,另外看到公共设备设施损坏导致能源浪费时,45.87%的大学生能及时报修,27.98%的大学生不知道如何报修,反映出大学生对维护学校设备设施具有较高的意识,但很多高校忽视学生在校园节能管理尤其是公用设施节能运行方面的具体作用,开展节能工作时与广大师生的互动性不够。

3. 寝室节能行为的情况

低于一半的学生在空调、暖气使用方面有较好的节能行为,仅有33.03%的学生夏天空调使用温度达到节能规定,而在其他电器的使用上超过一半的学生具有随用随开的良好行为习惯。

4. 节粮、节材行为方面

在学校食堂实行"光盘行动"的效果上,45.41%的高校学生响应度高,在其他用餐场合,仅有8.72%的学生没有节粮行为和意识,72.01%的学生能认真执行节粮行为,19.27%的节粮行为水平较低。节材方面,对于"考试结束后如何处理之前的复习资料?"12.39%认为可以翻面打印的同学能良好进行行为节材,54.59%认为可用作稿纸的学生较好程度地进行行为节材,16.51%直接扔掉的学生无节材行为;52.29%的学生在组织班级会议时通知大家自带水杯,但仍有32.57%的学生选择矿泉水,有15.14%的学生会选择用一次性纸杯。

5. 能源消费和价格敏感度调研

在对学生宿舍用电量的调研时,有38.99%的学生不知道自己上一年度的能源消耗情况,说明近四成的学生对自身的能源消耗敏感度不高。如果以年人均300千瓦时电量消耗为基本线计算,约有25.69%的学生年人均能耗小于基本水平,29.36%的学生年人均能耗介于300千瓦时至600千瓦时之间,而有5.96%的学生年人均水平大于600千瓦时。56.42%的学生支持"定额电量,超出部分加价"的能源收费制度。

8.2.1.8 大学生对绿色校园建设的综合评价

从表 8-23 大学生对学校节能工作的总体感受来看,调研结果显示仅有 29.82％的大学生认为自己所在的学校目前的节能工作做得不错,48.17％的大学生认为学校节能工作做得一般,近 10％的大学生对学校目前的节能工作持否定态度,既反映出高校开展节能工作过程中与广大师生互动交流较少,也反映至少从学生认识层面出发学校应有更大的节能空间。

表 8-23 大学生对绿色校园建设的综合评价指标调研结果

问卷题目	统计结果(％)	
您认为学校目前的节能工作做得?	A. 较好	29.82
	B. 一般	48.17
	C. 较差	9.17
	D. 没注意过	12.84
您认为造成校园能源浪费的主要原因有哪些?	A. 宣传教育活动不力	50.92
	B. 缺乏节能管理机制	69.27
	C. 缺少技术改造手段	46.79
	D. 没有相关奖惩政策	52.29
	E. 师生节能意识待提高	67.89
	F. 能源使用收费制度不全	37.16
	G. 校园前期规划的缺陷	28.44
您认为"绿色大学"的"绿色"意味着什么?	A. 优美的环境景观	73.39
	B. 高效节能的设备设施	77.06
	C. 健全的节能管理制度	71.56
	D. 节约低碳的校园文化	84.86
	E. 绿色社团、人才的培养	66.97
	F. 高校内涵式发展	55.50

学生对校园能源浪费的主要原因的主观认识,有 69.27％的大学生认为是缺乏节能管理机制,67.89％的大学生认为是师生节能意识差、待提高,有 50.92％认为是宣传教育力度不够。

关于学生对大学绿色内涵理解的调查结果显示,84.86％的大学生认为绿色大学的内涵是节约低碳的校园文化,77.06％的大学生认为高效节能的设备设施是绿色大学建设的重要内容,同时优美舒适的校园环境也是绿色大学内涵发展的一个重要方面。

8.2.1.9　现状分析与结论

通过设定具有针对性的评价指标,从环境忧患意识与责任、能源资源认知度、学生节能意识培养及行为引导现状、大学生日常环境行为情况四个方面进行综合评定,得出如下结论。

1.目前国内高校的大学生群体具备较高水平的环境责任意识,但整体上环境忧患意识较为淡薄、环保视野较为局限。主要原因是大学生环境认知的信息来源较为单一,离开学校绿色课程及校内宣传教育,大学生普遍缺乏进行绿色社会实践的有效途径,同时社会媒体宣传对学生环境意识带来的影响非常有限,造成大学生宏观环境意识低,微观环境意识高的现象。建议学校积极为大学生开展绿色社会实践活动创造条件,在政策及经济上提供一定程度的支持,促进在校大学生的环境意识与行为能力提升与社会发展紧密结合。

2.当前大学生群体环境知识储备方面存在"精细化不足"的结构性缺陷。当前大学生在日常细微层面的环境资源知识水平相对较高,但对于宏观层面的环境能源法规和行业规范的认知水平普遍偏低,同时大学生环境知识结构呈现出"定性认知高,定量认知低"的特点,即对于非量化定性的环境常识,调研对象认知程度较高,而对于客观定量的环境常识,调研群体的认知水平普遍偏低。大学教育中缺乏足够的精细化认知的培养教育,大学生在日常校园生活中难以对自身行为产生的环境影响进行分析评价和自我规范,同时也影响高校相关能源管理制度的有效实施。

3.多数高校在学生环境行为能力养成相关的制度上存在"制度真空"。大多数高校公共场所节能制度与能源收费制度尚未健全,甚至不少高校尚无类似制度。"制度真空"导致低环境意识的学生群体在公私场合下环境行为活动没有得到有效的刚性约束,也造成环境意识高的学生群体在落实日常行为节能时"无法可依",降低了学生行为节能的潜在动力。

4.多数高校宣传教育方式老套,传播效率低下,传播精准度差。高校官方管理制度出台或绿色知识宣传主要依靠纸质文件、网站等传统媒体,由于学生在面临海量信息来源筛选的过程中,易被可得性较强的信息支配,因此采用传统的宣传方式难以有效覆盖学生群体。高校应加强信息化建设,了解大学生的心理认知模式,创新宣传教育方式,积极采用新媒体等学生可接受、易接受的方式和途径实现节能制度及绿色知识的精准传播。

5.高校绿色校园建设"重硬件,轻软件"。绿色校园整体硬件投入及氛围营造较为充分,但大学生绿色宣传教育工作缺乏顶层设计和核心负责机构,学校层面没有系统化、科学化地开展此类工作,来自基层的院系层面也基本缺乏学生绿色宣传教育工作组织与机制,同时工作目标难以确定和成效难以评估,导致很多绿色宣传教育活动流于形式化,内容趋于同质化,学生整体的环境意识水平难于取得实质性的提高。以上原因造成国内高校绿色课程的普及率和学校绿色宣传活动强度偏低,学生人均接受的绿色教育处于较低水平。

6. 多数高校学生绿色社团的建设处于初创阶段。学生绿色社团尚未对在校大学生形成较强的吸引力和影响力,致使高校官方及学生社团开展绿色宣传教育时学生参与程度不高。建议高校逐步建立学生绿色宣传教育的工作机制和评价体系,在绿色校园建设的整体规划上统筹各类专业院系的现有资源实施系统化、科学化的学生绿色宣传教育工作。

7. 在校大学生的环境行为总体表现为"公共场合节约多,非公共场合节约少,实物资源节约多,非实物资源节约少,知量不知效,待机能耗高"的结构特点。鉴于此调研结果高校可选择性地开展绿色宣传教育、校园节能管理以及制度建设,比如加强寝室及实验室的节能宣传、节能制度制定以及院系节能指导服务工作,逐步完善能源收费制度和校园用能定额管理。还可大力推广校园能耗公示、以数据化、可视化的宣传教育工具深化学生对电力、热力等非实物资源的形象认识,节能管理由单纯抓能源总量控制逐步转变为能源效率和总量并重。

8. 节能管理工作尤其在公共设施节能运行方面开放性不够,没有充分发挥广大师生的潜在能动性,学生对校区公共设施的节能监督管理是学校行政部门开展节能工作的有机补充,让学生参与校园设施节能管理特别是与学生生活密切相关的宿舍、教室、图书馆、实验室等场所的节能管理,不仅能取得节能效益,更会增强学生爱校护校的主人翁意识,利于学生节能意识和行为能力的自发养成,同时在校园内营造出良好的绿色氛围。

9. 校园能源浪费的根源中"人"的因素多于"物"的因素,高校开展节能工作的思路要从"重硬件,重改造,我管理"的思路逐步转向"重意识,重宣教,我服务",构建符合高校自身特色的绿色校园文化是高校节能工作的最终发展方向。

8.3　高校绿色校园能效管理存在的问题

高校肩负着教育、科研和社会服务的重任,是社会构成的重要社区,高校校园也是资源能源消费的大户,涉及面广、数量大、形式多样,建设绿色校园不仅对推动国家绿色发展具有重要现实意义,更具有深远的教育意义。高校在参与建设资源节约型、环境友好型社会建设过程中,社会对其期待是多方面的,主要体现在三个方面:其一,高等院校应确立自身的节能减排目标,将大学校园率先建设成为规划设计合理、资源利用高效循环、节能措施综合有效、废物排放减量无害、校园环境健康舒适、教育宣传普及到位的"绿色社区示范基地";其二,作为科技创新的主要阵地,高等院校应该在节能新技术、新能源开发、污染治理等学术科研领域发挥引领和导向作用;其三,高等院校应将资源节约、环境保护和可持续发展的人文价值、科学创新和实践能力这三者融入教学体系,使工具理性与价值理性相得益彰,从而培养具有环保生态意识、促进人与自然和谐相处的新一代大学生。

然而,纵观上述三个层面的社会期望,高校在这方面尚处于起步阶段,高等院校能效管理存在的主要问题有以下六个方面。

8.3.1　意识淡薄,节能工作缺乏主动性

高等院校能效管理中的节能意识来自三个层面,一是高等院校用能决策层面的节能意识,二是用能管理职能部门和运行执行层面的节能意识,三是用能主体即广大师生的节能意识。从这三个层面来看,节能意识都不容乐观。

长期以来,高等学校能源费大多由中央和地方财政负担,高校内部由于表计安装不到位无法分户计量、独立核算等原因,历来实行的是学校统包能源费,即机关、学院及师生开展办公、教学、科研甚至生活后勤的能源费均由学校买单。对个人而言,用多用少一个样,对学校各基层部门如机关、学院、科研院所而言,用多了不需要从本部门的公用经费中开支能源费,用少了学校也不会给予节约的能源费返还或奖励,对学校决策层而言,更多的是关注学校的教学、科研、社会服务,能源动力管理首先应保证安全可靠供应而非高效使用。而高等院校用能的复杂性,监督考核评价体系不健全等原因,使得各级教育行政主管部门也无法对高等院校用能效率展开评价,更无法将能源节约和能效指标考核作为评价高校办学水平的考核指标。

用能管理决策层面的节能意识淡薄造成的直接后果是学校节能管理仅仅停留在口头或书面,无法提出具体的措施实现能效管理的提升,更无从落实资金、人员及相应的保障机制来实现高校节能的有效管理;用能管理和运行层面的节能意识淡薄导致校园节能管理"重建设轻维护、重外在轻内涵",物业管理人员节能管理动力不足,重要设备如锅炉、中央空调、供水系统的高能效运转与维护缺乏保障,直接影响能源效率的提升;而学院、部门和师生是基层的用

能主体,用能主体的节能意识淡薄造成校园建筑如教学、办公、实验室能源浪费现象比比皆是且熟视无睹。

8.3.2 体制不全,管理工作缺乏长效性

高等院校能效管理体制问题,是阻碍各高校扎实有效开展能效管理的关键,也是影响能效管理提升的主因。高等院校能效管理体制问题主要体现在三个方面,一是高等院校节能管理法规、标准、制度不完善,二是节能管理组织机构不健全;三是节能管理队伍素质与能力问题。

第一,高等院校节能管理法规、标准、制度不完善。高等院校能效管理受《民用建筑节能条例》和《公共机构节能条例》的指导和约束,但由于高等院校相较公共机构、社会团体等部门,其用能规律具有特殊性,如用能高峰时段明显,用能保障性要求高,科研用能如工科试验类用能类似于工业小试车间等,目前出台的普适性节能规章并不完全适用于高等院校能效管理,也无法形成约束性机制,为了对高等院校能效管理开展有针对性的管理和评价,迫切需要形成具有针对高等院校能效管理的法规、建设标准、评价标准等。而目前用于指导高等院校内部节能规划、建设、管理、运行和监督考核的制度也不尽完善,节能管理更多是一种形式或是口号,没有具体的执行方法、措施和考核监督机制。

第二,节能管理组织机构不健全。高等院校节能管理组织是确定能效目标、开展节能规划、制定节能制度、开展节能宣传、实施节能改造、加强考核监督的核心力量,没有节能管理相应组织机构,系统化开展高等院校能效管理就无从谈起。而从高等院校节能管理组织机构筹建情况的调查来看,节能管理机构不够健全,特别是未形成总体协调机构→执行机构→基层部门的节能管理三级网络。

第三,节能管理队伍素质与能力问题。节能管理与执行机构一般设在后勤部门,人员知识结构、管理能力、综合素质相对薄弱,普遍存在"专职不专业"现象。加上近年来高校后勤社会化的不断推进,物业、水电运行由各社会服务公司承担,各服务公司成本意识强,招收的临时聘用人员多,大多数人员只能满足设备开关、水电抄表收费等基本业务需求,不具备更深层次的能效分析、节能运行、能量平衡分析、用能成本测算、节能挖潜等创造性的全方位节能管理需求,因此节能降耗任务的完成结果大打折扣。

从另一个层面上来说,高校节能管理工作普遍存在人员少、工作量大、工作条件差、设备设施陈旧等问题,大部分能效管理工作人员只有工作的责任和

义务,很少有参加培训、学习和充电的机会,这也是高校能效管理不能得到有效的执行并取得明显成效的原因。

8.3.3　资金不足,节能实质性推动缓慢

节能是一项公益性的社会行动,有效的节能可以为业主带来丰厚的经济回报,为社会节约大量的能源资源。高等院校节能除了为学校带来经济回报和减少能耗费支出外,更为社会节能做出示范。然而与节能收益预期和所需投入相比,节能资金投入不足,成为高等院校节能工作实质性推动的阻碍。

节能需要投入才有回报。实施节能改造、更新水电设施、构建智能化能耗监测与收费系统需要资金支撑;构建完备的节能管理体系需要有资金支撑;拓展管理能力,培训管理人员同样需要资金支撑。由于资金投入不足,高校水电设施老化严重,跑冒滴漏随处可见,特别是随着高校扩招和遍地开花的新校区大规模建设,水电设备设施和供应容量大幅增长,节能改造与维护保养的资金缺口严重。

高等院校节能资金投入不足的原因主要有三个方面,一是节能资金的投入和经济效益难以量化。高校缺乏合理用能的定额指标,也缺乏节能改造的专业化评估手段,节能改造的经济效益无法定量化核算;二是节能资金投入的短期效益不明显。如将资金用于房屋装修或实验设备更新可以起到立竿见影的效果,而如果用于节能培训、节能宣传或节能改造,其效果的显现是长期而缓慢的,对学校来说,更愿意将有限的资金投在见效快和体现学校办学水平的方面;三是经费来源渠道单一。目前高等学校的节能资金投入来源于学校的公共事业费预算,学校不可能投入更多的资金用于校园能效管理,而目前政府支持的合同能源管理、财政贴息、税费优惠、节能专项资金补助等多渠道的节能资金投入渠道有待拓宽。

8.3.4　技术落后,节能工作缺少支撑力

高等院校能效管理的技术问题,主要包含两方面的内容,一是各种节能新技术、新设备、新材料、新方法没有及时应用于高等院校能效管理的方方面面,二是高等院校本身节能管理过程中的计量监测、智能控制、成本核算、数据统计等基本技术条件欠缺,无法支撑高等院校能效管理工作的有效开展。

高等院校是节能"四新"技术的主要研发基地,理应成为节能新技术、新设备、新材料和新方法的示范基地,但受管理人员专职不专业、管理体制相对封闭、建设成本要求等因素的影响,高校校园新建建筑节能和既有建筑节能改造

在围护结构、照明系统、空调系统、供暖系统、可再生能源利用以及水资源的循环利用等方面的节能"四新"技术应用并不普遍,高校校园用能设备普遍存在智能化控制程度低、系统配置不合理、后期管理维护投入大、能耗成本高、管理不经济等情况。

高等院校能效管理的前提是在各用能部位安装表计,准确计量,分户核算、精细管理。但在校园建设过程中计量表计安装并不是施工设计的强制性标准,因此一般的高等院校的各用能点均没有安装计量表计,无法对关键设备开展智能控制,大型用能设备如中央空调系统、蒸汽供应系统、供暖系统等开展节能运行的能耗成本分析数据均依赖于蒸汽流量计、冷热量计、水表、电表等提供精确的计量,但能安装到位实现有效测算和管理的也是少之又少。缺少精确计量等技术手段严重影响高等院校能效管理各项基础工作的开展。

8.3.5 目标不明,节能规划缺乏系统性

高等院校能效管理的量化目标就像一个"指挥棒",没有明确目标的能效管理就没有方向,而节能管理的中长期规划是高等院校开展能效管理的技术路线图。

对浙江省部分高校的一项调查结果表明,仅有 44.4％的高校对本校的节能管理提出了明确的量化目标,对一半以上的高校来说节能仅是一个比较笼统和模糊的概念,没有目标意味着无法检验节能效果,也无法将分项目标落实到各基层部门,节能管理会更多地流于形式,而较少注重实质性的推进。

在被调查的高校中,仅有 27.8％的高校根据学校实际制定了节能中长期规划,做好顶层设计。把好规划方向是学校开展能效管理的实施路线,只有在中长期规划中制定好节能目标、筹划好具体措施才能把学校的能效管理落到实处。

8.3.6 市场不力,针对高校的建筑节能服务体系不健全

建筑节能服务,是指建筑节能服务提供者为业主的建筑采暖、空调、照明、电气等用能设施提供检测、设计、融资、改造、运行、管理等方面开展的活动,建筑节能服务体系是指以降低建筑能耗水平为目标的建筑服务主体和对象的总和。高等院校能效管理要取得跨越式发展,必须充分利用政府、市场力量引进先进技术、人才、管理方式和大量的节能资金,仅依靠高校的单兵推进显然是不能实现的,因此构建针对高校的节能服务体系至关重要。

建筑节能服务市场介入高等院校在能效管理的障碍主要存在以下几个方面。一是市场认知程度较低。高校主体对市场化的建筑节能服务业的职能、业务范围、收费方式、收益程度等认知较少;二是缺乏科学、权威、统一、规范的节能量评价体系,导致业主与节能服务公司的节能收益分享没有明确的标准,同时节能服务公司的收益保证也存在较大风险;三是我国的财税制度不利于建筑节能服务公司业务的开展,如学校能源费用由政府财政负担,实报实销,学校的年度财政预算与其上年度支出成正比,能源费用的支出反而会影响其下一年度的财政预算,而根据现行的财税政策,合同能源项目普遍存在提前纳税、超额纳税等现象。其他如建筑节能服务公司本身的实力以及其融资能力、信用担保等都可能成为建筑节能服务进一步发展的障碍。

8.4　绿色校园能效政策与机制建议

8.4.1　绿色校园建设的政府引导与社会动员

8.4.1.1　法规、标准和制度建设

由于我国建筑领域节能工作起步较晚,因此与建筑节能相关的法规体系并不完善,目前仅有《节约能源法》《可再生能源法》《民用建筑节能条例》《公共机构节能条例》两法两条例支撑我国建筑节能工作,法律法规体系尚需完善。只有建立起法律、法规、部门规章协调统一的建筑节能法规体系,才能引导和规范建筑节能服务体系的正常运作,并为建筑节能违法违规行为的制裁提供法律依据。同样,高等院校建筑是公共建筑的一部分,只有规范和完善的法律法规体系,才能建立起提升高等院校能效的策略体系,有序推进高校能效管理各项工作。

1.制定和完善针对高校校园节能的技术标准

高等院校的建筑种类繁多,由于其在使用功能、使用时段、用能密度等方面的特殊性,除了具有与公共建筑的节能要求共性外,还具有高校校园建筑的节能个性化的一面,如高等院校的大型信息中心和机房、有科研实验特殊要求的建筑室内环境要求等都需要有个性化的规划、设计和管理。而目前制定的建筑节能相关标准包括节能设计标准、运行标准、检测标准、能耗标准、审计标准等还不能完全满足需求,往往在建筑设计、运行过程中出现高套或低套标准,无法按建筑功能的需求实现最有效地设计和管理。如笔者曾对浙江大学

紫金港校区学生公寓的生均生活热水日用量做过长期跟踪分析,按实际使用全年日平均的用水量为 30 升/人·日,而按照《建筑给水排水设计规范》(GB 50015—2003),二类学生宿舍的最高日热水用水量标准为 70~100 升/人·日。建筑设计标准低限是实际使用人均水量的 2.3 倍,不仅增加设备管网初投资成本,大系统运行也导致系统热损严重,与实际不符的建筑设计标准影响了高校建筑节能管理和系统推进。迫切需要制定和完善针对高等院校校园节能的相关技术标准与评价规范,指导高校开展绿色校园规划、建设和运行。

2. 研究和制定促进高等院校能效提升的激励政策和相关制度

教育主管部门根据国家节能减排的长期发展战略,根据不同地区、不同类型的高校制订有针对性的校园节能激励政策和相关管理制度,促进各高校自主自觉,从校园规划、设计、运行全过程注重校园能效管理水平的提升。

第一,制定全国高校节能规划和绿色校园建设规划。明确我国高等院校开展节能管理的量化目标并提出具体要求。参照国家颁布的节能减排统计监测和考核实施方案,制定与高校实际用能情况相符的能耗统计监测和评价标准,对高等院校的校园能效管理进行定期检查和考核,并将高等院校节能目标纳入对高校领导目标责任的考核体系中。

第二,制定高等院校开展节能工作的激励政策。激励政策的制定是促进各高等院校开展节能工作的有效手段,但我国的各级教育主管部门尚未建立相应的激励政策,激励政策的缺失导致参与高校节能工作的各利益主体缺乏积极性,阻碍了高校节能工作在全国的整体性推进。各级教育主管部门应针对各高校节能工作开展的不同程度,研究达到不同节能标准的新建校园建筑、校园建筑节能改造节能量贡献大小、可再生能源利用等的经济激励政策,通过修购资金补助、财政贴息等方式推动高校开展节能工作。

8.4.1.2 能效项目引导与项目示范

1. 高等院校能效项目引导

项目引导是政府运用行政力量发起的能效项目的行动计划,实行社会节能动员,以达到开拓能效市场的目的,它是一些国家作为市场导入的有力手段。能效项目引导通常以经济激励为先导,吸引终端客户的关注,由于它目标明确,终端选择余地大,还有必要的政府支持,因此市场导入的效果较好。高等院校能效项目引导是各级政府和教育主管部门根据高等院校的用能规律、节能潜力开展的促进高等院校开展校园能效管理的项目引导,高等院校能效项目引导为各地高校开展节能管理指明方向,提供经济激励支持,将有效促进高等院校开展节能管理的自觉性。

在教育大发展的背景下,由于高校的特殊性,很长时间以来,高等院校的能效管理一直未引起各级政府和教育主管部门的重视,因此无论是在节能政策制定、能耗统计,还是在能效项目引导等方面,高等院校的节能管理一直处于"真空状态"。政府相关主管部门应通过相关规定促进高等院校能效项目引导,根据高校用能特点,在能耗高、节能潜力大的高校用能项目上进行有针对性的引导,开展针对高校的绿色照明项目、生活热水节能项目、锅炉节能项目、空调暖通系统节能、校园供水平衡测试项目、校园节能管理体系项目引导计划等,并将符合高校用能特点,在高校具有广阔节能服务市场的项目与国家、地方的中长期节能规划结合起来,在财政拨款和贴息贷款等方面给予相应的激励政策。这些引导措施将加快校园节能项目的推动力度,在开拓校园能效市场方面取得明显进展。

2. 绿色校园建设项目示范

绿色校园建设示范是在政府和相关主管部门的充分论证和策划下,选择具有推广价值的节能项目、节能管理体系,在部分高校建立示范样本,引导全国高校参与类似的节能活动,建立可借鉴的节能服务体系,为高等院校开展能效管理提供可供借鉴的技术手段和管理方法。绿色校园建设示范是具有先导性的,可验证项目可行性的,有的是项目推广前的工程示范,借以推广经验。

自 2008 年开始,教育部、住房和城乡建设部会同财政部开展节约型校园建筑节能监管体系示范项目建设,到 2014 年共有 228 所不同地区、不同类型的高等院校开展了以能耗监测、能耗统计、能源审计、能效公示为主要内容的节约型校园建设与管理创新模式项目示范,以节能监管体系示范为基础,从 2011 年开始,教育部、住房和城乡建设部会同财政部又在通过节能监管体系示范项目的高校中选择部分高校开展"高校建筑节能改造示范",以进一步挖掘高校建筑节能潜力。节约型校园建设示范在其他项目如地、水源热泵应用,太阳能光伏、光热在高校建筑中的集成应用等领域得到推广,并在不同地区、不同类型高校取得成功经验,高等院校能效项目示范为政府在高等院校能效管理市场的导入注入新的活力。

8.4.1.3 高等院校能效信息传播与交流

长期以来,高等院校由于能效管理体制机制不健全,政府部门对高校的考核激励制度不完备,高校领导节能意识不强等因素的影响,高等院校能效管理一直处于"零打碎敲,各自为政"的状态,政府、社会、高校、节能企业、社会团体之间缺乏有效的沟通与交流,各种适合高等院校园开展能效管理的新技术、新方法、新设备、新材料信息很难导入高校的节能实际管理工作中。节能是一种公益性的社会行动,它需要政府运用行政力量,在促进高等院校能效信息传播和交流方面发挥市场导入作用,为促进高等院校开展能效信息的广泛交流建立平台和提供政策。

1. 积极引导和培育高等院校能效信息传播与交流的社会团体与专业性机构

政府部门依托与高校节能相关的社会团体和专业性机构,开展面向高校需求的高等院校能效信息传播服务,将成为推动高等院校节能减排服务的一种市场工具。高等院校能效信息传播与交流的社会团体与专业性机构是独立于政府的第三部门。目前,中国教育后勤协会高校能源专业委员会、中国建筑节能协会绿色大学联盟已经有效开展工作,成为全国高校开展节能管理信息交流的有效平台。相关行业协会应动员各方力量开发高等院校开展能效管理的信息资源,起到建议、指导、交流、研究等作用,在建立与政府和社会的沟通渠道、提供政策导向、发布行业信息、开展市场调查、发起经验交流、建立信息交流与服务平台、开展节能培训、制定行业标准和资格认证等方面发挥作用。

2. 节能宣传教育与培训

高等院校的节能工作处于起步阶段,高校领导、节能管理人员、师生对绿色校园建设的认识不足,节能管理人员和师生的节能技能缺乏。节能的素质需要培养,节能的技能需要培训,节能宣传教育与培训是提高节能意识和节能技能的有效手段,是高等院校开展能效管理的重要前提,通过教育培训可以将节能活动传递到终端发挥更大的作用。

各级教育主管部门可以利用电视、广播、报刊、网络等宣传媒体,利用恰当的时机如新生入学、节水宣传周、节能宣传月、世界环境日等开展广泛深入的节能宣传活动。组织各行业协会、学会、科研机构开展多层次的节能教育培训活动,采用专题报告、系列讲座、研讨交流、现场观摩、案例示范等各种形式强化节能意识、宣传节能政策、普及节能知识、宣贯节能标准、交流节能案例,培训管理人才等,推动高校能效管理活动的深入开展。

3. 开展国际交流和合作

发达国家的节能工作起步较早,在 20 世纪的七八十年代掀起了"绿色校园"(Green University)、"生态校园"(Ecological Campus)、"可持续发展大学"(Sustainable University)的建设风暴,从推进时间与空间来看,亚洲的日本和欧美国家在可持续发展大学建设上已经有较为成熟的案例。其在制度建设、组织建设、示范模式、考评指标、激励政策、校际联盟等方面有许多可供借鉴的国际经验。

走绿色校园的国际化道路,应加强国际合作与交流,开展与国际组织、国际高等教育机构、外国政府、民间团体和企业之间的双边和多边合作,通过考察访问、学术交流、合作研究、学生绿色组织互访等多种途径,学习国外高校在绿色校园建设上的先进理念与有益的经验,引进先进的校园能效管理技术,拓宽环境保护和节约能源领域的国际合作,加强合作研究与开发。开展高等院校能效管理或可持续发展大学的国际交流和合作,不仅可以学习先进的校园节能理念和节能技术,还可以最大限度地利用国际资源为我国高校的能效管理事业服务。

8.4.2 高等院校能效管理内部策略

高等院校能效管理的效果体现在终端,因此,高校内部的能效管理策略对高校校园能效管理起着决定性的作用。从总体来看,高等院校用能类型复杂,用能密度大,用能主体多样,而且不同地区、不同类型的高校因其用能特征和管理需求不同,其能效管理策略也有所不同。应该说目前没有一种放之四海而皆准的能效管理策略,但梳理并总结近年来高等院校在能效管理方面的成功经验,笔者认为还是有一定的规律可循,有一些普遍性的管理策略值得总结和推广。

8.4.2.1 高等院校能效管理系统模型构建

目前,高等院校能效管理仍停留在传统的经验管理阶段,对高校能效管理问题及其解决的途径,不同领域的研究者或不同阶段的管理者提出了不同的观点,有人提出需要加强节能意识的培养,有人认为需要加强节能规划,而有的认为需要加大节能技改的投入等,各种观点莫衷一是。笔者认为,相对于社会用能主体而言,高等院校用能系统相对封闭,高校犹如一个"能耗黑箱",从能源消耗来看,高校能源涉及每一幢建筑、每一个用能设备设施单元、每一个部门和每一个人,从能效管理手段来看涉及组织、资金、人才、制度、技术支持,高等院校能效管理既不是一个简单的技术问题,也不是纯粹的管理问题。传统的高等院校能效管理需要有系统支持,不仅需要工具理性的支持,还需要价值理性的回归。图 8-1 是高等院校能效管理策略系统模型,高等院校能效管理需要以系统的观点考虑管理的全部要素,即能效管理的主体、手段和对象。

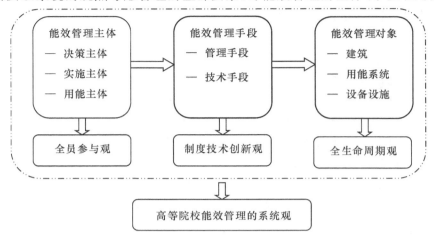

图 8-1　高等院校能效管理策略系统模型

1.能效管理主体强调全员参与

　　高等院校能效管理的主体是多元化的,按照其在能效管理中的职能大致可以分为三类,即能效管理的决策主体、实施主体和用能主体。责任明确的决策主体、执行到位的实施主体、意识与行为一致的用能主体的共同参与是提升高等院校建筑能效的关键。

2.能效管理制度与技术创新手段

　　能效管理的实现需要有好的制度和可靠的技术来实现。能效管理制度包括与高校相适应的日常管理制度、能源审计、能耗统计、能效公示、能耗定额制度、节能产品采购制度等;能效管理技术手段包括校园新建建筑、设备系统以及既有建筑和设备的节能改造过程,还包括建筑节能成套技术、围护隔热保温技术、新能源应用技术等。高等院校能效管理的制度与技术创新应注重因地制宜,因校制宜,在 A 大学适用的管理制度也许并不适用于 B 大学,而在寒冷地区适用的建筑节能技术也无法简单地照搬到温暖地区。

3.能效对象的全生命周期管理

　　在传统的校园节能管理中,管理的着眼点较多地专注于用能设备的运行管理与用能行为的管理,较少注重校园能源布局、能源结构的总体规划和建筑节能的规划设计,导致顶层设计无法与建成后的校园节能要求相匹配,致使投入运行的建筑、设备、系统"先天不足",既增加节能管理的难度,也增加了后续节能改造的成本。因此,校园能效管理要将校园用能的可研、规划、设计、建设、运行、维保、拆除作为一个闭环系统来考虑,实行全生命周期能效管理。

依据高等院校能效管理的系统模型,在对能效管理的要素进行分析后,笔者就高等院校能效管理内部策略提出以下的策略取向。

8.4.2.2　建立能效管理保障支撑体系

高等院校能效管理需要有组织、制度、资金、人才保障,从国内外高校开展能效管理的成功经验来看,一个强有力的高校能效管理支撑体系是开展高校能效管理的核心内容。

1. 建立节能管理组织机构

建立节能管理组织机构是开展高校能效管理的基础,完整有效的高校节能管理组织机构包括四个方面的建设内容。

第一,成立学校节能管理委员会或节能减排工作领导小组等组织。该组织是学校开展绿色校园建设的领导组织,由学校主要领导任委员会主任或组长,下设若干副主任或副组长,委员或组员由各部门如机关、学院分管节能工作的领导、教师学生代表组成。该委员会可以组织审查学校的节能中长期规划,制定出台学校节能管理制度,提出节能管理建议等。

第二,建立高校节能管理专职机构。该机构是高校开展节能管理与监督的专门机构,通过贯彻国家节能方针、政策、法律、法规和标准规范,制定学校的节能制度与具体执行标准;组织开展用能现状调研,与有关部门共同制定学校节能管理规划、方案并组织执行;组织开展校园能源统计分析工作,公布学校能源消耗情况;组织新建、改建、扩建工程项目,合理用能和节能技术改造工程项目及新增大功率用能设施设备的能源审查;组织开展节能宣传、教育、培训、交流活动,普及节能科学知识等。

第三,成立高等院校节能管理专家委员会。高校可以利用学科力量组织能源、建筑、电气、给排水、材料、环境等相关学科的专家,成立学校节能管理技术支撑组织,该组织是学校开展校园规划、节能管理、节能改造的技术咨询机构,在节能委员会组织下,从技术层面对高校节能管理提供科学合理、规范高效、经济合理的高校能效管理技术策略。

第四,建立部门能源管理员组织。节能管理需要推行垂直管理、层层落实、责任到位,能源管理员队伍是各部门、学院开展节能管理的基层组织,该组织针对本部门的用能特点,依据学校的节能管理政策制定本部门的节能管理制度,并负责内部用能情况考核,开展部门用能宣传,监督部门所在物业的用

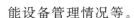

能设备管理情况等。

2.健全和完善节能管理制度

统筹规划,做好制度设计,是绿色校园建设的基础,也是绿色校园建设的当务之急。健全和完善节能管理制度,做好绿色校园建设规划可确保绿色校园建设的计划性、广泛性、深入性、持久性和有效性。高等院校节能管理制度建设包括节能规划、节能管理制度和节能运行制度。

(1) 高等院校节能规划是学校开展绿色校园建设的纲领性文件,节能规划应提出高等院校校园能效管理定量和定性目标,分析学校自身的用能特点和节能潜力,指出实现能效管理目标的重点工作内容,并针对不同的工作内容提出管理措施、技术路线和实施步骤,对能效管理所需的各要素投入如组织、制度、资金和人才提出具体要求。除了需要重点关注高等院校节能总体规划外,对新校区建设要特别关注新校区建设规划,在新校区建设可研、规划、设计阶段要充分开展需求调研,考虑能源布局、能源配置、校区交通、建筑朝向、能源系统、建筑材料等校园能源策略,严格按照《公共建筑节能设计标准》相关节能设计规范、标准进行设计。

(2) 高等院校节能管理制度是学校开展能效管理的具体措施和执行标准。高等院校可根据学校的用能特点、设备情况、节能潜力、开展的重点工作等制定与学校节能管理规划相适应的节能管理制度。节能管理制度包括指导性制度如能源审计、能耗统计、能效公示制度,经济性约束制度如定额指标加价制度、能耗收费制度、奖惩激励制度,节能管理日常制度如约束日常行为的空调电梯电器使用制度等。

(3) 高等院校节能运行制度主要针对各用能设施运行部门如后勤部门的水电运行保障部门、各大楼的物业管理运行班组等。一般根据行业运行标准和规范如供配电、锅炉、空调、电梯、供水等设备设施的节能运行要求制定节能运行制度、操作规程和台账。高等院校节能运行制度应在节能管理部门的指导下,遵循行业规范结合校园供能特点如寒暑假等情况制定节能运行管理制度和设备维护保养制度,保证高等院校各用能设备设施在可靠安全和能效运行效率高的区域工作。

3.合理运筹节能管理资金

(1)加大学校资金投入。高等院校能效管理实施需要有相应的资金支持,节能改造需要资金投入、节能宣传需要资金支持,由于节能资金的投入是一次性的,而节能的收益是长期的,因此,在教育投入相对不足的当前,各高校在节能管理资金的投入上一般都非常有限。节能管理资金的投入应该遵循经济合理、注重回报的原则。学校应该在制定科学合理的节能规划的前提下,按项目对节能量和经济回报进行分析,应该对经济效益、社会效益、环境效益明显的节能管理项目加大投资力度,确保有限的投入获得最大化的产出,促进高校投入产出互相协调,提高办学效益。

(2)实行合理的经费分担机制。长期以来,高校能源资源消费"福利性"特点明显,能源消费均由学校公共经费买单,长期福利统包制造成用能主体节约意识淡漠,浪费现象随处可见。而实际上,随着高等教育事业的发展,高校的用能主体愈加复杂,用能类型逐渐多样化,如部分食堂、浴室、会务中心实行外包,一些综合性大学的科研用能量远远超过了教学用能量,对外举办培训班等社会服务消耗大量的能源。基于用能主体的多样性和用能类型的复杂性,高校能源费用和节能管理资金的管理措施分为两个方面。

第一,全面计量,成本核算,实行能源费用分担。首先,学校在各用能点安装计量表计,做到计量清晰;其次,根据用能性质将学校能耗类型划分为教学用能(教学大楼、公共实验室、图书馆、体育场馆等)、办公用能(学校各部处、学院或系的办公部门)、科研用能(承担科研任务的大楼或实验室)、后勤生活用能(学生宿舍、教职工集体宿舍、食堂等)、经营用能(宾馆、超市、银行、会务中心等)。对不同用能类型采取不同的指标管理和经费分担方式见表 8-24。

表 8-24　高等院校能源费用指标核定与经费分担方式

用类型	用能场所	管理主体	指标核定方式	经费分担方式	经费来源
教学用能	教学大楼	物业部门	核算年度前 3 年用能量结合年度节支目标核定	指标内学校支付,超指标部分由各管理主体支付	1. 学校公用经费 2. 各管理主体自筹经费
	图书馆	图书馆			
	基础实验室	实验承担院系	核算年度前 3 年用能量、实验开课量、实验类型并结合年度节支目标核定		
	体育场馆	公共体育教学部门	核算年度前 3 年用能量、公共体育课开课量并结合年度节支目标核定		
办公用能	办公场所	行政部门	按年人均用能量核定		
科研用能	科研大楼	院(系)、研究所	无指标	全额由用能管理主体支付	科研成本开支

续表

用类型	用能场所	管理主体	指标核定方式	经费分担方式	经费来源
后勤生活用能	食堂	饮食中心	无指标	全额由用能管理主体支付	列入餐饮成本
	学生公寓	学生	按生均用能量给予指标	指标内由学校支付,超指标部分由学生自主承担	用能主体承担
	教职工集体宿舍	教工	无指标	全额由用能管理主体支付	用能主体承担
经营用能	宾馆、超市、银行、会务中心	各经营主体	无指标	全额由用能管理主体支付	用能主体承担

实行全面计量,能源费用分担的目的,一方面可以减少学校能源费净支出,降低办学成本,提高资金使用效率,另一方面将能源使用主体与能源费支出主体统一起来,可以强化用能主体的成本意识,约束用能主体的浪费行为,提高终端能源效率。

第二,按照"谁得益谁投资"的方式,实行节能管理资金的分担机制。能源费用分担机制不仅将能源费用支出和用能主体统一起来,而且将管理责任落实到用能主体。高等院校应分清管理责任,按照"谁得益谁投资"的总体原则,实行节能改造与管理资金的分担机制,主要内容包括用于部门内部核算所需的计量器具(如学院内部分户核算表计、为加强计量分析安装的分项电计量器具)的安装费用、为降低部门能耗费开展的节能、节水、节汽改造经费投入等,高校应通过合理规划,给予技术指标,鼓励各单位开展内部节能改造与节能管理优化,以解决学校整体节能管理经费投入不足问题。

(3)中央与地方财政资金投入。近年来,中央政府和地方政府为推动节能减排战略实施,开展了一系列节能项目的试点和示范工程,如"绿色照明补助计划""建筑节能专项补助资金计划"等项目,在推动和引导绿色照明、建筑节能项目试点、可再生能源应用示范等方面积累了宝贵的经验,同时也为实施主体提供一定的资金补助。高等学校的实施主体明确,相对于社会有较高的节能意识,具有广泛的示范效应,应该充分利用学校的学科优势、管理优势,争取中央和地方财政的资金投入,开拓学校能效管理资金渠道。

(4)合理运用市场化筹资方式。近年来,随着节能减排市场的不断扩展,一种新型的以市场化手段推进节能减排项目的商业模式逐渐兴起,在国内被称为"合同能源管理"即 EMC（Energy Management Contract）。在这种模式下节能项目的实施风险不再由业主独自承担，而是依靠 EMC 的专业化服务，帮助业主实现节能目标，同时分享节能的收益。

实质上，EMC 模式是一种基于市场的节能项目投资机制，其实质是一种以减少的能源费来支付节能项目全部成本的节能投资方式，目前常见的"合同能源管理"的商业模式的三种基本类型：保证节能量合同、节能效益分享合同和项目融资合同。[①]（见表 8-25）

表 8-25　合同能源管理的主要商业模式

合同类型	合同未实现	合同实现的节能量	超出合同约定的节能量
保证节能量合同	由能源服务公司付给客户	客户获益并支付该部分费用给能源服务公司	客户获得节能量并支付超额奖励给能源服务公司
节能效益分享合同	由能源服务公司付给客户	客户与能源服务公司共享该部分收益	客户与能源服务公司共享该部分收益
项目融资合同	由能源服务公司承担损失	能源服务公司获得该部分收益	能源服务公司获得该部分收益

高等院校在节能改造或节能管理推进的过程中，考虑多元化的筹资渠道，"合同能源管理"模式可以为高校解决节能专业技术力量薄弱、节能一次性投入不足等问题，学校可在一些市场化运作较为成熟的节能改造项目上尝试开展"合同能源管理"，如学生公寓卫生热水项目，教学大楼照明节电改造项目等。开展合同能源管理项目的基础是可以准确计量项目节能量。

（5）培养节能管理人才。高等院校能效管理工作是一项系统性工程，有效推进这项工程不仅需要完善的机制和成熟可靠的技术支持，更需要配备具有专业知识和管理能力的能效管理和运行队伍。大多数高校的节能管理工作依托后勤部门，没有专门的节能管理机构和专业的管理人才，且普遍存在管理人员文化程度偏低，节能知识欠缺、管理能力弱等问题。系统化、有效地开展高等院校能效管理，需要从三个方面开展节能管理队伍建设。一是通过各种形式对节能管理和运行人员开展资源节约和环境保护教育，强化员工爱校爱岗意识，提升职工的岗位责任感和使命感；二是通过各种方式和途径为管理人员提供参加相关业务培训的机会，促使管理人员提高业务管理素质，如能源管理师培训，各类岗位资质培训与考核等；三是通过各种方式和途径引进具备节能管理专业知识和技能的专业人才，加强人才梯队建设，建立一支熟悉高等院校用能现状和

---

①　武涌，刘长滨. 中国建筑节能管理制度创新研究. 北京：中国建筑工业出版社，2007.

规律,具有较强的节能技术专长和综合管理能力的高等院校能效管理队伍。

8.4.2.3　建立能效管理监管运行体系

节能资源是寓于效率中的无形资源,节能资源的发掘需要通过有效的管理来实现。高等院校能效管理涵盖了校园规划、设计、建设和运行四个阶段,其中运行阶段是体现节能效果的最终阶段。高等院校最大的节能潜力在终端,加强用能主体行为节能管理和用能系统的设备节能管理是实现高等院校能效管理目标的保证措施和有效手段。建立高等院校能效管理监管运行体系,就是把高等院校能效运行管理纳入系统管理的范畴,通过能耗统计、能耗监测、能源审计、能效公示四项主要核心内容,将高校能效管理的管理主体、用能主体、用能系统与设备、能流数据联结起来,通过系统化、专业化的科学分析与比较,建立一种建筑设备数据全面、用能数据直观清晰、定量化推进节能管理的校园能耗监督与管理新体系。高等院校能效管理监管体系模型见图8-2。

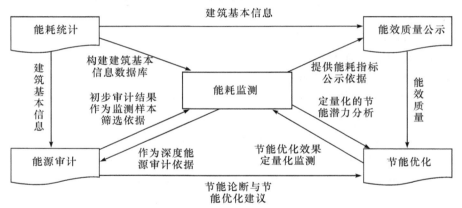

图 8-2　高等院校能效管理监管体系模型

8.4.2.4　建立教育宣传体系

高等院校能效管理的教育宣传体系构建包括:开展形式多样的绿色校园建设教育宣传活动,将绿色、低碳、环保、节能理念教育内容纳入学生素质教育课程,将节能技术纳入学校课堂教学和科技实践,增强师生的资源忧患意识和节约意识,倡导健康、文明、节俭、适度的生活理念。

1.课程与讲座

(1)将绿色环保理念的倡导与教育纳入大学生思想政治理论课的范畴,

提升学生的资源节约意识与忧患意识,培养一代具有科学发展观和良好生活习惯的新型人才。

(2)积极整合和优化校内外资源,开设以资源节约利用和环境保护为主要内容的课程,聘请具有专业知识和实践经验的专家、学者及管理人员授课,增加学生的相关专业知识。

(3)利用学校各学科的专业优势与人才优势,定期开展以资源节约利用和环境保护为主要内容的专题讲座。

2. 科研与实践

(1)充分利用高等院校的科研优势,组织开展能源、资源节约利用促进绿色校园建设的科学研究,将研究成果应用于校园节能管理实践,建设示范项目,总结经验,积极推广。

(2)以绿色校园建设为舞台和基地,鼓励学生应用专业知识、结合校园实际,开展节能、节水、环境保护、资源利用等方面的科技发明实践活动。

3. 媒体宣传与普及活动

(1)媒体宣传。通过校园报刊、广播、影视、网络等媒体,开展形式多样的绿色校园宣传活动。

(2)普及活动。结合学校实际情况,配合社会节约资源宣传活动,开展如城市节水宣传周、节能宣传周等活动。学工部、团委、学生会和学生社团积极组织学生开展或参与竞赛活动和社区节能宣传普及活动,制作分发节能节水宣传小册子,在校园和社区普及节能节水科技知识。

▶▶▶ **第 9 章**

最佳实践案例

9.1 中国高校——浙江大学

浙江大学是我国首批节约型高等学校示范试点建设高校,截至 2016 年年末,学校有全日制在校学生 48762 人,学校在省会城市杭州拥有紫金港、玉泉、西溪、华家池、之江五个校区,在舟山和海宁各有 1 个校区。在杭州的五个校区占地总面积为 4265278 平方米,校舍总建筑面积 2248670 平方米。学校占地面积广、校区分散、建筑体量大、用能类型复杂,用能人数多,能耗总量大。在多年的绿色校园建设实践中,学校充分发挥人才优势和学科优势,围绕生态文明建设,践行科学发展观,将可持续发展和环境保护理念融入学校办学全过程,从体制机制建设、校园绿色规划、节能改造与运行、节能项目示范推广、节能科学研究服务、节能宣传教育六个方面入手,构建全方位的绿色校园建设实践体系,取得了显著的经济效益、社会效益和环境效益,是中国绿色校园建设的典范。

9.1.1 建立机构完善制度

1. 成立相关工作机构。为全面推进学校节能节水工作,学校组建了三级管理网络。一是成立浙江大学节能减排工作领导小组,全面负责学校节能减排工作的长期规划,制定相关文件,落实各单位工作责任,对学校节能减排工作进行检查、督促、评价与奖惩;二是组建浙江大学节能管理办公室,负责执行校园节能总体规划、政策实施、节能改造、教育培训等相关工作;三是各单位明确节能减排责任人和联系人,制定适合本单位的节能降耗管理措施,定期自查、督促、落实节能降耗日常工作。

学校还成立了绿色校园技术支撑专家委员会,由学校建筑、能源、电气、环境、材料、控制、信息等相关学科的专家组成,为新校区规划建设和老校区既有建筑节能管理与改造提供技术与咨询服务。

2.完善并落实管理规章制度。学校制定《浙江大学关于建设节约型校园的意见》《浙江大学水电管理办法》《关于进一步做好学校节能节水工作的若干意见》和《浙江大学水电经费管理办法》等文件,进一步从制度上引导和规范师生的用能用水行为。

9.1.2　新建校园绿色规划设计

浙江大学紫金港校区和海宁国际校区为正在建设的新校区,校区建设严格按建筑节能相关法规、条例、标准开展可研、规划、设计和建造,充分融入绿色、生态、低碳的理念。

1.严格执行建筑节能法规、标准和规范。学校将建筑节能的要求充分体现在项目建议、可行性研究、项目设计、项目招标、施工图设计文件审查、建筑施工和设备安装、项目监理和竣工验收等每一个环节,并强调在建筑施工、安装过程中的能源和资源节约。

2.校园规划注重自然生态。校区规划依托原有的自然环境和条件,利用原有水系营造出别具特色的校园自然景观,并局部保留了原有生态地貌,达到人与自然、建筑与自然的和谐与交融,校园水系与中央生态带完美融合。

3.校园建筑设计体现绿色低碳。校园建筑处处体现园林化特色,形成良好的庭园小气候。建筑设计追求自然舒适,倡导被动式节能。如教学楼,强调自然通风,建筑的朝向、间距保证每幢建筑都有充足的日照采光。

4.建筑设施强调节能环保。积极应用国家或者省建筑节能技术推广公告中推荐的技术、工艺、材料、构配件和设备,做到环保节能,低碳配置。如校园制冷供暖设施根据校园建筑物功能,分别采用了冰蓄冷中央空调、VRV 空调和分体式空调,以达到最佳的节能效果。卫生间均安装了感应式冲水洗手设备,节约了大量水资源,学生公寓配备了集中洗浴与卡式计费系统,食堂配置了自动米饭生产线。在新建建筑中充分考虑了可再生能源应用,如地源热泵、太阳能光伏、光热系统应用。

9.1.3 既有建筑节能改造示范

1.实施水电基础设施节能改造计划。一是投入 5000 余万元更新改造水电基础设施,如更换节能型变压器,将老校区所有架空线入地改造以减少电力线损等;二是开展公共场所节能改造,主要措施包括安装远红外智能控制开关和空调节能器节约教室用电;在公共照明线路安装节电器;开展路灯与走廊灯节电改造。公共场所节电率达到 20% 左右,年节电量达到 120 万千瓦时;三是泵房设施节能改造,通过重新核定流量配置水泵,加装变频控制设施等措施,提高供水可靠性并且节约电能,每年节电约 40 万千瓦时。

2.实施绿色照明计划。借助"国家财政补贴高效照明产品推广项目",采购更换 2U 节能灯 2 万支,T5 荧光灯 1.8 万套,实现浙江大学所有校区灯光照明绿色化。绿色照明计划实施后实现节电率 50% ,每年可减少公共场所和学生公寓照明用电约 90 万千瓦时。

3.实施校园节水计划。一是老校区供水管网改造计划。采取合理匹配表计,水平衡测试分析,修复漏点,更换陈旧管线设施等具体措施,有效防止地下管网渗漏。共更换表计 500 余套,更换修复阀门 700 余套,更换管线 4000 余米,查获漏水点 130 余处;二是老校区卫生间高耗水设备设施改造。对老校区卫生间实施改造,使用节水龙头 1832 个,改造小便槽冲洗装置 1377 套,蹲坑2450 套,安装红外节水阀 150 套。经过各项措施,学校用水量自 2005 年年末的 830 万立方米逐年降至 2012 年年末的 378 万立方米,建筑面积增加 30% ,科研经费增加 118% ,学生人数增加 5% 的情况下,实现用水量节约约 54.4% 。

4.供热管网布局优化与节能改造计划。根据学校发展和市政供热方式布局调整的实际要求,学校对紫金港校区供热管网开展节能论证和布局优化。共投入 4120 万元对食堂餐事用汽、实验动物中心科研用汽、学生公寓生活热水用汽实施整体节能改造。通过采用太阳能、能源塔热泵等高效用能设备等技术改造后,食堂能耗费占营业额比例从 7.6% 下降到 5.5% ,节能率达到 28.9% ,学生公寓洗浴热水成本从 52 元/吨降至 14 元/吨,节能率达到 73% 。通过供热管网节能改造,每年可节约能耗费 909 万元,节约标煤 2616 吨。

9.1.4 优化节能管理运行

1.能耗费实行指标定额管理。全校所有用水用能点安装计量表计,每月抄表、核算水电费。对超过指标的单位要求自付水电费并分析超支原因,指标有结余的部分可用于单位的设施改造。水电指标定额管理分清了管理责任，加强了自我约束，在一定程度上杜绝了能源浪费。

2. 做好设备设施节能运行。一是培养物业管理单位、水电保障中心等设备管理与操作人员的节能意识和节能知识，建立大楼、中央空调、水泵、用水、用热等节能运行制度；二是制定严格的用能设施定期维护保养制度。如对中央空调系统主机设备、输配系统、风系统、末端风机盘管等定期清洗和保养，供水设备设施的定期巡查与维护等，保证设备设施正常运行，提高设备能效。

3. 加强绿化用水管理。建立校区中水管道系统，绿化用水采用校园河水、再生水、地表水，逐步取消使用自来水浇灌绿化。对校园景观、喷泉用水严格按照学校规定控制使用。

4. 完善管理制度，强化监督检查。严格按照《公共机构节能条例》的相关规定，针对公共教室、走廊灯、电梯、空调、水景、喷泉、装饰灯、庭院灯开启时间和使用做了详细规定并层层落实。学校定期组织节能监察员检查节能制度落实情况，及时发现问题，及时纠正。

5. 加强统计与分析，开展能效公示。安排专业人员定期对校园建筑用水、用电、用汽情况进行统计分析，并将能耗统计结果在各大楼醒目位置予以公示。对机关按人均用能量进行能耗排名，对学院以学部为单位按生均能耗、教职工人均能耗、单位房产面积能耗、单位万元科研能耗进行排名并将结果通报各单位，排名结果作为学校节能先进单位评选的主要依据。

9.1.5　建筑节能信息化

1. 全方位实施校园建筑节能信息化项目。充分发挥综合性大学在能源、信息、电气、绿色建筑、新能源研发等方面的学科优势，紧密结合校园建筑、用能系统、用能设备的用能规律，以校园互联网为基本载体，开发了具有自主知识产权的校园能耗、水耗监测平台，校园灯光、空调、生活热水节能控制系统，依托安设于五个校区的 6500 余组能耗、环境参数监测和设备控制的传感器，通过校园网以每天上传 10 万余组实时数据的方式，实现用能结算和定额管理，对主要用能类型和高能耗关键点实现集中监测、分析、预警、控制、收费结算和定额管理，基本实现了校园能耗智能化管理，实现了校园能耗从传统的手工抄表向远程集抄，设备管理从就地管理向远程智能控制，能耗费用管理从"大锅饭"式的粗放管理向精细化的定额管理转变，实现了校园能耗管理理念、模式和方法的转变。

2. 数字化手段为全员参与节能管理提供开放共享的服务平台。一是将能耗监管平台向机关、学院、物业管理等用能主体和用能设施管理方开放,各部门的能源管理员通过查看部门实时能耗掌握部门能耗情况,发现能耗异常,从而制定适合本部门的用能管理制度,及时督促部门成员做好节能管理,物业管理单位通过能耗监管平台可以掌握服务大楼的能耗指标是否正常,根据能耗情况及时调整公共部位和用能设施的运行与管理策略;二是通过能耗监管平台开展能耗公示,学校定期在校园网、楼宇多媒体设备终端公布被监测校园建筑的单位建筑面积能耗排名,被监测部门的生均能耗、人均能耗、单位建筑面积能耗排名,通过能耗指标的定量化公示激发用能主体参与节能管理的积极性,加强自我监管和自我管理。

9.1.6 节能宣传教育与氛围营造

1.定期开展绿色校园建设主题宣传活动。充分利用校园网络、校报、广播等校园媒体定期开展形式多样、内容丰富的绿色校园宣传活动。学校每年上半年定期开展"城市节水宣传周""节能宣传月"等系列宣传活动,下半年以新生入学教育为契机,开展"低碳生活、绿色校园"系列宣传活动,活动内容有低碳知识普及讲座、低碳漫画展、节能环保标语征集、寻找校园最不节约能源资源现象活动、节能地棋挑战赛等。

2.建设绿色课程体系。以生态文明理念为指导,不断加强节能环保和可持续发展教育,培养具有良好综合素质和坚实专业技能的专门人才。面向本科生开设"绿色教育"通识选修课程 28 门,学科专业课程 154 门,涉及众多专业院系;同时,在大学生科研训练计划 SRTP 建设项目方面,强调和拓展以绿色能源、节能减排等为主题的实践创新项目研究。

3.建设节能减排实践体系。浙江大学学生"绿之源"协会、节能减排协会、校园文明先锋队等都是活跃在校内外环保领域的绿色社团优秀典型。各类社团以宣传生态环境保护、增进广大学生参与环保工作、呼唤社会公众参与环境保护为目的,立足校园,面向社会开展了一系列环保公益实践活动。如环境与资源学院推出的"求是学子农村环保科普行"活动,把环境保护新理念、新知识和新技术推广到农村,取得了积极的成效。学校利用建设节约型校园建筑节能监管体系的契机,为 40 余位本科生、研究生提供校园建筑能耗统计实践机会,调查 150 余幢共 156 万平方米校园建筑物基本信息和能耗信息,既利用学生专业为学校服务,又让学生了解了学校用能现状。

学校依托能源与动力国家级实验教学中心,成立节能减排实践基地,负责组织各类节能减排科技竞赛。浙江大学于 2008 年成功举办了第一届全国大学生节能减排社会实践与科技竞赛,并在共九届全国大学生节能减排社会实践与科技竞赛中取得了优秀的成绩。

9.1.7　加强研究示范,引领绿色发展

1.在国家节能减排战略指引下,学校会聚学科力量,积极引导和培育相关学科发展,服务地方经济和社会可持续发展。成立了可持续能源研究院、能源评估中心、绿色与低碳城市研究中心、绿色建筑技术研发中心等相关机构,开展建筑节能相关基础研究与应用研究。学校共承担国家、省部级委托的建筑节能相关研究项目 50 余项。主编多本省级标准,并参与国家标准的制定,主编的相关标准有浙江省《居住建筑节能设计标准》、浙江省《居住建筑太阳能热水系统设计、安装及验收规范》、浙江省《公共建筑节能设计标准》,参编的标准导则包括住建部《绿色建筑评价标准》《高等学校节约型校园建设技术与管理导则》等。此外,学校积极发挥"思想库"和"智囊团"作用,学校的一批专家学者在浙江省担任能源、绿色建筑等相关领域的政府顾问和决策咨询专家,为推进浙江省省建筑节能事业和地方经济社会可持续发展做出了贡献。

2.承担浙江省建筑节能示范项目。学校以校园建筑节能监管体系建设、既有建筑节能改造为载体,承担了浙江省、杭州市各类建筑节能示范项目共12 项。示范内容涉及大型公共建筑能耗监测与节能管理、可再生能源的应用及低碳绿色建筑技术集成等。

9.1.8　主要成效

1.能源节约成效显著。"十二五"期间,浙江大学校园建筑面积增长16.9%,科研经费增长 20.5%,在校生人数增长 22%,固定资产总值增长50.4%,生均用水量反而下降 36.7%,生均能耗下降 16.3%,万元固定资产能耗下降 28.8%,万元科研经费能耗下降 59.9%,五年累计节约水、电、蒸汽费用共计 5000 余万元。

2.师生低碳环保意识增强,节约风尚逐渐形成。通过多年的绿色校园建设,浙江大学以可持续发展理念为核心,把人才培养、绿色低碳示范校园建设和绿色科研与社会服务统一起来,着力建设绿色大学,培养可持续发展人才,建设低碳绿色健康校园,师生节能环保意识逐渐增强,绿色社团和环保志愿者逐年增多,并参与了许多有影响力的社会公益活动,教师开设了各类"绿色教育"课程通识课 24 门和专业课 158 门。以绿色能源、节能减排等实践创新项目研究为目的的大学生科研训练计划 SRTP 项目共立项 316 项,参加学生

900 多人次,公众的节能意识和参与意识不断增强。

3.建成绿色校园管理体系,形成节能管理长效机制。学校基本建成了以节能减排工作领导小组为核心,以节能管理办公室为总协调,以各学院部处节能管理基层组织的学校—职能部门—用户单位的三级管理网络;在制度建设上,学校根据相关法律法规、标准规范和操作规程逐步完善了学校绿色校园规划、节能管理和运行、节能奖惩与激励等制度,为提升校园能效,提高节能管理工作效率奠定了制度基础。学校绿色校园管理体系基本形成,有较好的节能管理长效机制。

4.取得社会认可,荣获多项荣誉。基于学校在校园节能节水工作中取得的显著成绩,浙江大学成为教育部、住房和城乡建设部首批"节约型校园建设示范高校""节约型校园信息化建设示范高校""全国节能改造示范高校",荣获全国"第一批节约型公共机构建设示范单位""城市节水优秀范例奖""全国高校节能工作先进单位"等十余项国家级、省市级荣誉称号。

9.2 澳洲高校——麦考瑞大学

麦考瑞大学在澳洲乃至全世界均为校园可持续发展领域的典范。2010年,麦考瑞大学的校园可持续方案获得澳大利亚新州"绿色全球公共部门奖",同时该校因在节约用水方面的贡献获得新州"保持澳洲美丽奖"的亚军。麦考瑞大学也是澳洲大学中最早开展可持续校园建设的大学,2001 年,麦考瑞大学建设的冷热电联供能源站相比传统能源系统减少温室气体排放 44% 的显著成效,获得新州"绿色全球公共部门奖"。

9.2.1 绿色大学建设组织架构

图 9-1 展示了麦考瑞大学绿色校园建设的组织管理机构。整个学校的绿色大学建设由主管副校长牵头,由资产处、财务处、教务处、人力资源处、市场处、学生办公室等部门分工协作,绿色大学建设涉及了教学、规划发展、生物多样性、废弃物、水资源、交通、能源、交通、采购、管理和校园可持续报告发布等校园管理的各个方面。

9.2.2 绿色校园建设策略

1.节能减排技术

麦考瑞大学建设了采用了冷热电联供能源站,冷热电联供技术利用气体

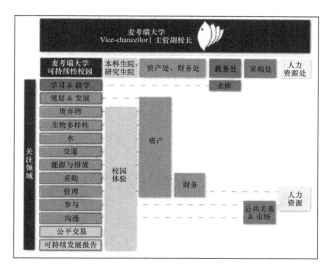

图 9-1 麦考瑞大学绿色大学建设组织架构和涉及领域

燃料发电供校园建筑用电,电厂的废热回收供吸收式制冷机组为建筑供冷和供热,如图 9-2 所示。该系统相对于传统能源其温室气体排放减少约 44%。游泳池水温提升也利用热电联产的余热,每年减少了温室气体排放并节约了近 20 万美元。此外,在建筑中还采用混合通风技术来降低供热空调负荷。

蒸汽／热水循环图

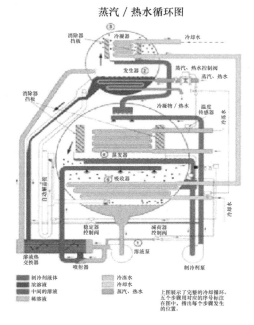

图 9-2 麦考瑞大学冷热电联产技术应用

太阳能光伏发电技术在建筑中也得到应用,装机容量为 21.12kW 的光伏发电系统安装于建筑 E6Br 屋顶上。平均每天可发电约 53℃,预期 CO_2 减排量为 20.3 吨/年。

图 9-3　太阳能光伏发电技术在建筑中的应用

2.水资源节约与利用

麦考瑞大学从广泛采用节水设备和非传统水源利用两个方面致力于水资源节约与利用。

(1)运动场雨水回收项目。麦考瑞大学运动场雨水回收项目于 2009 年启用,该项目利用地下管网回收系统收集运动场雨水,每年能够节约 2000 万升水。2010 年 7 月,麦考瑞大学还将城镇灌溉系统改造为雨水收集系统。

(2)建筑节水项目。将雨水收集后经处理用于图书馆的厕所冲洗,图书馆还拥有各种不同的水处理和重用系统,该套雨水回收系统可以节约一半的需水量。此外,在体育及水上活动中心和新图书馆采用无水小便器。传统的冲水便池需水量较大。冲一次水一般要 5 到 20 升水,而无水便池的应用每年可以节省 50 万升水。

(3)Biz Fix 项目。Biz Fix 是一个通过通风装置、气塞和储水池等节水设备来提高浴室和厨房水利用效率的商业项目。这些设备能够节约 30% 的水资源。

(4)无水锅。传统的水壶使用时需要大量的水以防止锅过热。在 Thai Kiosk 和 Lee's 食堂,无水锅已经取代了传统的锅。无水锅的使用节省了这两个食堂 96% 以上的水。(见图 9-4)

传统的水供就系统是通过持续的供水来防止过热

传统方式　　　　　节水方式

图 9-4　无水锅的使用

（5）水资源利用效率与管理。麦考瑞大学可持续发展中心积极参加了悉尼"珍惜每一滴水"商业计划,通过该商业计划初步完成了水资源效率审计和项目年度评审。在最后的考评中,麦考瑞大学被授予水资源效率管理 4 星级认定。这是澳洲第一个教育机构获得此奖,也是获得该级别奖项的少数几个机构之一。

3.绿色采购

在校园采购业务领域,麦考瑞大学注重考虑商品的全生命周期成本和其对环境和社会的影响,强调可持续发展原则。同时还开设了相关培训课程,让师生了解并掌握商品知识,熟知可持续发展的采购技巧。

4.师生参与

师生是绿色大学建设的主体。麦考瑞大学在绿色大学建设的过程中,通过各种方法和项目积极鼓励广大师生参与到校园建设中去,促进可持续发展校园文化的形成。

（1）可持续发展代表网络项目（Sustainability Representative Network, SRN）。SRN 是由一群热衷于校园可持续发展服务的学生和老师组成,在线分享、现场讨论和亲自参与绿色项目。

（2）部门可持续发展挑战项目（Department Sustainability Challenge）。鼓励教职工参与交流讨论、实践办公室内节能、节水等一系列可持续发展措施,以提高各部门的资源利用效率。

（3）可持续发展引导项目（Sustainability Induction Modules）。进行在线可持续发展培训,对所有教职工都开放,提高其对可持续发展的兴趣和参与度。

(4)废物利用项目。通过相关活动和宣传,培养师生废物减量化的意识,鼓励倡导师生重复利用、回收利用各类物品。学校建立了校园废物利用系统,二手物品交易市场,对电子垃圾、废纸、废瓶、废旧金属、手机和电池进行专项回收,同时,对校园餐厅垃圾也进行回收处理。

9.3　亚洲高校——京都大学

9.3.1　京都大学概况

京都大学(Kyoto University)本部位于日本京都市左京区,为日本著名的研究型国立综合大学。截至 2014 年 3 月,京都大学共有 6 个校区,分布于京都、大阪、爱知等多个城市,建筑面积共计 129 万平方米,共有学生及教职工 3.48 万人,其中本科生为 1.36 万人,研究生 0.93 万人,教职工 1.19 万人[①]。

9.3.2　京都大学用能情况分析

1. 能源消耗。京都大学近年的校园能耗基本保持稳定,如图 9-5 所示。2009—2013 年,该高校的总能耗基本维持在 26 亿兆焦耳,其中 2010 年校园总用能略多,为 27 亿兆焦耳,达到近几年的峰值。其中,电耗占了总能耗的 80% 左右,其次为天然气,太阳能及石油等也提供了少部分的能源。由于建筑面积和校园人员密度的增加,该校的单位建筑面积能耗及人均能耗在 2010 年达到最大值之后,都呈现缓慢的下降趋势。其中人均能耗和单位建筑面积能耗分别从 2010 年的 79695 兆焦耳/(人·a)和 2208 兆焦耳/(m² ·a)逐步降至 2013 年的 74969 兆焦耳/(人·a)和 2020 兆焦耳/(m²·a)[②]。

2. CO_2 排放量。如图 9-6 所示。根据京都大学实际用能计算得到的 CO_2 排放量与该校的能耗变化相似,总量保持稳定,而单位建筑面积排放量和人均排放量至 2010 年开始呈现缓慢下降的趋势,至 2013 年,两项指标分别从 2010 年的 123.7 kg CO_2/(m² ·a)和 4464 kg CO_2/(人·a)降至 112.8kg CO_2/(m²·a)和 4187kg CO_2/(人·a)。

[①]　Kyoto University. Data about Kyoto University International Students/[Nov. 17. 2017]/http://www.kyoto-u. ac. jp/en/education-campus/international/students1/introduction. html.

[②]　Kyoto University Environmental Report Working Group, Agency for Health, Safety and Environment. KYOTO UNIVERSITY Environmental Report 2014.

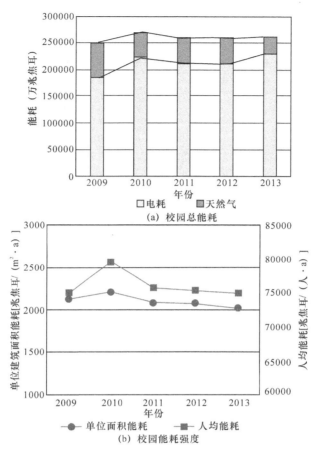

(a) 校园总能耗

(b) 校园能耗强度

图 9-5 2009—2013 年京都大学校园能耗

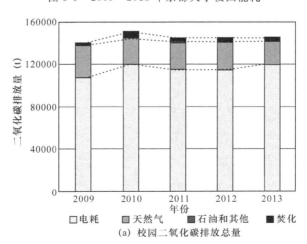

(a) 校园二氧化碳排放总量

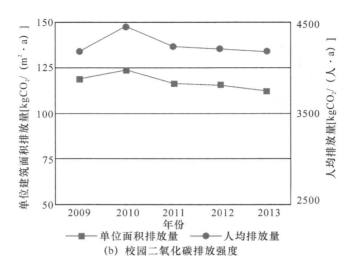

(b) 校园二氧化碳排放强度

图 9-6 2009—2013 年京都大学二氧化碳排放量

3. 水量消耗。图 9-7 为京都大学校园用水量的变化趋势图,消耗总量、单位建筑面积用水量、人均用水量均呈现明显的下降趋势,尤其是单位建筑面积用水量从 1.10 $m^3/(m^2 \cdot a)$ 减少至 0.88 $m^3/(m^2 \cdot a)$,减少了 20%。

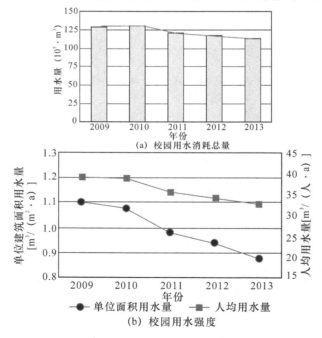

图 9-7 2009—2013 年京都大学校园用水量变化

4. 氮氧化物、硫氧化物及大气污染物排放总量。图 9-8 为京都大学氮氧化物、硫氧化物及大气污染物总量的排放趋势,可以看出,氮氧化物及大气污染物总量在总体上呈现下降趋势,特别是在 2009—2010 年产生骤降,而硫氧化物排放量则在 2011 年和 2013 年排放较大。

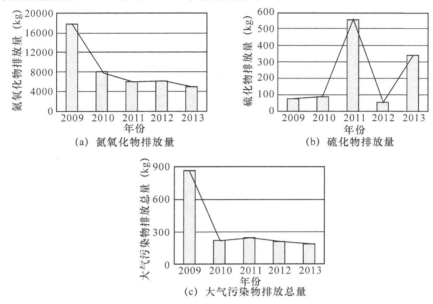

图 9-8　2009—2013 年京都大学大气污染物排放量

9.3.3　京都大学低碳校园建设措施

京都大学作为亚洲甚至全球绿色校园的典范,在低碳校园机构设置、校园运行、教育宣传等方面均有较全面有效的管理措施和先进的技术措施。表 9-1 汇总了京都大学在低碳校园建设领域采取的相关举措。

表 9-1　京都大学低碳校园建设措施

类别	项目	分项措施
低碳校园组织机构	建立健康、安全、环境组织管理机构	顶层设置董事会 设置健康、安全、环境管理委员会 设置可持续校园办公室、安全保护科、环境规划科等具体的执行机构

续表

类别	项目	分项措施
可持续校园运行	回收利用	废纸废水回收利用
	可持续建筑设计	建筑获取 LEED 认证，校园获得 STARS 银级认证
	建筑节能改造	更换高效的热源设备 更换 LED 节能灯 安装太阳能系统，采用变风量空调，风冷热泵模块等新技术和设备 采用节能窗、保温隔热技术等
	校园用能管理	能效公示 http://www.eco.kyoto-u.ac.jp/ 能耗审计 http://electricity.sisetu.kyoto-u.ac.jp/ 制定环境税收制度报告
教育宣传	可持续教育	37 个可持续课程建立了全球优秀中心项目［global COE(Centers of Excellence) projects］；建立了能源与环境管理信息网站
	节能生活倡导	提倡行为节能

1. 低碳校园管理的组织机构

京都大学的可持续校园行动开始于 2012 年。为了促进京都大学可持续校园建设，2013 年 4 月，学校专门成立了低碳校园的组织机构，自上而下对低碳校园建设进行统一管理。

图 9-9 展示了京都大学低碳校园的组织机构框架①。京都大学建立了一个名为"健康、安全、环境机构"（Agency for Health, Safety and Environment）的组织体系。该体系的最上层为以校长负责的执行董事会，下设一系列的健康、安全、环境机构委员会，包括健康、安全、环境机构行政委员会，健康、安全、环境机构指导委员会，环境和能源、环境管理、化学物品、放射性同位素、核燃料、公共健康等六个技术委员会，以及环境管理、安全管理、辐射管理、健康管理等行政机构和相关研究中心。在健康、安全、环境组织机构体系的最下层设置了校园可持续建设办公室、安全保护科、环境规划科等具体执行部门，并和各院系协作，通过采取节能环保等技术措施、宣传教育、能耗公示等各种活动来管理校园的可持续性运行，并确保学校的每一位成员都参与到低碳校园行动中来。

---

① Kyoto University Environmental Report Working Group, Agency for Health, Safety and Environment. KYOTO UNIVERSITY Environmental Report 2014.

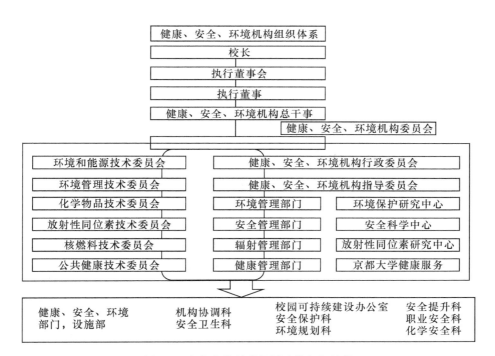

图 9-9　京都大学低碳校园建设组织结构

2. 校园建筑的可持续运行

京都大学校园建筑的可持续运行体现在可持续建筑设计与建造,既有建筑节能改造、资源回收利用、中水回用等方面。如对用能系统进行升级和改造,包括升级热源系统以提升效率,安装 LED 照明以降低照明能耗,安装太阳能系统,更换水泵逆变器,采取变风量控制和风冷热泵机组等节能技术,全面提升校园用能系统能效,降低校园建筑能耗。京都大学按照 LEED 标准设计新建建筑并改造既有建筑,通过对新建及改造建筑进行 LEED 认证,对校园进行 STARS 认证等措施,来全面推进绿色低碳校园建设。目前,京都大学部分校园建筑获得了 LEED 认证,校园获得了 STARS 银级认证。

3. 低碳校园教育与宣传

(1)可持续教育。京都大学开设了环境资源类课程 37 门,通过课堂向学生传播节能环保理念。同时,校内各主管行政部门和学生组织积极举办校园宣传活动,开展了如海报竞选等活动来提高学生对环境与节能的意识;通过举办国际交流活动,鼓励学生积极加入各种国际环境组织,扩大可持续校园建设的影响力①。京都大学建立了能源与环境管理信息网站，向社会公众开放能源使用与消耗水平的实时信息，让学校每个成员和社会公众都可以了解并监督校园的能源使用情况，能源使用者也可根据公示的能源信息，来指导自身的日常用能活动。

（2）校园节能倡导。京都大学通过各种形式来提醒和倡导师生办公、生活和学习的节能行为，如：提倡学生及时关掉用电设备，包括离开一段时间内关闭不使用的电脑，拔掉经常保持通电状态的电源以减少待机能耗；电脑设置节能模式，待机时削减能源消耗；使用空调时设定合理温度，保持制冷时设定周围环境温度高于 28℃，制热时设定周围环境温度低于 20℃；在夏季或冬季及时清洗空调过滤器；使用可再生能源电力；建议在每个学期的开始和结束时，延长一个月更换夏天清凉衣服或冬天温暖的服装。此外，还通过开展教育、研究和医疗活动等构建低碳校园，减少温室气体的排放，以达成低碳校园的建设目标。

---

① Kyoto University Environmental Report Working Group，Agency for Health，Safety and Environment. KYOTO UNIVERSITY Environmental Report 2014.